艺术家

门德尔桑德
封面
Cover
设计作品集

[美] 彼得 · 门德尔桑德（Peter Mendelsund）著
狄佳 周安迪 译

er

门德尔桑德封面设计作品集

[美]彼得·门德尔桑德 著
狄佳 周安迪 译

图书在版编目（CIP）数据

门德尔桑德封面设计作品集 /（美）彼得·门德尔桑德著；狄佳，周安迪译．-- 北京：北京联合出版公司，2023.9
ISBN 978-7-5596-7114-1

Ⅰ．①门… Ⅱ．①彼… ②狄… ③周… Ⅲ．①书籍装帧—设计 Ⅳ．① TS881

中国国家版本馆 CIP 数据核字 (2023) 第 161066 号

Cover

by Peter Mendelsund

北京市版权局著作权合同登记号 图字：01-2023-3085 号

出品人 赵红仕
选题策划 联合天际·文艺生活工作室
责任编辑 龚 将
特约编辑 邵嘉瑜 姜 文
美术编辑 程 阁
封面设计 艾 藤

出 版 北京联合出版公司
北京市西城区德外大街 83 号楼 9 层 100088
发 行 未读（天津）文化传媒有限公司
印 刷 北京雅图新世纪印刷科技有限公司
经 销 新华书店
字 数 299 千字
开 本 889 毫米 × 1194 毫米 1/16 19 印张
版 次 2023 年 9 月第 1 版 2023 年 9 月第 1 次印刷
ISBN 978-7-5596-7114-1
定 价 255.00 元

关注未读好书

客服咨询

献给卡拉

目录

封面设计师，首先是读者。

他或她可能不是第一个读者（这个角色正式来说属于编辑，私下里属于作家的伴侣），可能更准确的说法是，最激进的读者。从字面意义上说，他或她的阅读是一种本质的阅读行为：一种穿透书的外壳来找到其根基的阅读——像艾略特笔下的韦伯斯特一样，发现头皮下的头骨。封面设计师以占卜师阅读树叶或祭品内脏的方式来阅读书籍，以密码学家阅读情报文件的方式来阅读书籍，而这些文件在普通人看来可能并无端倪。换种更正式的哲学术语来表述的话，封面设计师是现象学家，以抒情性和穿透性的方式去抽丝剥茧，去揭示显现。

那么他们在揭示显现什么呢？只有烂书才有“主旨”，（谢天谢地）我们已经抛弃了对作者意图的追求，也不再相信任何文本都有某个底层的、基本的“意义”。然而，好的封面设计者会使**某些东西**显露出来。我认为，这个东西既不是真理内核，也不是任何其他类型的天外救星。更确切地说，它是矩阵、网格，是书的可读性的框架，也可以说，是一部允许阅读本身开始的法典。它远不是一部“解释”书的法典，简化或在语义上固定这部作品，而是启动整套复杂机制的法典，意义也由此而来，甚至是升华的、矛盾的、令人眩晕的多重意义。也就是说，它启动了一次处于文学体验核心的大冒险。

观察好的设计师的工作（我有幸能旁观彼得·门德尔桑德——可能是他同世代中最好的设计师）是非常引人入胜的。他们的阅读方式不仅是深入的，而且可以说是特立独行的。他们逆向阅读，违背直觉，最不希望的就是被那些所谓指导你如何阅读一本书的指南所干扰，这些指南实际上（就像老版《蝙蝠侠》电视剧中灌木丛旁的路障一样，让其他司机远离蝙蝠洞的入口）掩盖了构成文本真正结构的联想线索、题眼和转述。我的英国封面设计师倒着读小说，以便将书中的意象从情节的伪装中解放出来。这是个好办法。门德尔桑德顺着读、反着读、歪着读——最重要的是，**横贯并洞穿**全文。他博览群书，在日益文盲化的社会中，以及（可悲的是，必须指出）日益文盲化的出版业中，他马上就能听到所有其他文本的回声和节奏，它们在他面前的文本里钻来钻去。他也是钢琴大师，这似乎不是巧合：他有一双精巧的耳朵，可以捕捉到交叉的频率，探测到噪声中的旋律，或者，旋律中的嘈杂声。他熟读莎士比亚、奥维德、乔伊斯和卡夫卡，也深谙弗洛伊德、拉康、马克思和福柯。简言之，他明白一切——写作是怎么回事，以及写作中的游戏或利害关系。

但是，这不仅仅是明白那么简单，他的工作不是某种映射、索引或“说明”一系列的参考或坐标。当门德尔桑德用一本书的“无意识”作为封面形象时，一些其他的东西开始发挥作用。我能够开始理解这种其他东西的唯一方法是再次求助于神秘主义，求助于茶叶和内脏。门德尔桑德的封面不会向你展示文本中**存在的**东西，甚至文本试图隐藏的东西，它们展示的是**不存在的**东西，而且展示得很突出：那种不存在的东西，一旦展示给你，你就会立即认出，像凶器一样醒目，让人似曾相识。因此，卡夫卡的《变形记》不是用昆虫而是用眼睛呈现的；在乔伊斯的《尤利西斯》封面上，他从书名的字母中抽出了（然后再放回原位）一个最高潮的词——Yes。这个词是对这本书（以及文学）自身的肯定，正是因为它没有被说出来才振聋发聩。

肖邦的葬礼与生命的未来

11年的工作。这就是这本书所代表的——我作为图书封面设计师工作的11年。我从事这项工作已经这么久了，似乎很荒唐——初次进入这个奇特的行业时，我以为我坚持不了一个月，更不用说十多年了。另一方面，作为封面设计师的11年，与我另一份职业的三十多年相比，似乎只是一眨眼的工夫。在偶然进入封面设计这个行业之前，我每天都弹钢琴，我曾是古典钢琴演奏者。

在弹钢琴的那些年里，我完全不知道还有图书封面设计这个职业。虽然在这期间我读了很多书，但我并没有想到一本书的封面是由人有意识地组织起来的。这不是说我当时认为书的封面是由机器或委员会制作的（事实证明，这二者也可以设计封面），我只是从来没有把封面设计当回事。

那么当我面对一本书时，没有看到封面的话，我看到的是什么？书名和作者的名字。这就是说，我越过了书的封面。

当然，现在被各种设计事物包围的我几乎不能想象出那种天真的状态是什么样的。然而事实是，这个世界上有一些人对书的封面完全视而不见，从不考虑影响封面创作的各种特殊因素和意外情况，而我就曾是他们中的一员。[1]我还记得我突然意识到书封需要**被设计**的确切时刻，那是我进入克诺夫（Knopf）出版社担任设计师之前的三四个月。我一直在考虑将平面设计作为音乐之外的另一个职业（关于这一点，稍后会有更多介绍）。机缘巧合下，克诺夫出版社为我提供了与

1　而且我还想说，可能这些忽视书封的人才是人群中的大多数——上天保佑他们。毕竟，在读一本书之前，读者需要知道的最重要的信息不就是书名和作者名吗？当想要直奔主题阅读时，除了之前所说的承载书名和作者名这两项显著要素的作用外，我们真的还需要书封吗？

设计师奇普·基德（Chip Kidd）面谈的机会。我不想一无所知地去，在设计师朋友们的鼓励下，我去了本地的独立书店，研究这些吸引大家眼球的新颖“护封”。我当即发现了两个吸引人的范本。第一个是卡罗尔·卡森（Carol Carson）为安妮·卡森（Anne Carson）的《红的自传》设计的华丽护封，是克制和优雅的典范；第二个是加布里埃尔·威尔逊（Gabriele Wilson）为小说《巴尔扎克与小裁缝》设计的护封。我想：“这些封面真漂亮，能在平淡无奇的同类中脱颖而出，唤起一种特殊的氛围，传达出关于作品的特别之处，还勾起我拥有并进一步探索它们的欲望。”

***

前面说过，我以前弹钢琴。

从儿时起，我就在这件乐器上花费了大量时间，我一直认为所有这些练习铁杵成针的结果是成为钢琴师。我确实也成了钢琴师，即便很短暂，如果作为钢琴师的标准是出席有观众参加的音乐会，以合理的熟练程度演奏，并且用的乐器是钢琴。不幸的是，作为钢琴师的另一个也许更真实的标准是能以表演为生，因此，我最终痛苦地意识到，我并没有真正达到那个水平。我在音乐道路上遇到了一些障碍，这些障碍提前告诉我，我不会成为格伦·古尔德（我曾经和永远的偶像）。不能过目不忘一直是我的巨大障碍。自从弗朗茨·李斯特开创了独奏音乐会的惯例以来，古典钢琴音乐会一直是不看谱演奏的，而钢琴曲目浩瀚多繁。虽然记忆力是钢琴家最不值得一提的技能，但几乎每个著名的古典钢琴家都有完美或接近完美的记忆力。容易抑郁是我的另一个障碍。钢琴家要每天大部分时间都处于室内，独自思考，而像我这样容易厌倦、想不开的人，不应该太长时间独处。最后，尽管我上台的渴望很强烈，但并没有像我的古典钢琴家朋友们那样到了近乎精神错乱的痴狂程度。从专业角度来看，我还过得去——我有足够的技巧来演奏较难的曲目，而且对某一特定乐谱所要传达的内涵有非常好的把握。但偶尔还是缺乏将作曲家的思想完美呈现出来所需的那种波澜不惊。换句话说，作为音乐家，我缺乏的是稳定与沉着。所有这些都告诉我，我应该更早地看到我音乐生涯的终点。

在我完成音乐学院研究生课程的次年，我的大女儿出生了，在她1岁时，我的宏伟计划已经开始崩溃。我在曼哈顿演奏音乐会，并试图以伴奏者和兼职教师

（作曲、配器、理论）的身份赚点零花钱，而我和孩子、妻子无法在纽约狭窄的公寓里和平共处。她睡着时，我不能练习，否则会吵醒她。她醒来时，需要令人瞠目结舌的关注和监护（当然，我很乐意为她提供这些），但音乐却受到了影响。我无法保持我在业内生存所需的演奏水平（此外，我们没有健康保险）。那时我刚参加了美国一个重要音乐节的试演，名次是第三名（也就是所谓的替补，意味着我去不成）。这次挫折，再加上其他一些困难，迫使我开始怀疑我一直如此执着的人生轨迹。各种其他问题雪上加霜，迅速导致了一场危机。随之而来的是：不断加剧的抑郁（像我前面说的，我一直都很容易抑郁）。令人惊讶的是，那感觉更像是一种停滞和灰色的无聊——无休止的、惰性的无趣，而不是忧郁或悲伤。我试图坚持，但做不到。尽管被问及为什么放弃音乐而转行成为设计师时，我总提到柴米油盐的问题，但归根结底还是因为抑郁症，是抑郁症的无情折磨，而不是任何经济上的担忧，导致我最终决定为我不温不火的音乐生涯画上句号。人们似乎更喜欢听我人生的更欢快、浓缩的版本——卡斯帕 · 豪泽尔式的神剧——简言之：“**我曾是钢琴师，然后在一段短得出奇的时间内从零自学设计，然后克诺夫的奇普 · 基德就雇用了我。**”

真不错！

我经常被问及这个过程，从音乐到设计的转换，我越是讲述上面的故事，就越觉得它真的是一则寓言。

***

30年是个漫长的过程，在这个过程中，你会认为自己不可避免地被束缚在一种特定的活动或职业上，而突然间，却不得不进入一种新的自我定义。我以为我离开钢琴后的第一份工作会是临时的。现在回想起来，还记得当时我以为余生都会是办公室的临时工。我相当肯定我没有任何非音乐方面的技能可言，对周遭的世界来说，我毫无用处。我甚至不相信我会成为好的临时工（可能真不会），所以就自甘堕落。[1]但有一个信念支撑着我：也许整个职业转变只是暂时的，最终我会找到回到贝多芬、巴赫等音乐家身边的方法——只有在积累了足够的现金且获得了一项

1 重申一次，我不确定作为在职（我敢说，嗯，相当“成功”的）图书设计师，我是否有资格成为年度公民。书封对公众的福利并没有真正的贡献，不是吗？但书封也不是这世界上最糟糕的东西。它们在文化上和美学上都比PPT演示文稿或Excel电子表格更受欢迎。

（我一直没能获得的）让世界上所有人都能不必内心煎熬且衣食无忧的技能之后。职场会教我这些技能，让我再也不用在洗澡时哭泣了，但首先我得找份工作。

就这样，我和妻子坐在客厅的地板上开始头脑风暴，她称之为“彼得·门德尔桑德除了音乐之外还喜欢做的事”。

我：“我还挺喜欢**足球**。”

妻子：“对，但据我所知，街头球赛中你挣不到钱。”

我：“书怎么样，我喜欢看书……”

妻子：“你想写一本吗？”

我：“哦，没有。”

妻子：“那就好，因为写作，嗯，你知道的，孤独且收入低，似乎回到原点，不是吗？”

我：“没错。嗯，好吧，我一直喜欢画画……我能以画画为生吗？”

妻子：“你是说，漫画家？”

我：“嗯……不，我不是很有幽默感……”

妻子：“画画？就像……像中央公园里那些画肖像的人一样？”

我：“不，天啊，我的意思是**更笼统来说**，有没有什么视觉类的工作。比如，我不知道，也许我可以做粉刷匠？”

妻子：“**什么**？”

我："你说得对，也许我应该去端盘子……"

妻子："我当过服务员，实话说，我不确定你适合干这一行……"

我："也许可以做秘书工作？"

妻子（闭上眼睛，揉着太阳穴）："**设计**呢？"

***

我设计过我们的婚礼请柬。并不是什么特别的设计，但为了这个我自学了QuarkXPress软件，这个过程很吸引我。另外（也许更重要的是），在我弹琴这些年，我给自己做了几件平面设计——我的音乐CD封面、音乐会海报、节目单等——在这些场合，我明显感觉到负责的设计师们需要我的帮助。尽管我自己不知道怎么设计，但我清楚地知道我喜欢什么，不喜欢什么，毫无疑问。在过去几年里，我曾说过，没有什么比这种感觉更能激发我对设计的渴望，更能巩固我对自己设计能力的认识——我从骨子里知道什么是好的设计作品，什么不是。[1]

那么，设计对我来说能有多难学呢？

事实证明，远没有古典音乐那么困难。我一开始尝试设计——在我妻子第一次在客厅提出"设计"这个词之后，我几乎立即开始认真做这件事——就发现这项事业比我以前的音乐事业要简单太多，学习曲线没有那么陡峭（差了几个数量级）。请允许我做一个小小的对比。

1. 在创作或呈现一首奏鸣曲，或一支舞蹈，或一部电影（或一句话）时，人们必须在脑海中记住有关作品的全部内容，以便知道那个特定的想法、音符、步骤或短语是否能成功地融入。当我在演奏或创作音乐时，对某一特定作品钻研得越深，就越需要演奏它，或想象它，以便确定修改或补充的语境。而对于平面设计，你可以一眼就看出设计是否成立。

1 对我来说，批判性思维是创造力的基础。人实在太容易沉浸在自己的糟糕想法里了，就像沉迷于自己的一套做事方法，但最后，正是我们充分判断自己作品的能力（尽量客观公正）决定了作品的质量。

2. 对设计来说，似乎没有真正的技术门槛——也就是说，设计不需要童子功，不需要与那些承受着虎妈和整个国家（通常是发展中国家）的文化压力的有超强记忆力的平面设计神童竞争。[1]设计师不需要大量的“技巧”——实际上完全不涉及灵活性或身体协调性。演奏一个像样的双颤音比学习如何画贝塞尔曲线要困难得多。而且，这不仅仅是对我，对谁都是如此。

3. 从创意的角度来看，设计师很少需要像作曲家那样面对“空白的一页”。设计师总是有相对具体的任务要完成，理论上说，他们的作品将根据他们完成该作品的能力被评价。

4. 在设计中，没有我以前反对的那种矫揉造作的“深刻性”。**聪敏和漂亮**似乎是好设计的基准。睿智会给设计加分，但不是必要的。[本书书名（英文书名 *Cover*）是有意模糊的，但其中一个可能的含义是关于外部和表面的。设计，至少是大多数的设计，似乎就停留在对外部和表面的关注上。]

5. 设计工作并非遍地都是，但可供选择的总比全世界范围内留给古典钢琴家的“二十来份好工作”要多。如果你心气足够高，真的想在你的领域出类拔萃，那么，成为著名钢琴家比得诺贝尔和平奖还难。而另一方面，设计领域似乎完全由“著名设计师”组成。我几乎每个月都会遇到一位新的“著名设计师”。

6. 设计不是表演。相反，它是**无休止的排练**。设计就像练习：一个人反复练习、修正、尝试新途径……练习很容易，因为一个人被允许（甚至被期待）犯错误。练习是一个宽容自由的区域，而音乐厅是不允许犯错的。

7. 从更主观的角度看，对我、我的家庭，以及我们所来自的中欧犹太文化来说，设计没有带来任何心理情感负担。其他的门德尔桑德家族（这一代或任何上一代）很可能会认为设计是一种**轻量级**的追求——那种人们喜欢但并不真正努力追求的东西，比如槌球，或者吹口哨。又如，如果设计是唯一被认可的可以离开犹太区的方式（就像音乐和科学曾经那样），或者如果我的父亲或母亲是设计师，从而给我留下了哪怕是有一点点影响的焦虑，我可能就会发现自己在现在的工作

1 音乐保护领域是非常混乱的。

中没那么多乐趣，因此会做出更糟糕的作品。

总之，你可能已经注意到“设计挺容易”（而护封是微不足道且多余的）有点像是我的口头禅。因为它在某种程度上确实如此，也因为它对我来说是有用的信念。相信设计的简单性可以帮我保持一种不会过度神经质或过度复杂化的设计实践。

信其有则有。我在钢琴方面就没能维持这种轻松的思维。想怎么做就怎么做吧。

***

因此，正如我在《彼得 · 门德尔桑德成为设计师》中提到的那样，我在很短的时间里“自学了设计”。

而这也是一种狡猾的欺骗性陈述。

这段时间可能是8个月，也可能是10个月，我不太记得了，肯定不到一年，但更重要的是，我从来没有“教会自己设计”。我自学设计达到的只是刚刚够找到一份工作的程度。也就是说，是很基础的水平。我现在仍然在学习设计，而且不是在模糊的、诗意的意义上的。我每天都学到关于设计学科的一些细节，是比我小20岁的大多数设计系学生已经了如指掌的东西。我指的是那些令我羞愧的、作为设计师本该掌握的东西。我经常因为发现一些我不知道的基础知识而感到尴尬。比如说，我大约在4年前才知道字母间距是要调整的（我可以听到设计界的集体吸气声）。我不断地碰到有关网格、字距、颜色的新知识……（这是自学者的诅咒：你根本不知道**你不知道的是什么**。）

在我离开钢琴的时候，除了有一点Quark软件基础和生产过程入门知识，我没自学到什么正经知识。我学到的东西足以让我受雇于人，做一些低调的、无偿的工作。这些工作构成了我第一个也是唯一一个作品集[1]。这些工作并不特别有趣，

1　我第一个也是唯一一个作品集：
①分别给两个朋友做的两个商标——他们一个创办了一份不出名的独立杂志，另一个开办了一家小型制作公司（他现在在建筑行业）。②曾经为我的钢琴表演录音的工作室（对我的能力充满疑问）尝试性地让我为他们的5张小型演奏录音CD设计了包装。③为多米尼加金属乐队做的海报和邮寄宣传品。④给我母亲做的信纸。⑤一件T恤。⑥给我表亲的朋友的业余服装品牌做的视觉识别。
很神奇吧！

也没有什么吸引力，只是每项工作都成了我学习特定设计项目的理由。其中一份无偿工作是“绘画入门”；另一份是“排版101”。在同意做这些工作的时候，我已经把自己锁定在一门课程的学习中，这就是我达到一定熟练程度的方法，不仅在设计方面，而且在印制、插图和摄影等附属学科方面也是如此。

第一个作品集——当我现在擦擦灰打开看的时候——简直**惨绝人寰**。里面的作品非常稳定地糟糕。（你们问可以看看吗？不，你们不能。）面试我的克诺夫和古典书局的艺术总监们如果不是当时喝醉了的话就是精神出了问题，才会对我的作品和我作为设计师的未来竖起大拇指。现在我清楚地认识到，这是**一场豪赌**。尽管我的作品集中一定有一点儿可取之处——可能是品味或天赋的萌芽——反正我是没找到。现在回顾这些作品，这些我在三十多岁时创作的幼稚作品，我不寒而栗。

无论如何，我还是被录用了，而且我非常确定原因不是我对巴洛克式对位法的熟稔。

***

在这次职业转型前的一个夜晚，我和我母亲一起吃晚饭。我们正在讨论我最近在设计领域的笨拙探索，她说了类似这样的话：“嗯，我有一个朋友，她有一个玩拼字游戏的朋友，这个朋友的伴侣是图书设计师，叫奇普。我对他不太了解——她说他是蝙蝠侠的超级粉丝。”

（嗯，他听起来很不错，妈。）

我得到了这个“奇普”的电话号码，尽管我认为：a）没有比书籍封面设计师更荒谬的工作了；b）和他见面不会有什么结果。但我的结论是，除了一个小时的时间，我没什么损失。所以我打了电话。我还没搞清楚怎么回事时，已经获得了与（我后来了解到的）一位设计**大师**的会面机会。

当然，我当时并不知道我被安排去“亲吻图书设计教皇的戒指”。我把奇普当成了一个有着奇怪名字的人，做着奇怪的工作（他会告诉我他奇怪的工作，而我也会礼貌地听着，就这样）。当然，我大错特错。

我礼貌地退出一会儿，让奇普自己讲述这一段……

***

好吧，事情是这样的。2003年的某天，我亲爱的朋友打了我办公室的电话。

“喂？”

“奇普，你有空吗？”

我发现，如果一个人的开场是“你有空吗”，那他要说的事情不会对你有任何好处。

你永远不会听到：

你有空吗？你中了彩票！

或

你有空吗？是我，你在地铁上偷看的那个人。我们一起吃晚饭吧！

或

你有空吗？所有的检测都是阴性的！

所以我稳了稳：“当然。”

“嗯，你记不记得朱迪 · 门德尔桑德的儿子，彼得。”朱迪是她的朋友——一个可爱、亲切、有耐心的女人。“彼得，”她重复道，“那个钢琴师。”

哦，不。“当然。”

“嗯，他不想再当钢琴师了，想当平面设计师。”

哦，不。“真的假的？”

“是的，而且，嗯……我答应朱迪要问一下。他能不能来见你，你给他一些建议？”

呃，我无法巧妙地拒绝。镜头切到：

2003年的一个下午，一个三十出头的孩子坐在我的办公室里，他看起来像年轻邋遢版（这是一种赞美，相信我）的朱迪。手里拿着作品集。

我在想：**他有半个小时的时间。我一定能设法想出令人鼓舞的建议。我的朋友真的、真的欠我一个人情。**

所以我打开了他的作品集，然后从未发生过的事情发生了。

这相当于在毛遂自荐的投稿堆里发现了一本伟大的小说。除了可能是为他朋友的乐队设计的一些CD之外，我已经记不清楚有些什么作品了。但它们很漂亮。事实上，“漂亮”并不能说明问题，但关键是他“懂”，他没有受过正式训练，但很明显他很有才华。

不仅如此，我们（克诺夫设计部）当时实际上有一个初级职位空缺，所以我把他介绍给了卡罗尔·德文·卡森（我的老板，副总经理兼艺术总监），她也完全惊呆了。她又把他介绍给了古典书局艺术总监约翰·盖尔，剩下的事情，就像他们说的那样，是历史了……

从主题上看，用“所以现在是彼得·门德尔桑德时刻”这样的话做结尾是很诱人的。但这并不准确。它不只是一个时刻，还是受人鼓舞也鼓舞人的事业，蓬勃发展了十多年，而且刚刚翻开了新篇章。在写这篇文章时，我迫不及待地想看到这本书。

至于在克诺夫的我们，当我的朋友打电话来时，我们确实中了彩票。

——奇普·基德

***

所以，读者们，我被录用了。正如奇普所说，在我最初拜访克诺夫办公室（当时位于公园大道299号）时，奇普慷慨地将我介绍给卡罗尔（她正是《红的自传》的封面设计师，也是整个部门的创意总监），然后是古典书局的艺术总监约翰。在见到这三个人——善良、有修养、幽默风趣、才华横溢——之后，我知道，在这个地球上，我不愿在任何其他地方工作了。又过了痛苦的一周，约翰才打电话给我，给了我古典书局初级设计师的工作。电话打过来时，我欣喜若狂。你可以想象得到，这种特殊的认可比我越来越习惯的、无休止的自我厌恶要好太多。有人想雇用我！付给我钱……让我阅读和设计书籍！

难以置信。

***

在我的小隔间里的前几个星期（我获得了兰登书屋的新工作证，它证明我是社会的生产成员，还有一盆新的属于我的橡胶树和一本全新的色票），我无法在没有帮助的情况下完成分配给我的任何任务。我不断打扰着其他设计师：“潘通色卡是什么？工艺是什么？图库是什么？ CMYK是什么意思？”每个人都很有耐心。而我则高兴得难以相信，年薪4万美元，这是我做过的最令人振奋的工作，无论是以前还是以后。起初，我只为其他设计师打下手，制作封底广告、书脊、贴样……大约两个星期后，约翰终于分配给我一个选题，让我自己设计。那是爱德华 · O. 威尔逊的一本书的平装版，名为《生命的未来》。但有个条件（每个项目几乎都有），那就是作者特别要求我用一幅他认为能代表他文字的画。就是本页这幅画。“用这个。”我被告知。

看起来不错，对吗?

这么说吧，如果你是封面设计师，虽然这幅可爱的画本身就很引人注目，但用起来完全是一场噩梦。没有突出的着眼点，没有合适的位置来放置（大量的）文案，在没有额外说明的情况下，不清楚这些喧闹的动物和植物之间可能有什么共同点，颜色纷繁，整幅画让人摸不着头脑……那么，该怎么办?

我之所以提出这个特殊的混乱封面，是因为这个问题——我的第一个设计难题——的答案，成了我的一种方法论，我的解决方案成了一种模式。用这幅画做一个合格的封面，是我从第一次接触到现在还在经常使用的一种做法……

程序是这样的:

1. 从庞大的、笨重的、复杂的东西中挑选一个小细节。

2. 让这个小细节作为整体的象征。通常情况下，这个“庞大的、笨重的、复杂的东西”就是叙事本身，也就是我要为之设计封面的作者作品的整体。这个

“小细节”通常是叙述中的一个角色、地点、场景或物品。找到那个独特的文本细节，作为封面的主题，撑起整本书，是我现在工作的本质。当我收到书稿时，我是带着这个不同寻常的任务来阅读的。在这种情况下，我要做的就是在画中找到可用的视觉细节。正如你在这里看到的，我提出了模切封面的方案。除了那只橙色的小青蛙，整幅画都被遮住，只留下这只小小的两栖动物提醒着威尔逊书名中隐含的风险。

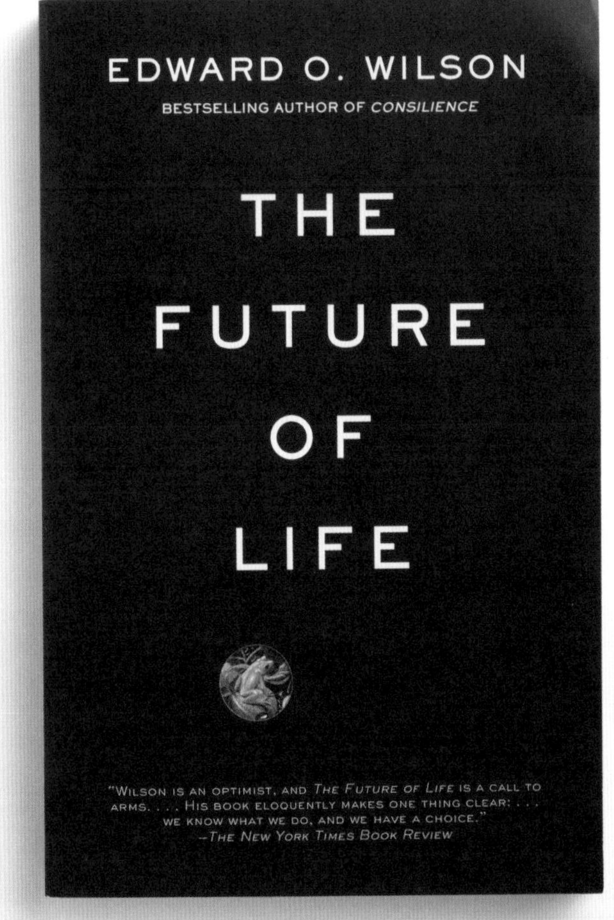

现在回想起来，我很惊讶，预算竟然能做模切工艺。无知者无畏，我当时并不知道**不该**提这种要求（我的另一个**方法**）。方案通过，图书下印了。

这就是我的第一个封面。

几个月后，我被卡罗尔邀请设计一个精装护封——我的第一个精装护封。

那是一本名为（啜泣）《肖邦的葬礼》的书（太应景了）。

11年过去了，时至今日，现在。

那么，为什么要出一部设计作品集？为什么要出你手中的这本书？

几年前，我突然意识到，设计师的职业生涯有一条必然路径，在这条路径上有一些无法回避的指标。比如说，在创作了足够数量的说得过去的设计作品从而积累了一定的声誉，而且接受了一些必要的访谈，做了一些无法推托的讲座，加入了一些行业组织的理事会之后，出版一部自己的作品集几乎是不成文的规定。

一部作品集。一部**设计**作品集。

设计作品集是一种奇怪的书。绝大多数这类书都会声称本书由设计师所“著”。但我觉得这种说法是有误导性的。作品集中的作品（但愿，完全）是由设计师创作的，但这不意味着这本书是设计师“著”，至少跟小说家“著”小说的意思不太一样。当然也有特例，不过大多数这类设计书都只是选辑、合辑、图录。这些设计书和一般的作品集没什么区别。把设计作品集做成一本书的形式倒是没什么本质问题，只是这个“著”的说法让我觉得有点不对劲。

（一本书，我曾经清高地认为，就应该是**一本书**。也就是说，一本书应该是撰写出来的，进一步说应该是由作者撰写出来的。我承认这是一种个人偏见。）

因为这个，还有其他我也不太清楚的神秘原因，我一直对创作设计书这件事莫名反感。之前，我当然也从来没有兴趣自己出版一本。

创作本书其实不是我的想法（自以为如此就可以免责）。动力出版社（powerHouse Books）找到我，认为我应该整理编辑我的作品，因为这理所当然。

我同意了，至少这样我就可以有一部新的作品集来替换我那多年前制作现已无法直视的“学生”作品集。[1]而且，在投入这本书的出版后，我清楚地认识到正是这类书帮我在设计师行业入门。并非科班出身，也没钱、没时间去正式学习的我，只能去扫荡新开的巴诺连锁书店的书架。这些店里有一整个区域都是设计书（不知道现在还有没有）。在巴诺书店，我买了不少教你怎样使用一些软件的技法书，还有一些设计师作品的合辑，类似《2003年最佳商务名片》《恒星身份》，或者某位设计师的作品专辑。我就像大多数设计师一样通过观看来学习。

以前大家就是这样——通过书的形式——接触到有趣的设计作品。当然，有些作品是无法错过的，就是那种铺天盖地的“重大广告”物料，但是有些更小众一点的品牌设计，就全靠看这些书了。网络的出现一定程度上抵消了对这种书的需求。（但不是说这种书没趣了或没有用。实际上，随着时间的推移，我越来越坚信纸质书的持久价值，即使这种想法并非主流。）

无论如何，设计作品集将被淘汰这件事不能解释我对这类书的反感。为什么我一直反感这件事呢？做一本设计书的想法是什么时候以及为什么让敏感的我如此深恶痛绝的呢？

实际上，没人想让别人觉得自己在自卖自夸。把自己的作品做成一本书像是在炫耀，在自鸣得意。这不体面，很俗气。更不必说有很多比我更好的设计师的作品集值得做。

1　可能我最后也会扔掉它。

但其实还有一个更深层的，让我排斥做自己的设计书的原因。仔细想来，我最近意识到，即使这么多年过去了，我还是在考虑是否应该自称“设计师”。

我不觉得我真正接受了设计作为职业这件事——我从未完全自我认同设计师这个身份。（我不想过于深究这种纠结的心理，但很明显这和我被迫从音乐转行这件事有关。）可以这么说，就算我花了这么长时间做设计，我还是一直把设计师当成钢琴师和第三段全新光辉职业生涯之间的临时过渡。所以本书英文书名*Cover*还有另一层可能的意思，化名——一个为了隐藏真实自己的掩护身份。

彼得 · 门德尔桑德，音乐家，化名“设计师”。

但也许这本书的出版有点像是一次供认，对明显事实的一种投降，对内心意图的一段自白，也是对我自己的一纸征召：也许我就是我名片上写着的身份。

（事实上，我们并非**理想的我们**，而是**实际的我们**。）

那么，如果前面说得还不够清楚的话：我是设计师。但愿这本书能帮助这本书的作者**我**（我反而不太担心**你**）相信这句话。我是设计师。

我是设计师。

我的名字叫彼得 · 门德尔桑德，我是设计师。

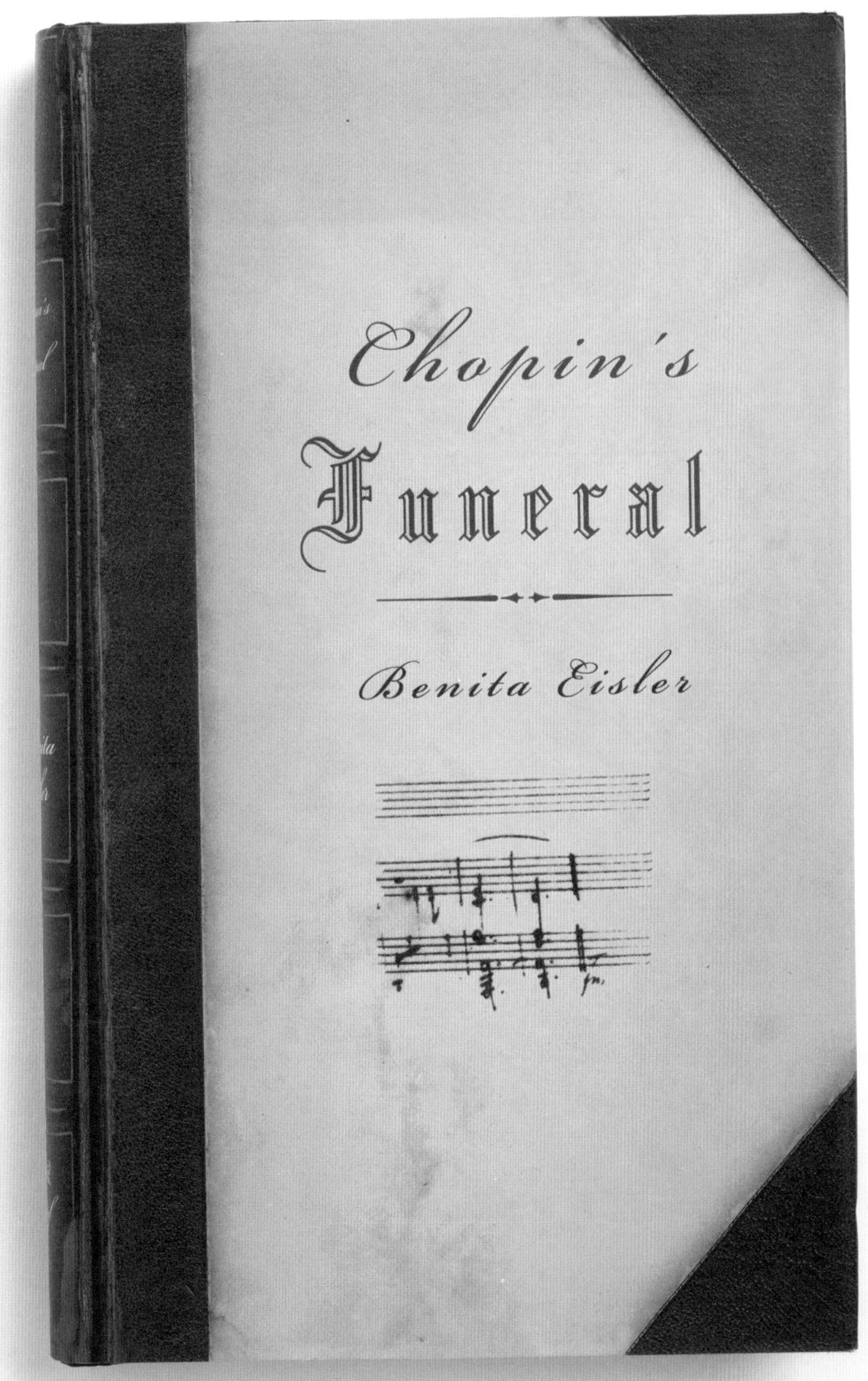

我在克诺夫设计的第一个精装封面。

阅读此书的最后两点说明

1. 本书英文书名的单词“cover”可以指行进的一段距离、支付、伪装、描述或评论，但也可以指全面地概括。这本书并不全面，它没有包含我所有的作品，涵盖的只是我所做的护封和封面中的一小部分，没有包括我的大量设计作品，比如编辑性插画、杂志封面、品牌、广告，以及（让我最痛心的是没有包括）音乐包装。我曾考虑过做一本包含所有这些内容的书，将其全部打包，但后来想到读者可能会觉得很困惑，所以决定算了。因此，这本书是关于书籍设计作品的书，虽然没有包括我所有的书籍设计。

2. 书中出现的被毙掉的封面——没能进入实际印刷的封面，不管是由于客户的任性（或良好的品味）还是被我亲手否决掉的，都用红色的“X”来标识。

Hopscotch
Cortázar
PANTHEON
THE WOMAN DESTROYED
DE BEAUVOIR
PANTHEON
Ocean
Sand
Gravity
Male
Female
Solitary
Lonely
Torus
Brane
Loop
Real
Sorry
Please
Thank You
Charles Yu
Pantheon
Kafka The Complete Stories
Schocken
The
Flame
Alphabet
Ben
Marcus
Knopf
Leaving
the
Sea
Stories
Ben
Marcus
Knopf

V
7 Billion Needles
Nobuaki Tadano
3
VERTICAL
V
7 Billion Needles
Nobuaki Tadano
4
VERTICAL
V
7 Billion Needles
Nobuaki Tadano
5
VERTICAL
The Information
The Information
The Information
The Information
The Information
The Information
The Information
The Information
The Information
The Information
The Information
The Information
The Information
The Information
by James Gleick
by James Gleick
by James Gleick
by James Gleick
by James Gleick
by James Gleick
by James Gleick
by James Gleick
by James Gleick
by James Gleick
by James Gleick
Pantheon Books
Doctor Zhivago
Boris Pasternak
Pantheon
CENSORING AN IRANIAN LOVE STORY.
Shahriar Mandanipour.
knopf
Nostalgia
Dennis McFarland
Pantheon
Knopf
Jo Nesbø
The Snowman
a novel
PORTRAITS OF A MARRIAGE
SÁNDOR MÁRAI
Knopf

Nice Big American Baby
Judy Budnitz
Knopf
BLOW-UP
JULIO CORTÁZAR
PANTHEON
STEVEN MILLHAUSER
WE OTHERS
NEW AND SELECTED STORIES
VINTAGE
F. Kafka Aforismos
F. Kafka El silencio de las sirenas
Walter Benjamin
Illuminations
Walter Benjamin
Reflections
NEW LIVES
A NOVEL
INGO SCHULZE
KNOPF
Pantheon
Never Fück Up Lapidus
ROBERT
CHER
KNOPF

CRIME and PUNISHMENT
DOSTOEVSKY
PEVEAR AND VOLOKHONSKY, TRANSLATORS
VINTAGE
JAMES JOYCE
SSES
The Complete and Unabridged Text
VINTAGE
DEATH
DE BEAUVOIR
PANTHEON
DE BEAUVOIR
PANTHEON
ROYED
DE BEAUVOIR
PANTHEON
eflections
SCHOCKEN
in
Illuminations
Foucault
Discipline & Punish
Vintage
Foucault
The Birth of the Clinic
Vintage
Foucault
The Archaeology of Knowledge
Vintage
Foucault
The Use of Pleasure
Vintage
Foucault
The Foucault Reader
Vintage
Foucault
Madness & Civilization
Vintage
Foucault
Herculine Barbin
Vintage
The History of Sexuality
An Introduction

经典

我为《启迪》的再版绘制的封面设计草图——为本雅明的城市漫步者提供了一套风格化的街道方案供其游荡，每条街道都以他的一篇文章命名。

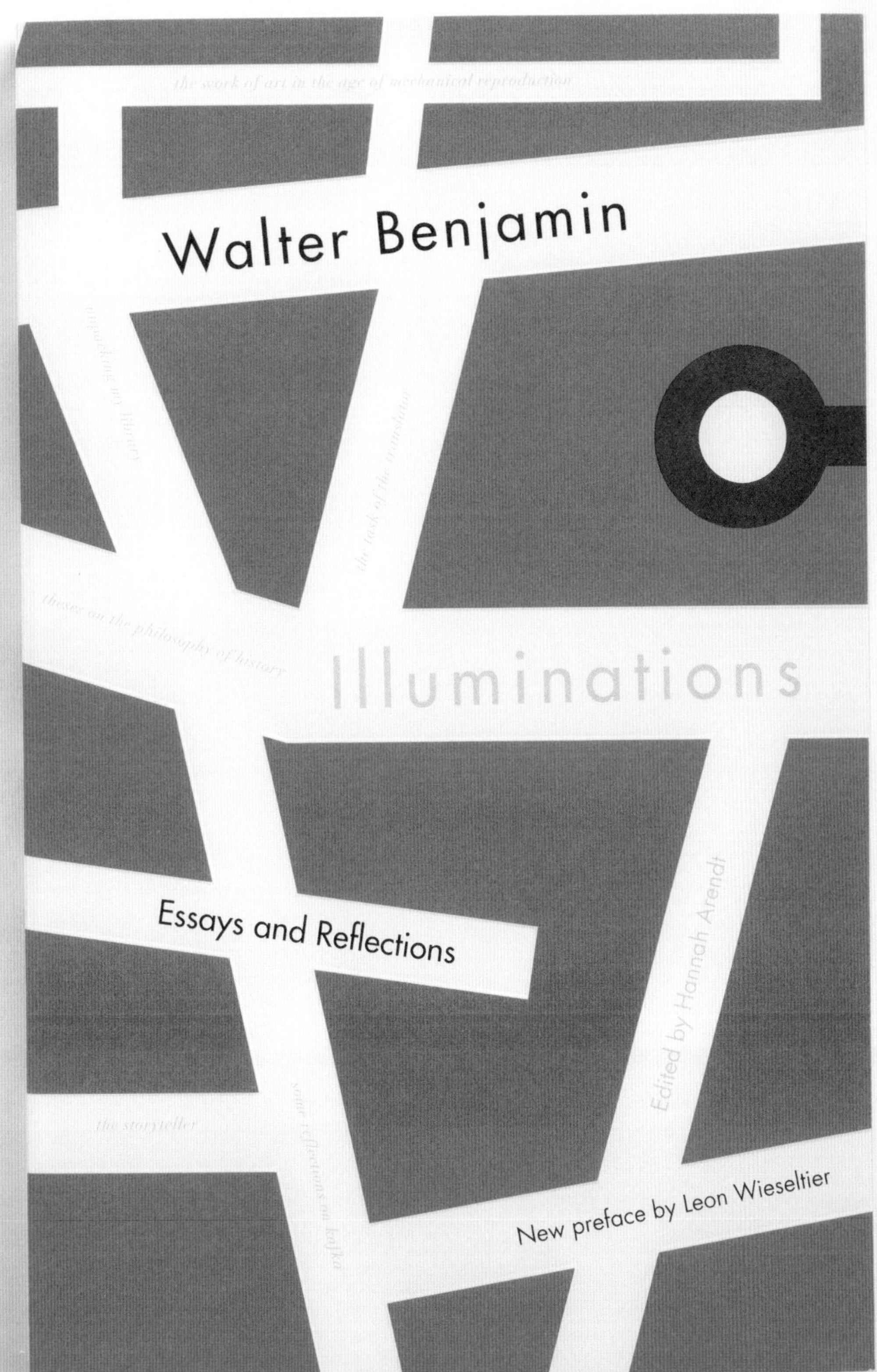
the work of art in the age of mechanical reproduction
Walter Benjamin
unpacking my library
the task of the translator
theses on the philosophy of history
Illuminations
Essays and Reflections
Edited by Hannah Arendt
the storyteller
some reflections on kafka
New preface by Leon Wieseltier

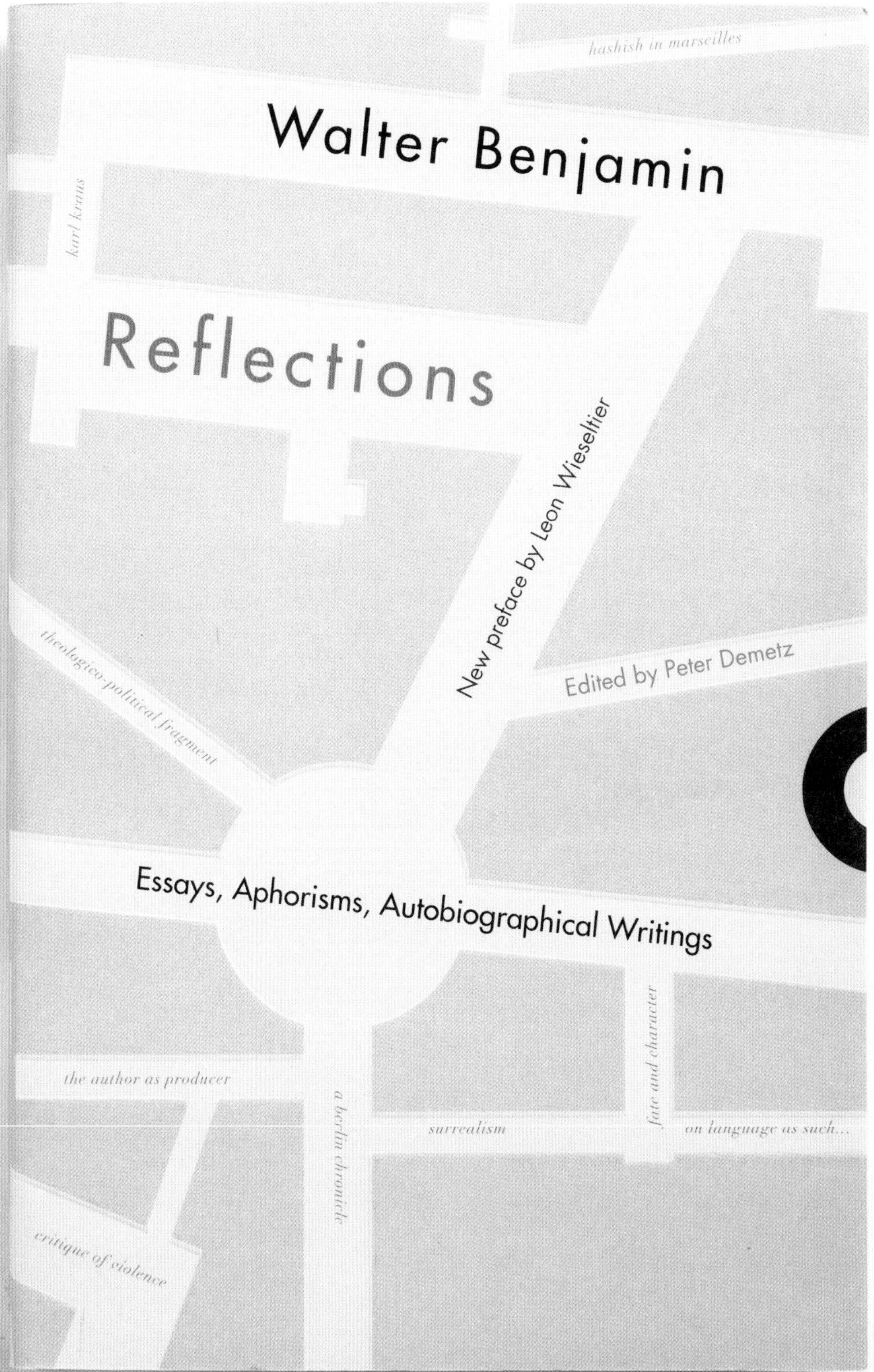

hashish in marseilles

Walter Benjamin

karl kraus

Reflections

New preface by Leon Wieseltier

Edited by Peter Demetz

theologico-political fragment

Essays, Aphorisms, Autobiographical Writings

fate and character

the author as producer

a berlin chronicle

surrealism

on language as such...

critique of violence

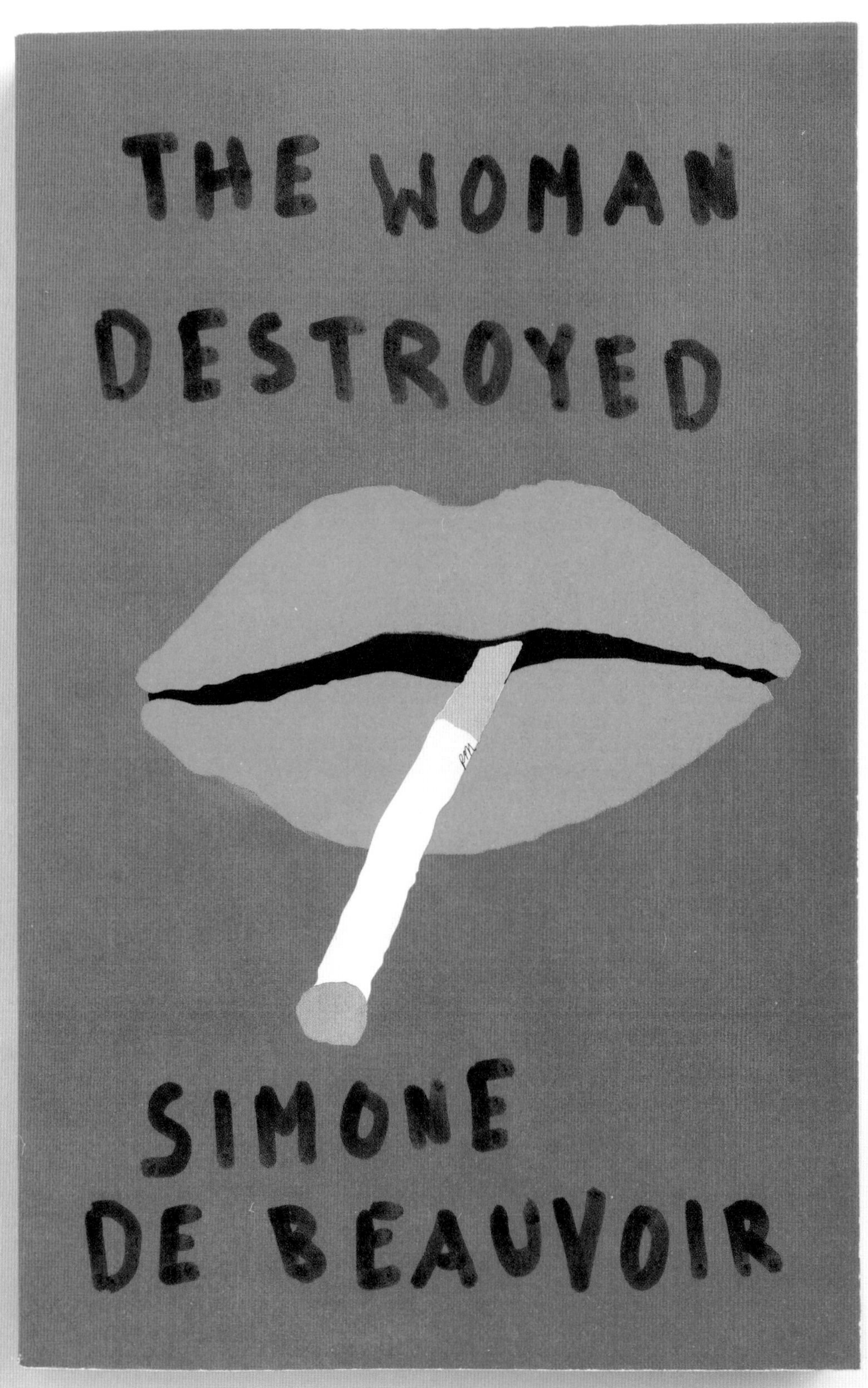

《独白》（*The Woman Destroyed*），作者：西蒙娜·德·波伏瓦，书名直译为『被毁掉的女人』。

成为被毁掉的女人毫无疑问是件坏事。

“一次令人震惊的成功，可能要归功于这本书吸睛的封面。”——《纽约时报》，12/15/13

西蒙娜·德·波伏瓦唯一一本没有被萨特阅读、编辑和（假定）认可的书。

这些由万神殿书局为西蒙娜·德·波伏瓦再版的图书，封面设计的灵感来自1968年巴黎骚乱的海报和墙上的涂鸦。我想要某种很直接的风格，想把这场革命的视觉语言挪用过来，用在这位毋庸置疑的（哲学的、政治的）革命者身上。

我还希望封面不带有明显的性别色彩。（不是说没有性别特征，而是说性别的表现不要固定在男女的坐标轴上。）我当然不想采用通常给“女作家”设计封面的那些套路，尤其是这位作者。我希望封面能戳人眼球，但不是“美”的。[《独白》（*The Woman Destroyed*）的封面是最接近的，其貌不扬却颇具魅力，又丑又美，我很喜欢。我当然也做过丑陋的封面，我希望我也做过漂亮的封面。但在这个系列中，我喜欢的是这两种属性之间脆弱的平衡。]

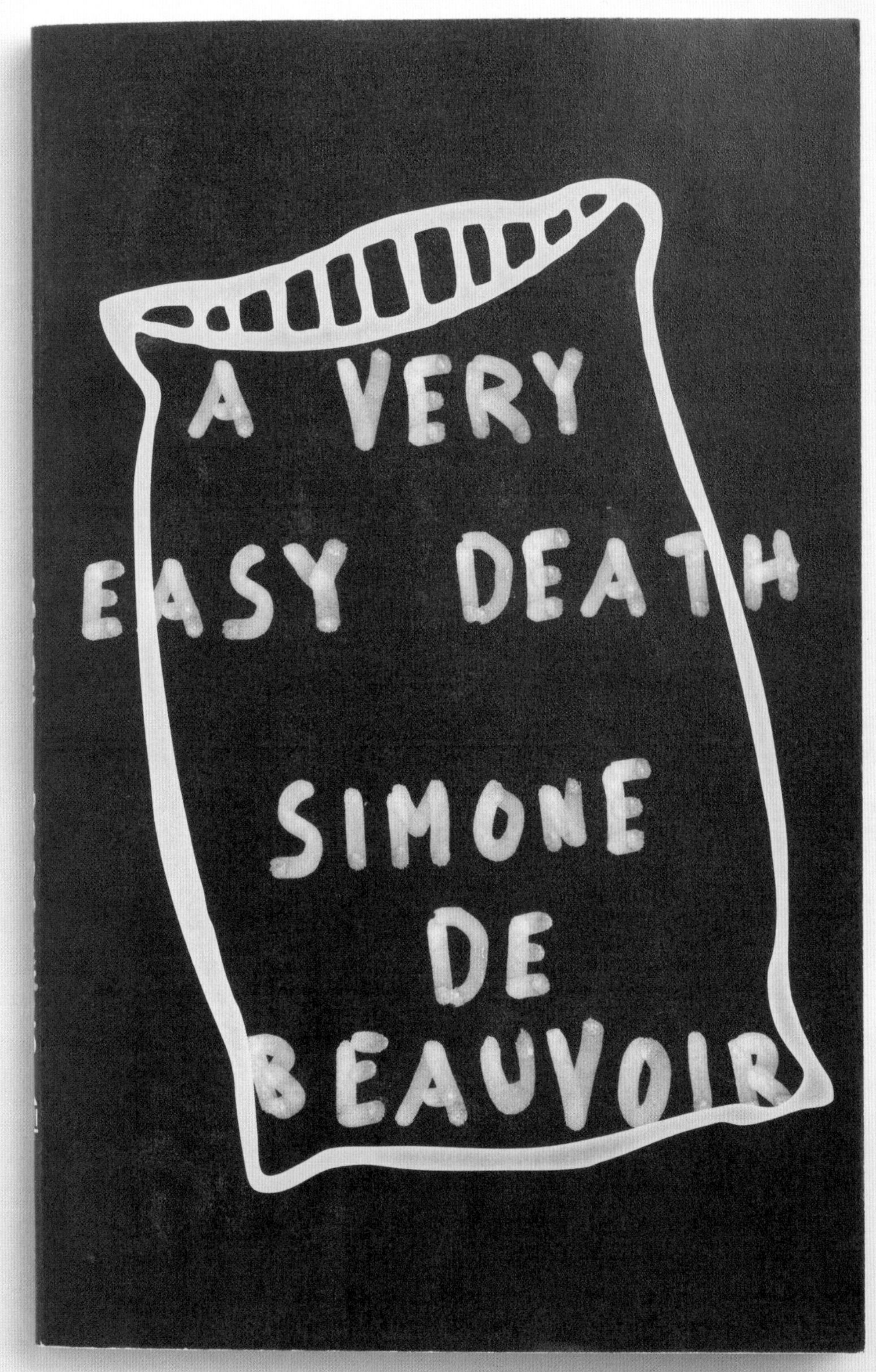

“你不是因为出生而死，也不是因为活过而死，更不是因为年老而死。你死于某种病症……癌症、血栓、肺炎：它就像发动机在天空中停转一样猛烈，不可预见……”

——西蒙娜·德·波伏瓦

这个为柏拉图的《理想国》设计的封面就像是切尔马耶夫和盖斯玛在1971年为泛美世界航空公司设计的海报。「为闪烁的影子而来访，为形式理论而停留。」

“凡有常识的人都知道，眼睛会有两种不同的迷惘，它们是由两种相应的原因引起的：一是从亮处到了暗处；二是从暗处到了亮处。”——柏拉图

我最喜欢的封面一直是抽象的封面［特别是阿尔文・卢斯蒂格（Alvin Lustig）、乔治・萨尔特（George Salter）、约翰・康斯太布尔（John Constable）的］。我刚入行时，已经很少有人做抽象封面了，经典再版书完全没有。大多数护封都是拟态的和摄影的，我觉得我们已经在彻底写实主义和过度具体化的方向上偏离得太远。我清楚地记得我想过早就该回归经典，所以我做了这些陀思妥耶夫斯基作品的设计。

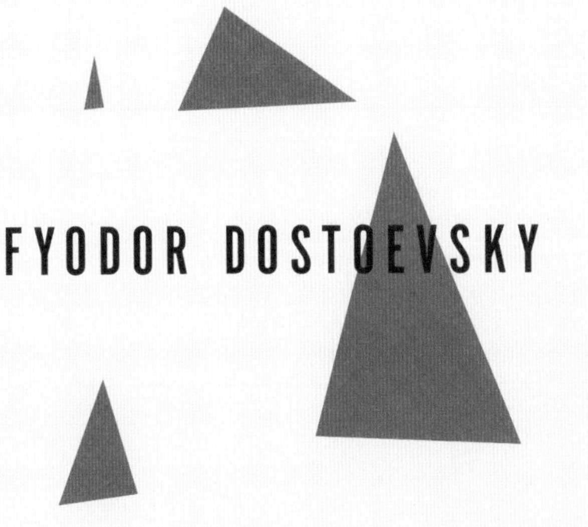

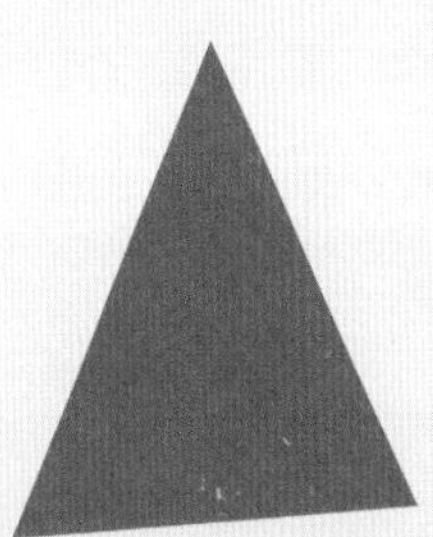

它们为更多类似的设计打开了大门。自我设计这组作品到现在，这种抽象插图式系列设计方法已经变得相当普遍（大概“模仿=称赞”）。反过来说，现在鉴于这种书籍设计风格已经相当普遍，我反而回归到摄影和拟态。

FYODOR DOSTOEVSKY

NOTES *from* UNDERGROUND

THE NEW TRANSLATION BY

RICHARD PEVEAR *and* LARISSA VOLOKHONSKY

Award-winning translators of
The Brothers Karamazov & *War and Peace*

VINTAGE CLASSICS

该封面是这个系列的第一本。在设计了《白痴》之后，我基本上是恳求古典书局也给其他几本重新设计封面。最终他们同意了。“十”字形（或X形）就像基督教的十字架，既是基督形象的象征，又是他被毁灭或被否定的象征（在本书中，基督的形象是多舛的癫痫病人米什金王子）。

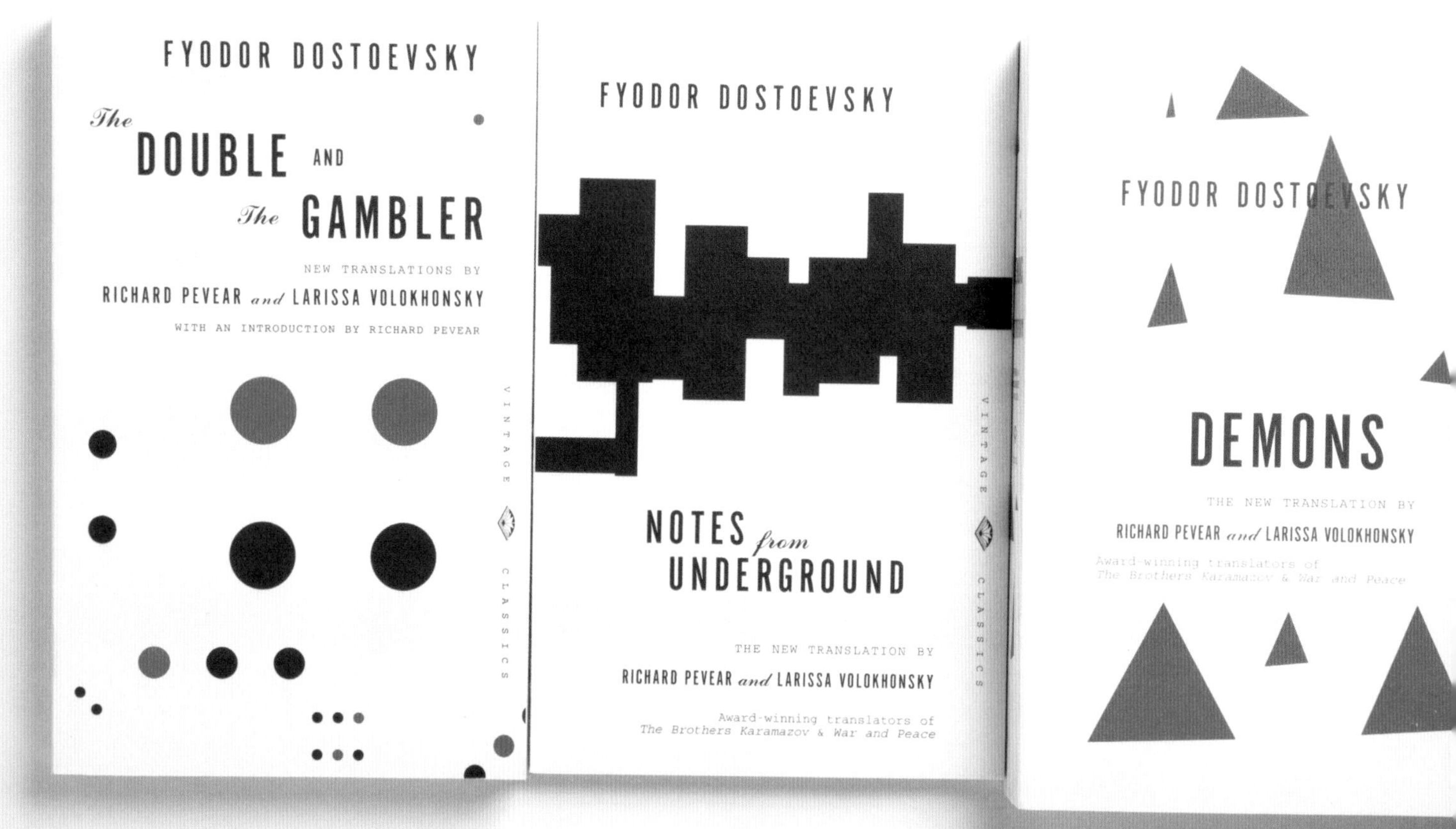

“没有什么主题是
如此古老……

以至于没有什么新东西可说了。”——F.陀思妥耶夫斯基

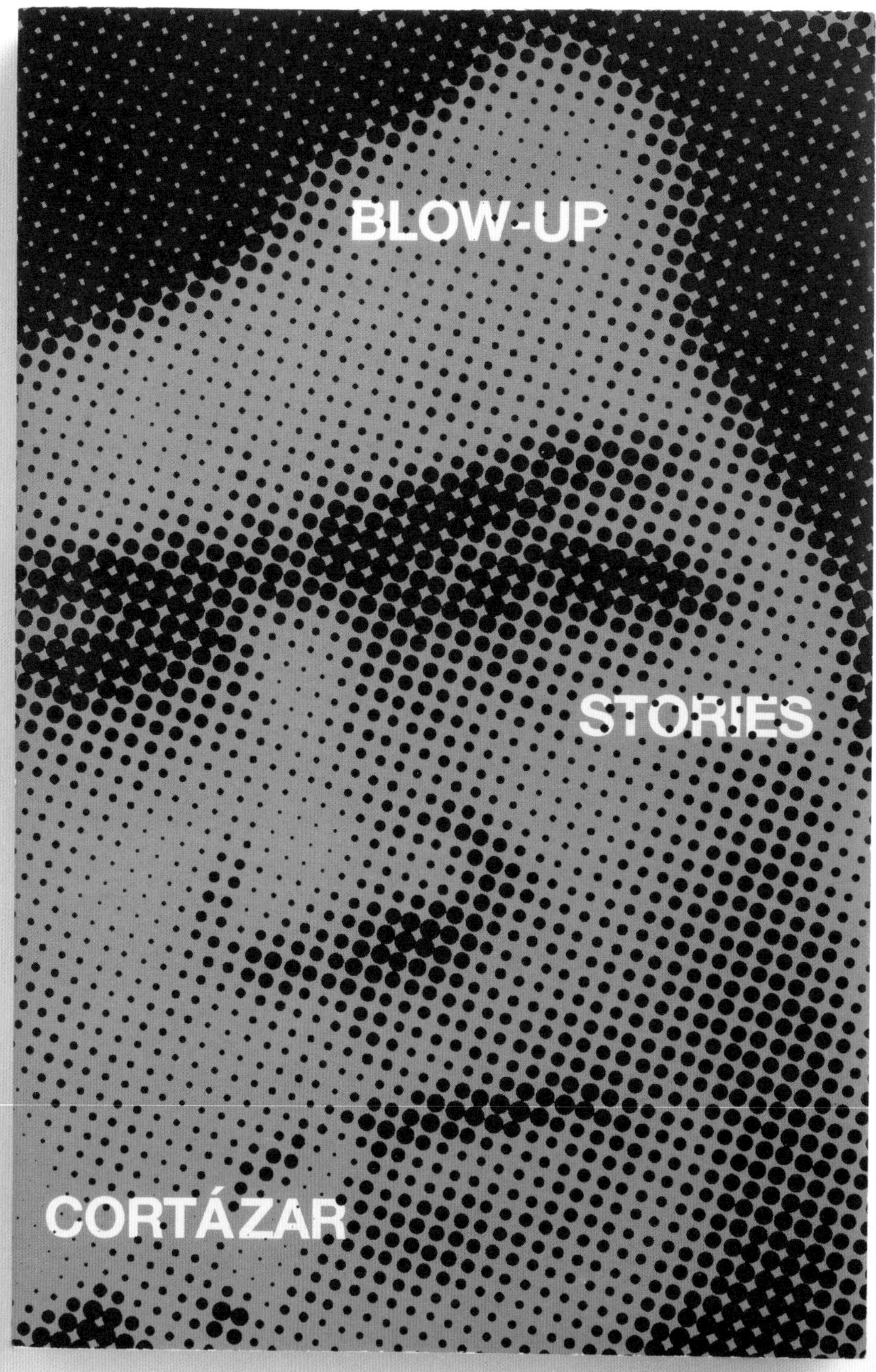

“任何不读科塔萨尔的人都是注定要完蛋的。不读他是一种严重的隐性疾病，久而久之会产生可怕的后果。类似于一个从未尝过桃子的人，他将静静地变得更加悲伤，明显地变得苍白，可能一点一点地，失去他的头发。我不希望这些事情发生在我身上，所以我贪婪地吞噬了伟大的胡里奥·科塔萨尔的所有捏造、神话、矛盾和凡人游戏。” ——巴勃罗·聂鲁达

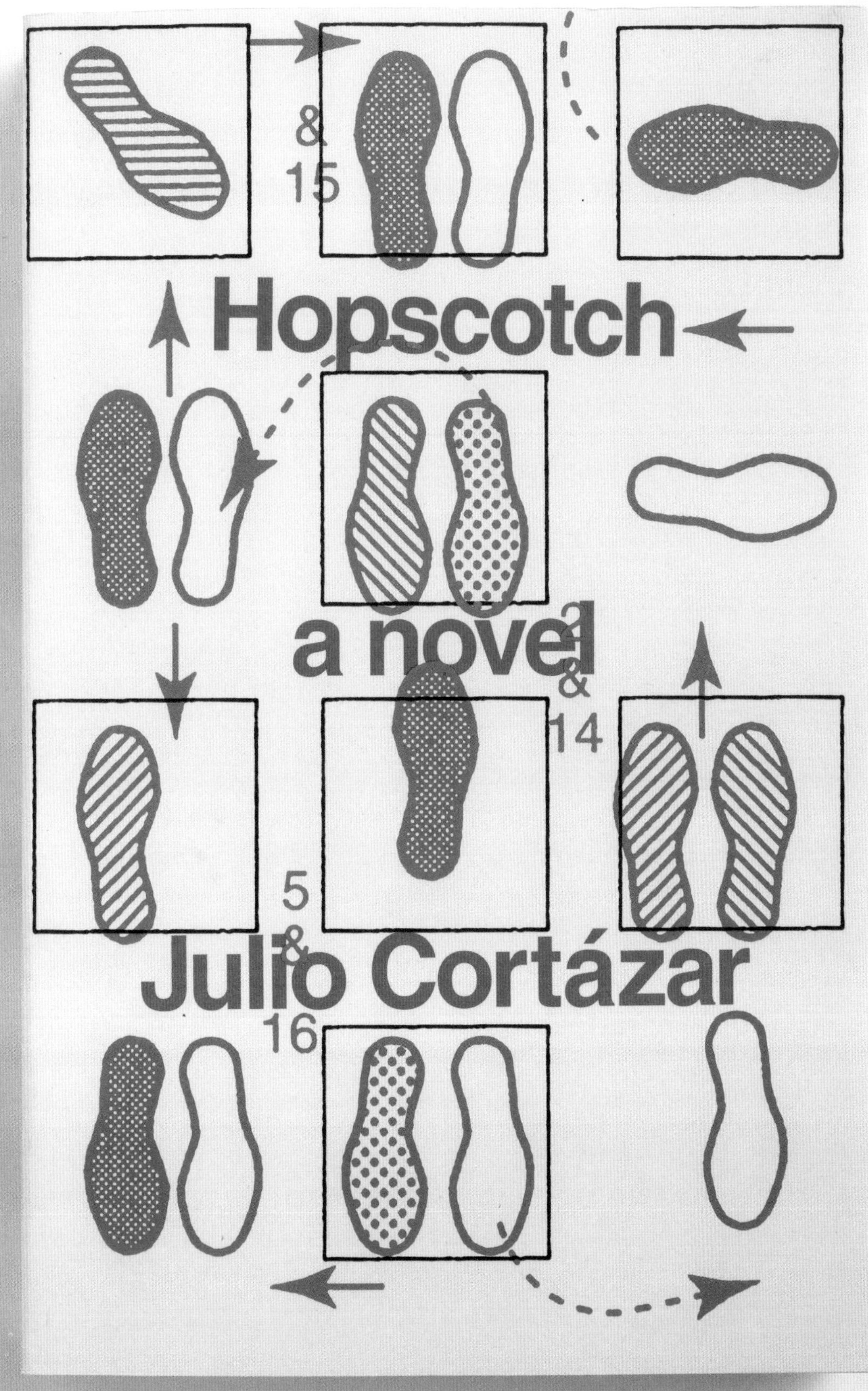

（关于这个封面的诞生，可以跳到第259页的「封面解剖学」。）

TOLSTOY

The Death of Ivan Ilyich & Other Stories

A NEW TRANSLATION BY

PEVEAR & VOLOKHONSKY

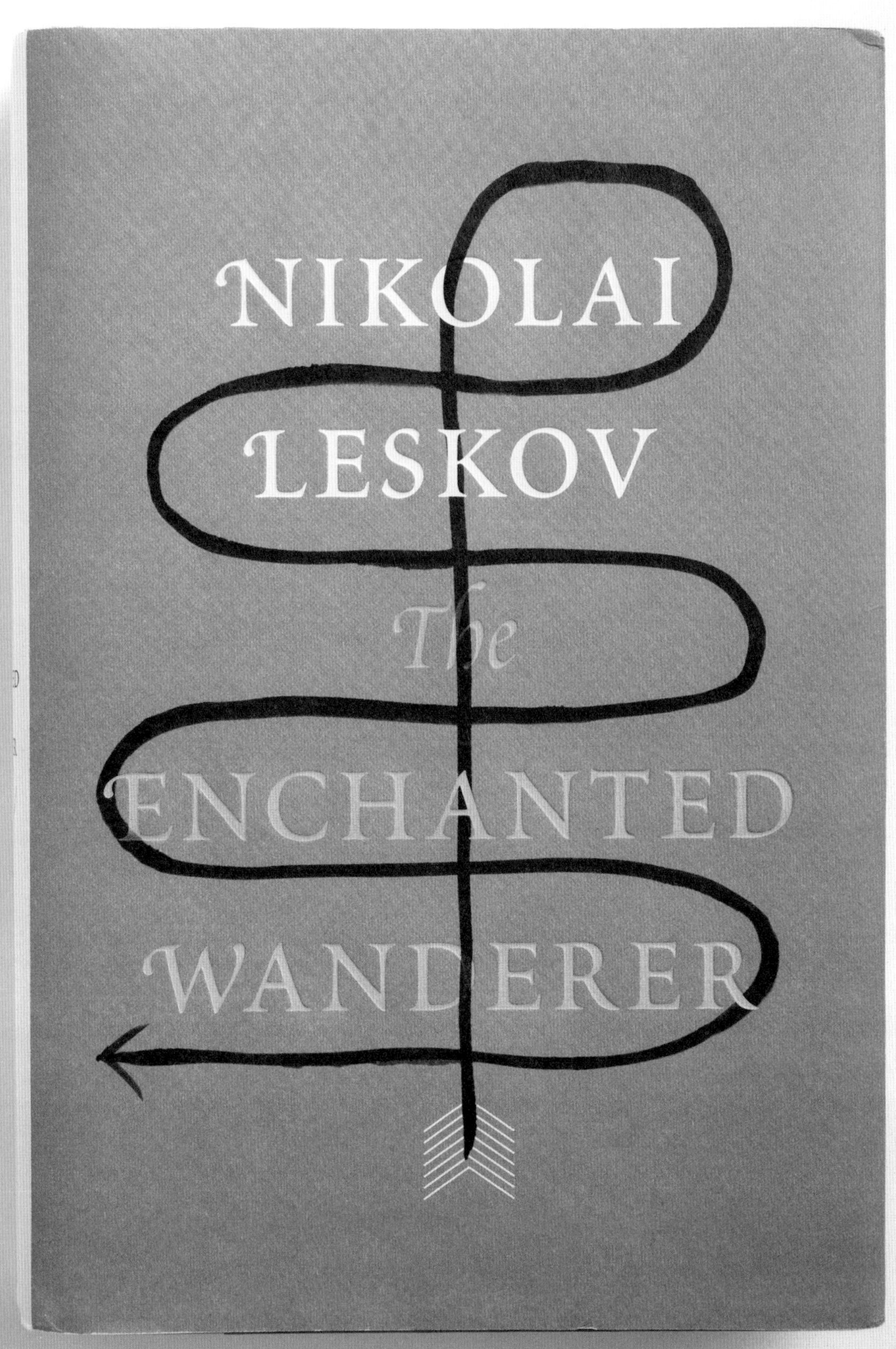

此封面描述的是文本的叙事手法和讲述方式，而不是故事情节，即列斯科夫：那个离题的、东拉西扯的“讲故事的人”。

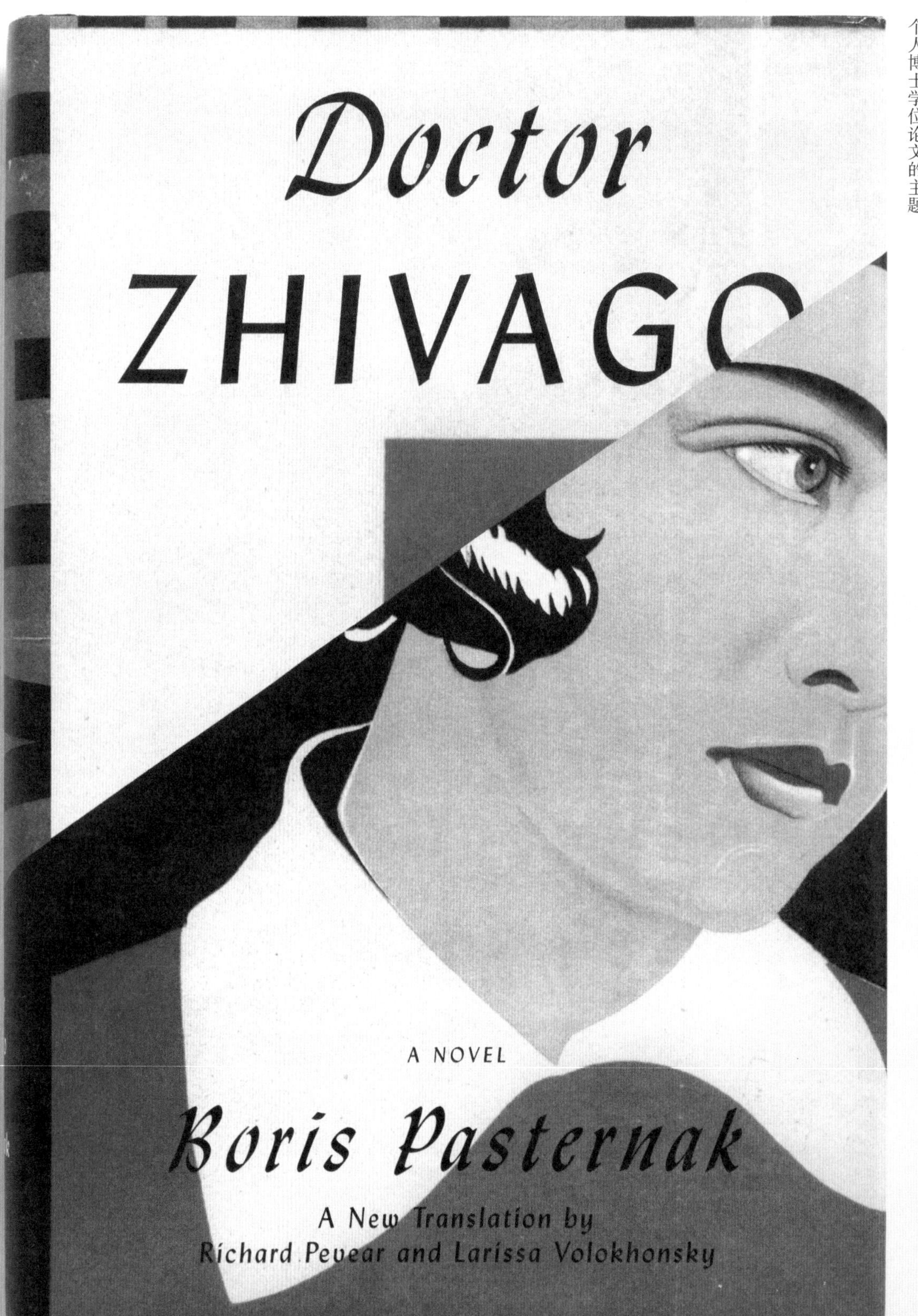

无论好坏，美国人都容易将这本书与大卫·里恩（David Lean）的电影联系起来，更具体地说，与朱莉·克里斯蒂和奥马尔·沙里夫联系起来。讽刺的是，推销这本书的最佳方式似乎是巧妙地引用电影中的偶像明星，而不是给封面以严格的好莱坞式处理。换句话说，封面必须看起来大气而突出角色性格，而不是通常的『雪地上的库拉克人』那种套路。插图来自苏联五年计划实施的宣传海报，奇怪的是，它非常具有电影色彩。事实上，苏联社会现实主义宣传和好莱坞宣传之间的相似性可以成为某个人博士学位论文的主题。

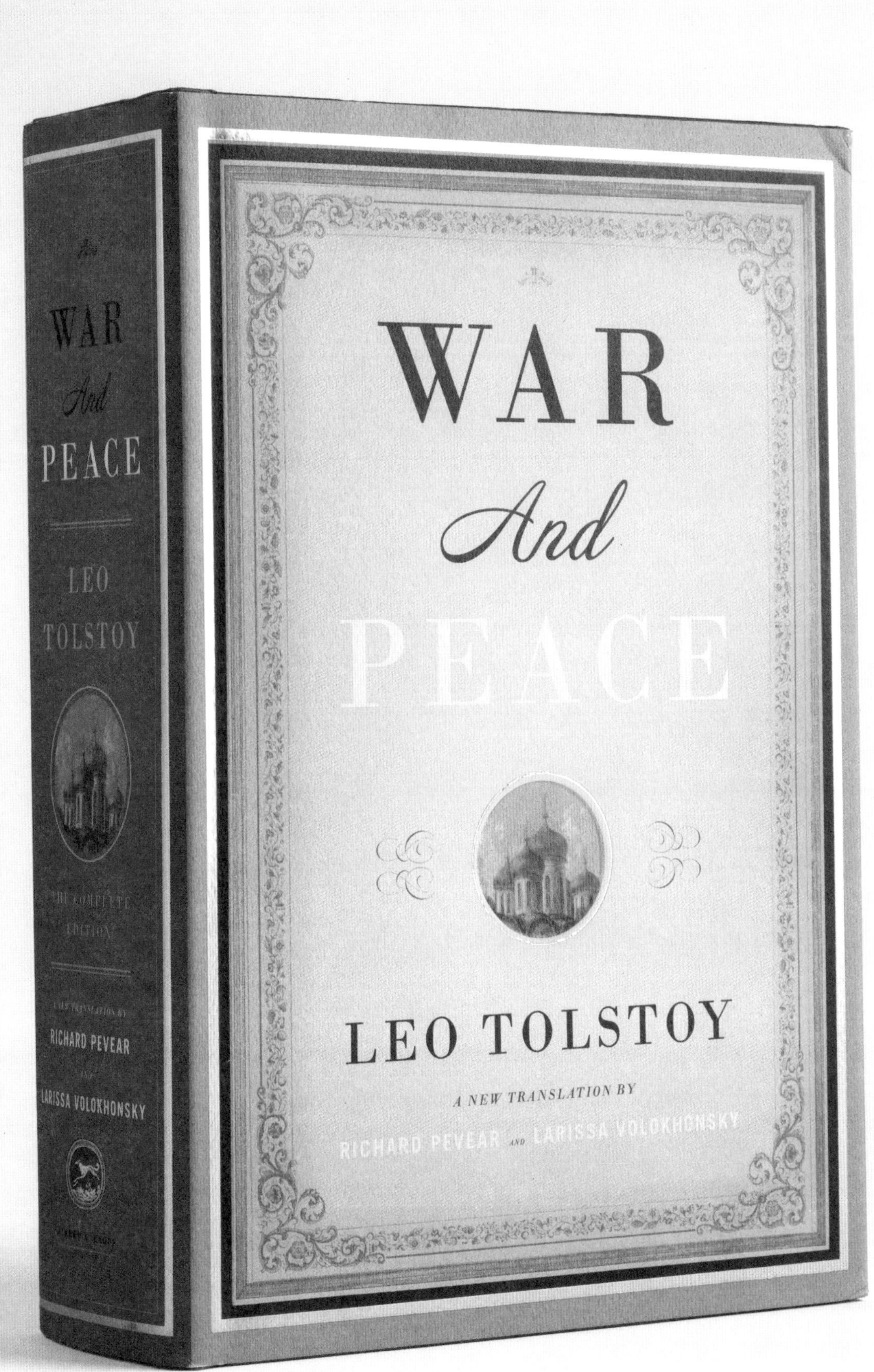

P&V版本的《战争与和平》使托尔斯泰（Tolstoy）重新登上了畅销书排行榜，甚至不需要奥普拉从中斡旋。

“我确是一朵山花嗯当我像安达卢西亚姑娘们那样在头上插一朵玫瑰或者佩戴一朵红色的嗯他在摩尔墙下是那样吻我的我想好吧他和别人一样好于是我用眼神叫他再问一次嗯于是他又问我愿不愿意答应我的山花我张开双臂搂住了他嗯让他朝我贴近能感受到我胸部香水的香味嗯他的心在狂跳然后嗯我才开口答应嗯我愿意。”

——J.乔伊斯

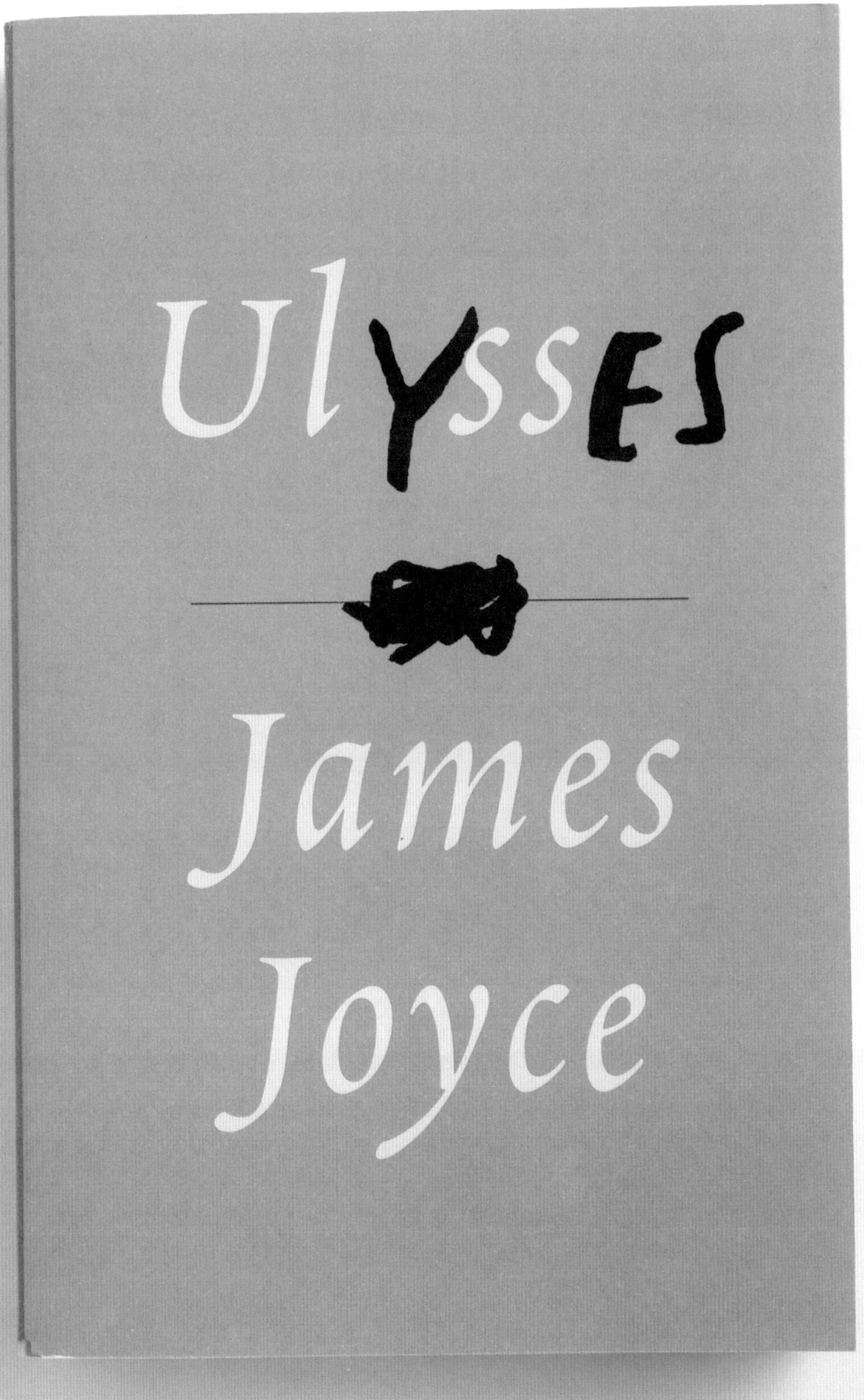

《尤利西斯》（*Ulysses*），作者：詹姆斯・乔伊斯。

选择颜色

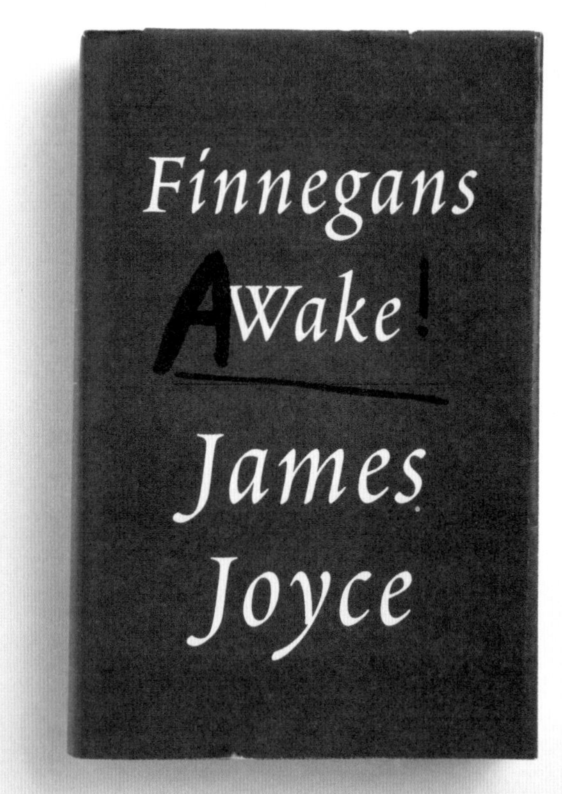

“艾琳，银海的绿色宝石。”绿色代表帕内尔。《青年艺术家画像》是红色的。红色：青春血液的升华（褐红色代表迈克尔·戴维特）。但《尤利西斯》应该是希腊国旗的颜色（作者规定的。乔伊斯给印刷厂带去了布样，以便他们能准确匹配出色调。后来在一个聚会上，他向朋友们炫耀说这是完美的色调）。但话说回来，绿色：“他凝视着手帕说：‘吟游诗人的手帕。我们爱尔兰诗人的新艺术色彩：鼻涕绿。’”布鲁姆版的“奥德赛”[1]的背景是一片“鼻涕绿海”（不是酒色海）。“海湾和天际线环抱着一团沉闷的绿色液体。”“一朵云开始慢慢地、完全地遮住太阳，把海湾遮蔽成更深的绿色。”甚至还有绿色的书：“记住你写在绿色椭圆叶子上的顿悟，刻骨般深邃，即使你死了，副本还会被送到各大图书馆……”还有闪烁的“绿色”眼睛。（不是一次，而是**两次**。还有绿仙牙。）桑德蒙绿……“绿色的黏稠胆汁……”我参观了一个珍本收藏馆，翻看了一本西尔维娅·比奇设计的初版，事实上，它并不是蓝色。它介于波斯绿和薄荷绿之间。年久褪色？暴露在环境中？很难说，但已经确定了。《尤利西斯》是绿色的。《青年艺术家画像》是更像铁锈色的红色，一种褐红色，女家庭教师的刷子般的天鹅绒褐红色。《芬尼根的守灵夜》是黑色的，就像畸形的、啰唆的、喧闹的夜梦本身。黑夜的黑色，哀悼的黑色。黑得像堤丰。（“保持黑色！保持黑色！”）很明显：黑色。梨果“脆弱又洁净”。也许是“正午的灰金色网格”？什么是灰金色？金色的美味苹果。都柏林人？傍晚的颜色侵袭着林荫道，而艾芙琳在一旁看着，她的鼻孔里有一股“积了灰的印花棉布”的味道。疲劳的颜色，阿拉比天色已晚的颜色，太晚了……遗憾的颜色是什么？

寒冷的颜色——寒冷夜空，零星小雪，临近黎明。“昨晚之后的早晨的蓝色时刻。”我们被告知。“当他们默默地从双重黑暗中走出来时，首先是主人，然后是客人，他们面临着怎样的景象……星辰天树上挂着潮湿的夜蓝色果实。”夜蓝色。

“鼻涕绿，蓝银色，铁锈色：彩色的符号。”

1　编者注：布鲁姆是《尤利西斯》的主角，“尤利西斯”是荷马史诗《奥德赛》中的主角奥德修斯的罗马名字。《尤利西斯》的主角布鲁姆对应《奥德赛》中的这位主角。

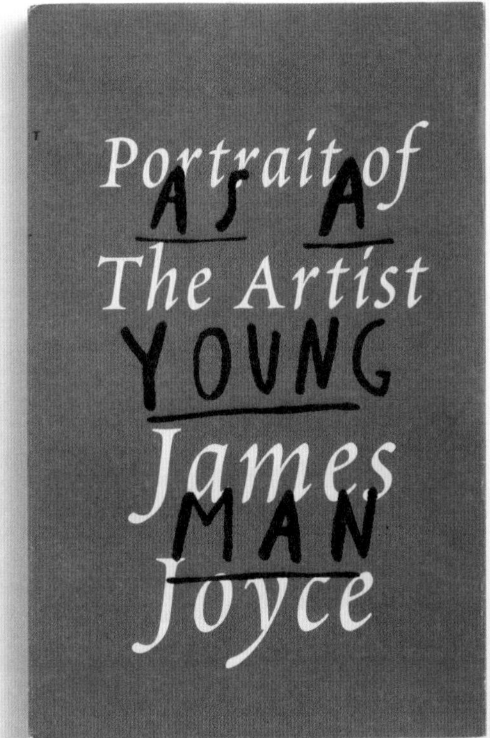
Portrait of
AS A
The Artist
YOUNG
James
MAN
Joyce

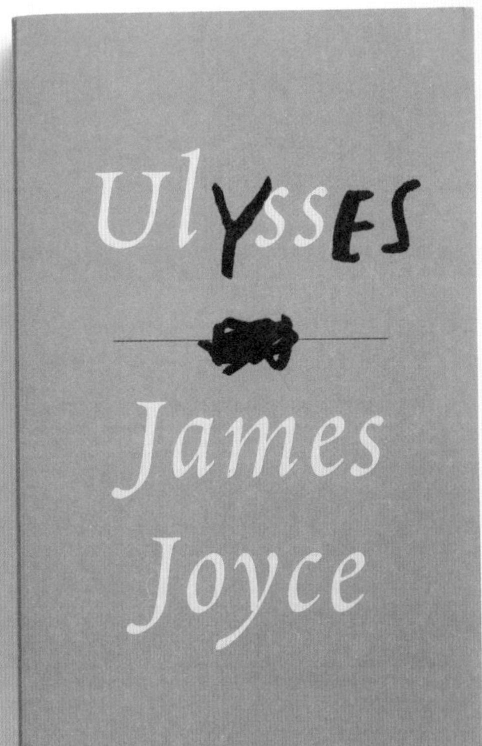
Ulysses
James
Joyce

Pomes
PENYEACH
James
Joyce

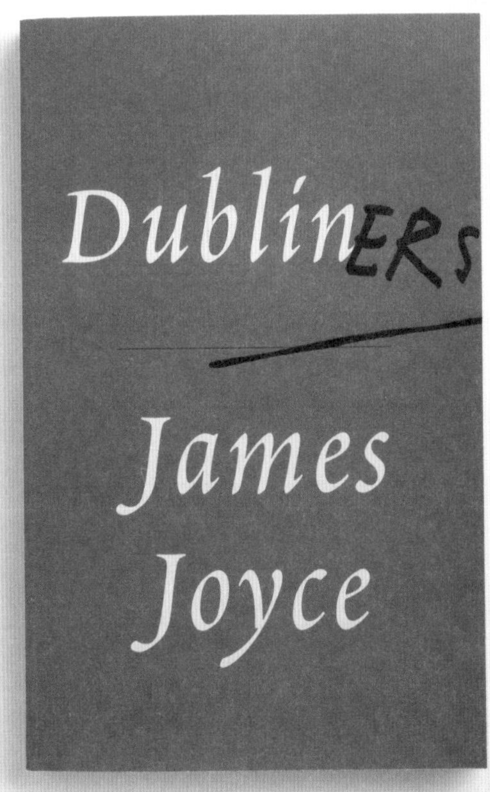
DublinERS
James
Joyce

用于度量和实施惩罚的工具。

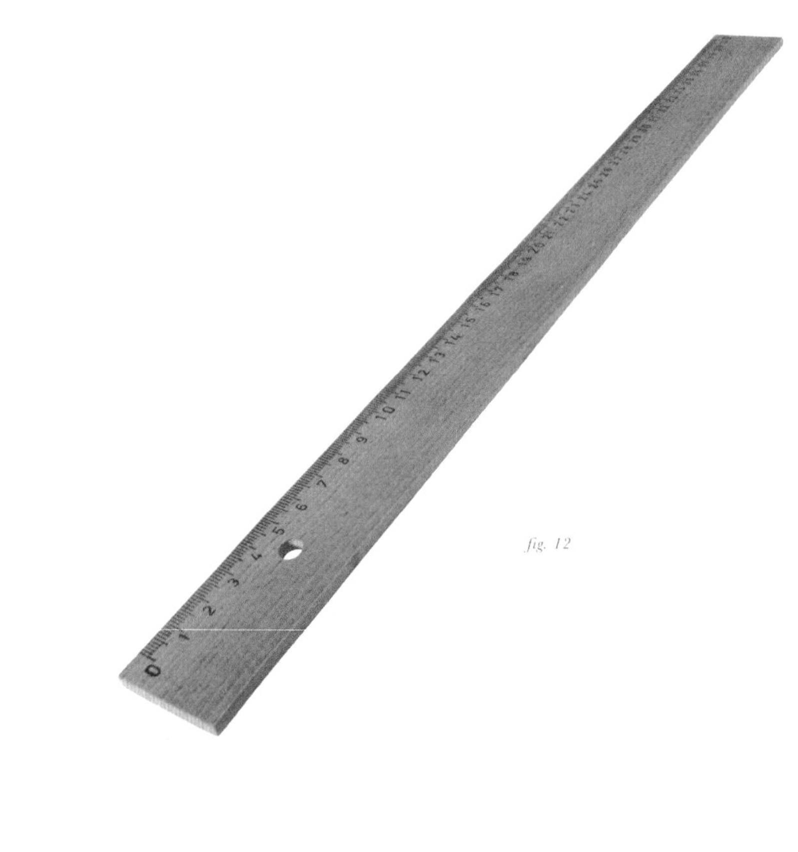

Michel Foucault

The Archaeology of Knowledge

And The Discourse on Language

一段发言，或陈述。

“令我震惊的是，在我们的社会中，艺术已经成为只与物体有关的东西，而不是与个人或生活有关的东西。”——M.福柯

关于性别认同的政治。

啵嘤。啵嘤。

Michel
Foucault
The History
of Sexuality
Volume 1: An Introduction
fig. 4

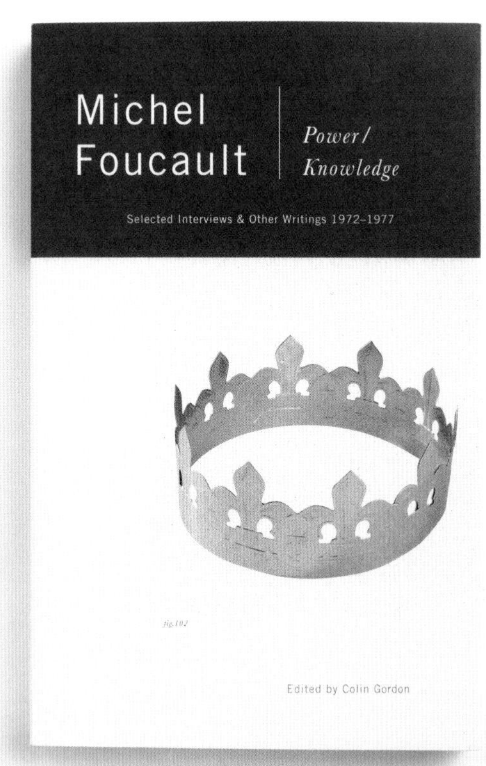
Michel
Foucault
Power/
Knowledge
Selected Interviews & Other Writings 1972–1977
Edited by Colin Gordon

Michel
Foucault
I, Pierre
Rivière

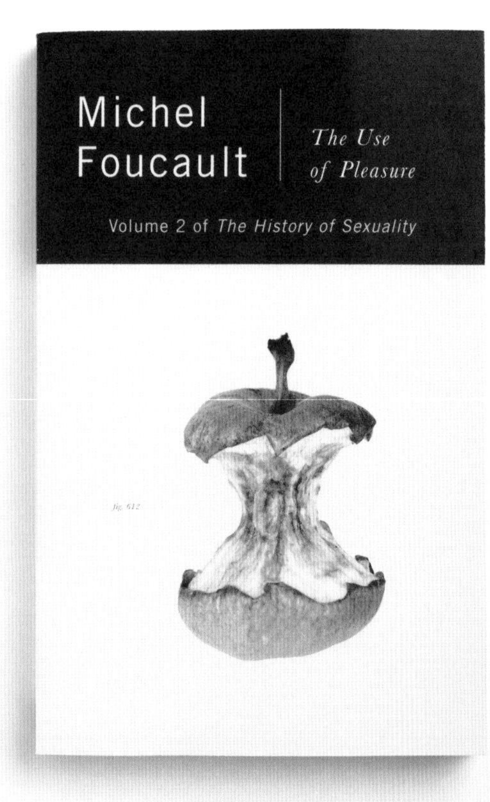
Michel
Foucault
The Use
of Pleasure
Volume 2 of The History of Sexuality

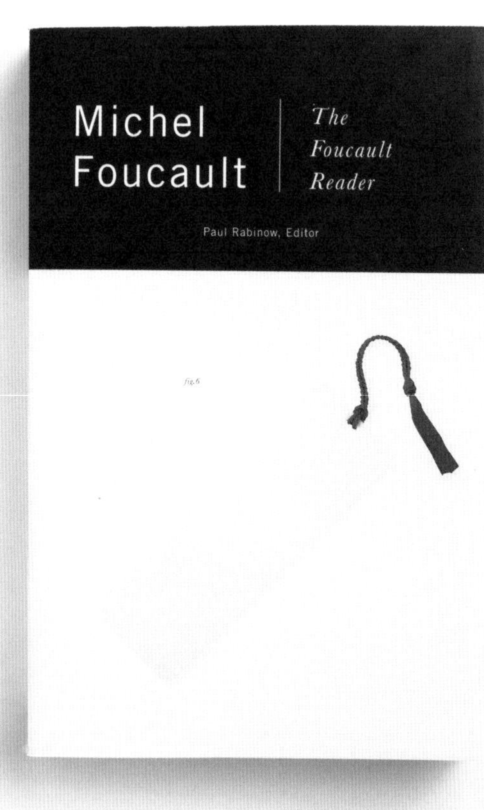
Michel
Foucault
The
Foucault
Reader
Paul Rabinow, Editor

Michel
Foucault
The
Order
of Things
An Archaeology of the Human Sciences

Michel
Foucault
The Care
of the Self
Volume 3 of The History of Sexuality

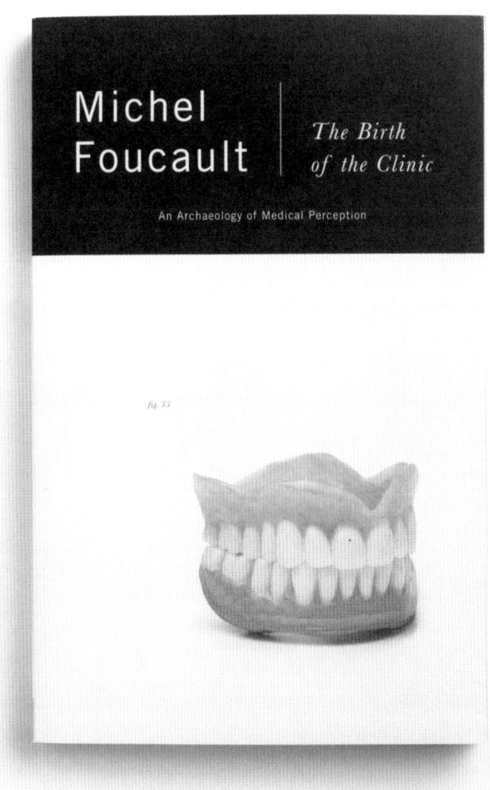
Michel
Foucault
The Birth
of the Clinic
An Archaeology of Medical Perception

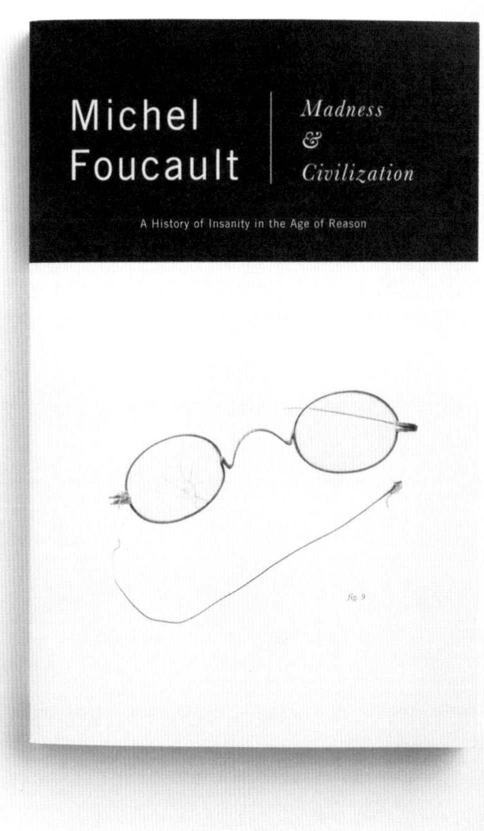
Michel
Foucault
Madness
&
Civilization
A History of Insanity in the Age of Reason

看见卡夫卡

“当爱德华 · 拉班沿着通道走来，走进敞开的门时，他看到正在下雨。雨势不大。”

这两句话来自卡夫卡早期未完成的故事《乡村婚礼筹备》，也是约翰 · 阿什贝利惊人的诗作《潮湿的门窗》的题词。这首诗主要是关于感知、视觉、意识，以及作为视觉、心理和情感行为的阅读和写作。阿什贝利的诗是对卡夫卡这些句子的延伸评论，这些句子看似平平无奇，实则大有千秋。

仔细琢磨这些句子。第一句话描述了爱德华 · 拉班的视觉形象——沿着通道走来，走进敞开的门，然后描述了他的视觉体验：他看到正在下雨。第二句中，卡夫卡告诉我们“雨势不大”。这个评价是谁做出的？卡夫卡还是爱德华 · 拉班？读到这些句子时，感觉好像是爱德华 · 拉班对下雨程度的说明。通过卡夫卡的精准把握和从视觉到语言的移动，从外部到内部，我们毫不费力地潜入了爱德华 · 拉班的脑中。

阿什贝利在他的诗的开头评论了这些句子。“这个构想很有意思：通过别人的眼睛看到别人的样子，就像映在流淌般的窗玻璃上一样。”他说的主要是卡夫卡进入拉班的视角并向我们展示拉班所看到的东西的方式，这是从视觉开始的。请注意，阿什贝利使用了“构想”这个词，而不是概念。他指出的是构想，是开始，是卡夫卡进入拉班的头脑并引导我们在视觉上不仅看到他看到的东西，而且是“别人通过自己的眼睛看到的样子”。看见。反射。窗格。看。眼睛。这是个令人难以置信的复杂句子，它本身反映了写作、阅读和意识的视觉性质。

这首诗也在说，除非通过写作，否则不可能做到卡夫卡刚刚做的事情。我们不可能真正看到“别人通过自己的眼睛看到的样子”。只有通过小说的视觉魔力和深刻共鸣，才能创造出这样的体验。这位诗人既喜欢这种想法，又嘲笑这种想法，即我们可以获得对他人的彻底了解，尤其是他们对自己或其他人的真实想法。他在诗的后面说：“我今天非常想得到这种信息。/不能得到它，这让我很生气。”

The Complete Stories
F. Kafka

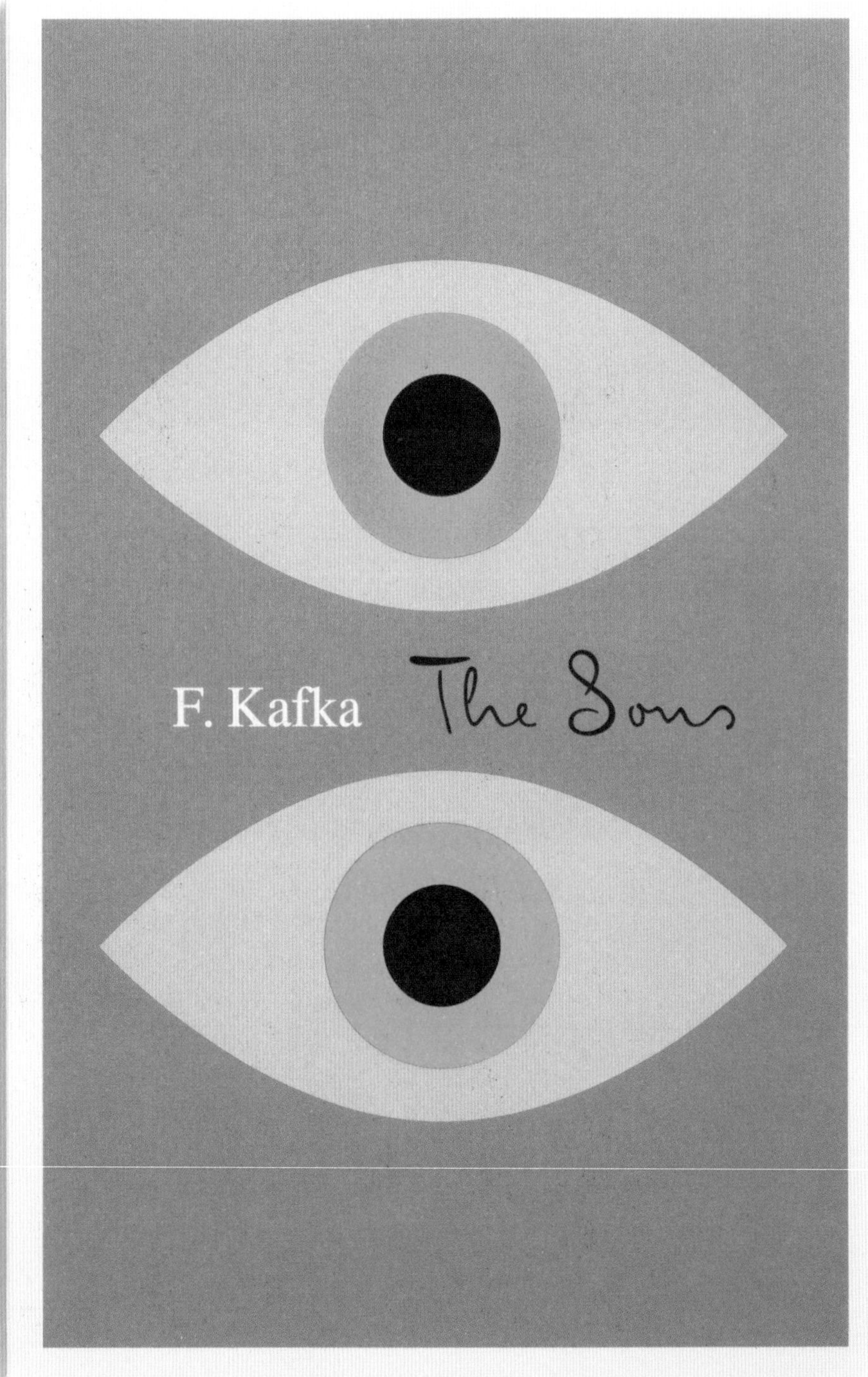
F. Kafka
The Sons

但是，卡夫卡和阿什贝利都承认的这种不可能性，并不一定绝对阻碍我们的交流和联系，或这样做的企图。卡夫卡说："我们拍摄事物是为了把它们赶出我们的头脑。我的故事是关闭眼睛的一种方式。"闭上他的眼睛，睁开我们的眼睛。同样地，阿什贝利通过决断来化解他的愤怒："我将用我的愤怒建造一座/像阿维尼翁那样的桥，人们可以/在上面跳舞，/以获得在桥上跳舞的感觉。我将最终/看到我完整的脸/不是倒映在水中，而是倒映在我的桥的/磨平的石板上。"

作家和读者将通过写作，通过阅读和被阅读过程中的身体的、感官的以及智力的行为进行联系。而通过这种方式，一个人可以看到他自己。

好吧，我想我已经表达清楚了我的观点。卡夫卡和阿什贝利对阅读、写作、移情和意识的理解有着深刻的视觉方式。彼得 · 门德尔桑德也是如此。在我看来，他的卡夫卡封面完美地表现了这种理解，以至于我认为它们像是书籍封面中"淋湿的纱窗"。湿窗是眼睛，眼睛是湿窗，既是进入灵魂的窗户，又是向外敞开的窗户，就像济慈（Keats）的"神奇的纱窗，向着危险的海洋的泡沫敞开"。

门德尔桑德用眼睛作为卡夫卡封面的母题，可以被解读为是在表现知名的卡夫卡式的妄想恐惧。但我相信这只是它们最明显层面的功用。

封面中对眼睛的使用捕捉到了卡夫卡深刻的视觉感受力，以及他意识到我们理解世界和阅读往往是一种视觉体验，而这是刺激的、无聊的、悲剧的、滑稽的，或者就是真实的。当代神经科学的研究支持这种看法。在题为"洞察力时代"（The Age of Insight）的演讲中，埃里克 · 坎德尔（Eric Kandel）描述了脑科学的最新发现，即我们在知道自己看到东西之前就已经看到了。从看到东西到知道它之间的时间充满了对记忆、联想和个人信念的过滤，这些都促成了我们对所见事物的认知。这并不是说没有东西是真实的，而是说每个人的真实都有一点儿（或不止一点儿）不同。

写作和阅读可以向我们展示视觉信息转化为显性认知的过程，也就是我们对还不知道自己拥有的信息进行加工的过程，这使写作的视觉层面也涉及心理和情感、移情和个人、诗学和科学。我们看到一些东西后，在一段时间内大脑会对这些信息进行解释。在这段时间内发生的事情是既具体又普遍的，超越了视觉和语言，是艺术一直试图达到的境界。

彼得为卡夫卡《变形记》创作的封面实现了所有这些想法。眼睛和昆虫皮肤的圆圈，两扇纱窗，向外看和向内看。同时，这些图像以专业的提炼、智识、色彩以及视觉上的愉悦感表明了《变形记》是一部关于感知、身份和视觉的杰作。格里高尔 · 萨姆沙所经历的深刻体验是什么？他的外形变化了。而卡夫卡让我们获得了新的视角。彼得 · 门德尔桑德理解这一点，并在像诗一样丰富的视觉图像中捕捉到了。

我有提到幽默吗？卡夫卡是非常有趣的作者。比起黑暗和不祥，极权主义或偏执，超现实或梦魇，卡夫卡的作品是很有趣的。据说，当他向朋友们大声朗读他的作品时，一直在笑。他对人类状况荒诞性的深刻见解不仅仅是悲剧性的，也是喜剧性的，而且是丰富多彩的。门德尔桑德设计的彩色、俏皮的封面抓住了这种特质。它们体现了产生幽默感的凶猛智慧。弗洛伊德说："幽默使有意义的东西变得无意义，使无意义的东西变得有意义。"这是对卡夫卡作品很恰当的描述。

即使是关于爱德华 · 拉班的崇高而简单的句子，也让人略感好笑。"雨势不大。"而门德尔桑德设计的卡夫卡封面就"眼睛"这个母题进行了很多微妙的变换和重复。淡紫色和橙色、红色和绿色的色调对比，以如此复杂的智慧表达，都是为了略微（或者不只略微）有趣。有趣、聪敏、漂亮。

彼得的所有封面都很有趣、很聪敏、很漂亮。所有这些作品都是对阅读、写作和感知的视觉阐释。

他的每个封面都是一首诗。值得仔细观察。

Amerika
F. Kafka

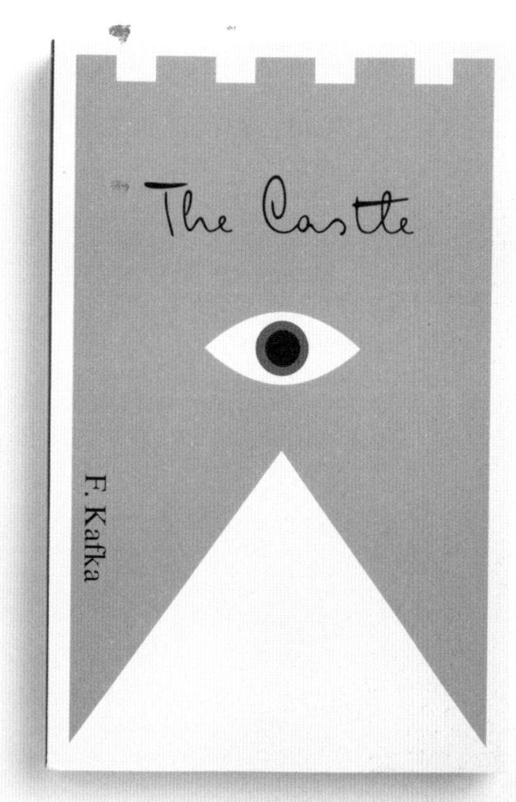

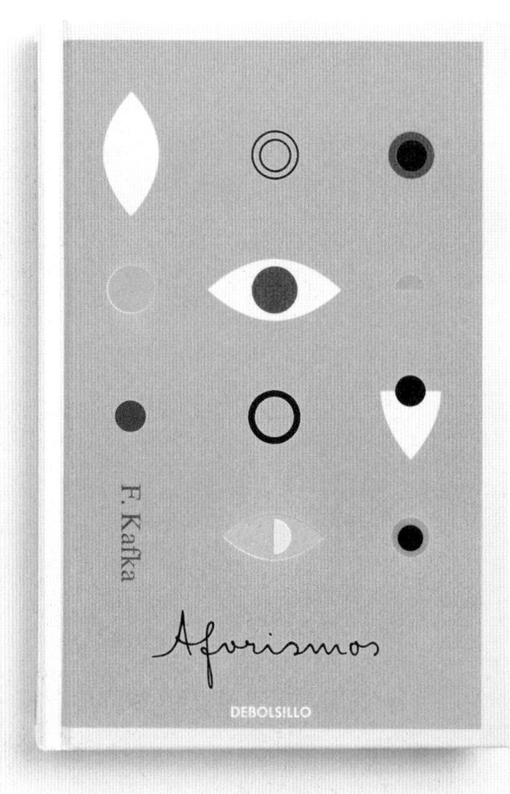

卡夫卡的神秘性难以捕捉，他既如此准确严谨，又如此飘忽不定。我喜欢这种把目光转向读者的做法，让他们接受困扰着卡夫卡作品中许多人物的令人焦虑的审视。——苏珊·伯诺夫斯基

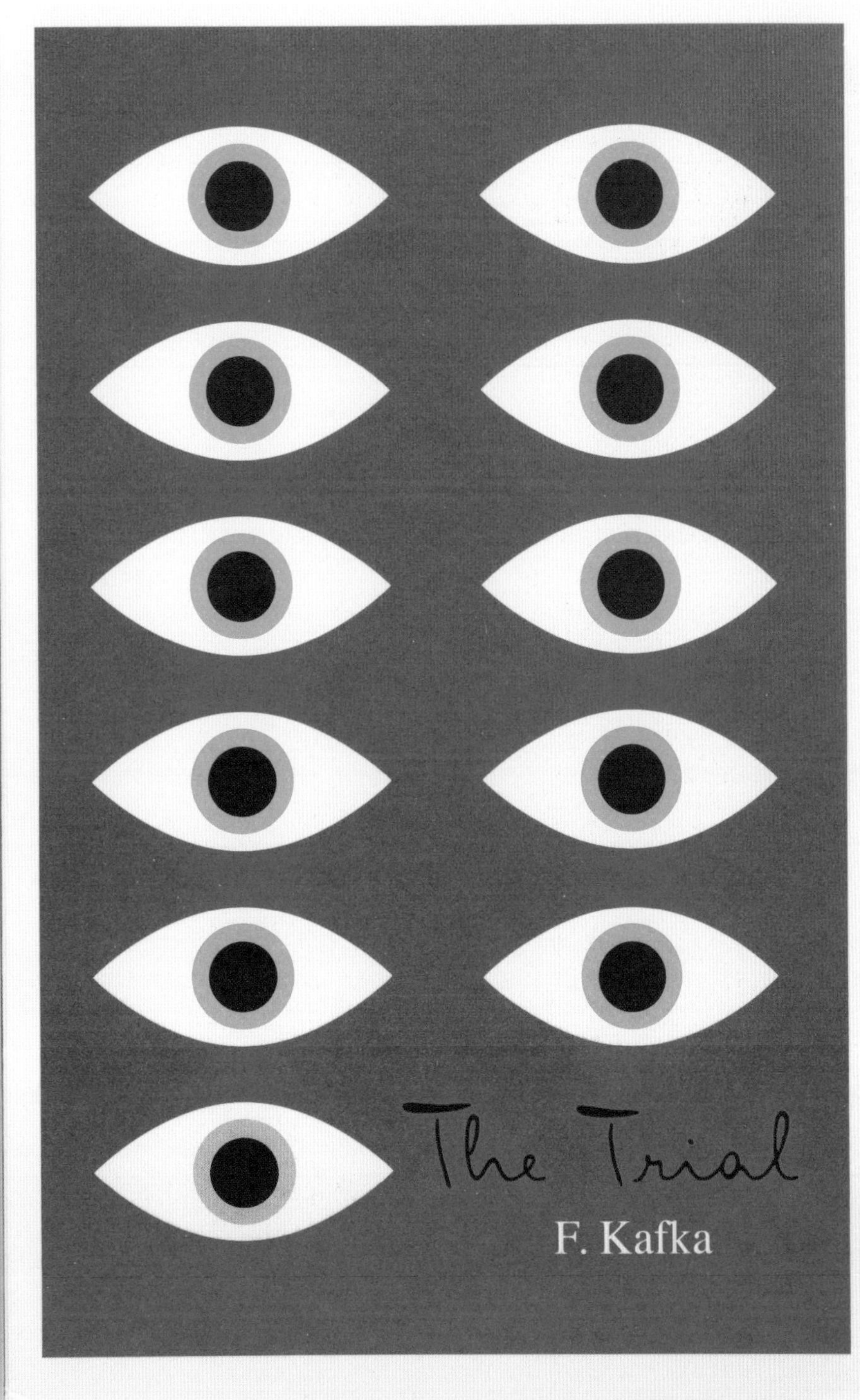

这个封面的灵感源于《审判》中的一句话。"'你有一双迷人的黑眼睛。'他们坐下后，她抬头看着K的脸说道……"读到这里，我想起了罗伯托·卡拉索提出的一个想法，他认为卡夫卡在《城堡》和《审判》两部小说中的关键概念是选举（选择）和认可。他指出，土地测量师K迫切希望得到城堡的承认（他寻求选举），而约瑟夫·K则不幸地被选中（接受惩罚）。我的推断是，这两种形式的承认在很大程度上都依赖于差异的存在。

The Metamorphosis
& other Stories

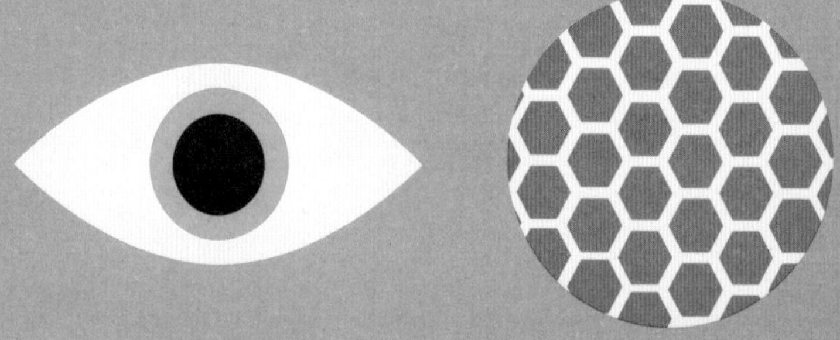

F. Kafka

“我想到……（设计师）可能想画出那只昆虫本身。千万不要那样——画什么都不要把昆虫画出来！昆虫本身不可以被画出来。远景也不行。”——F.卡夫卡写给他的出版商

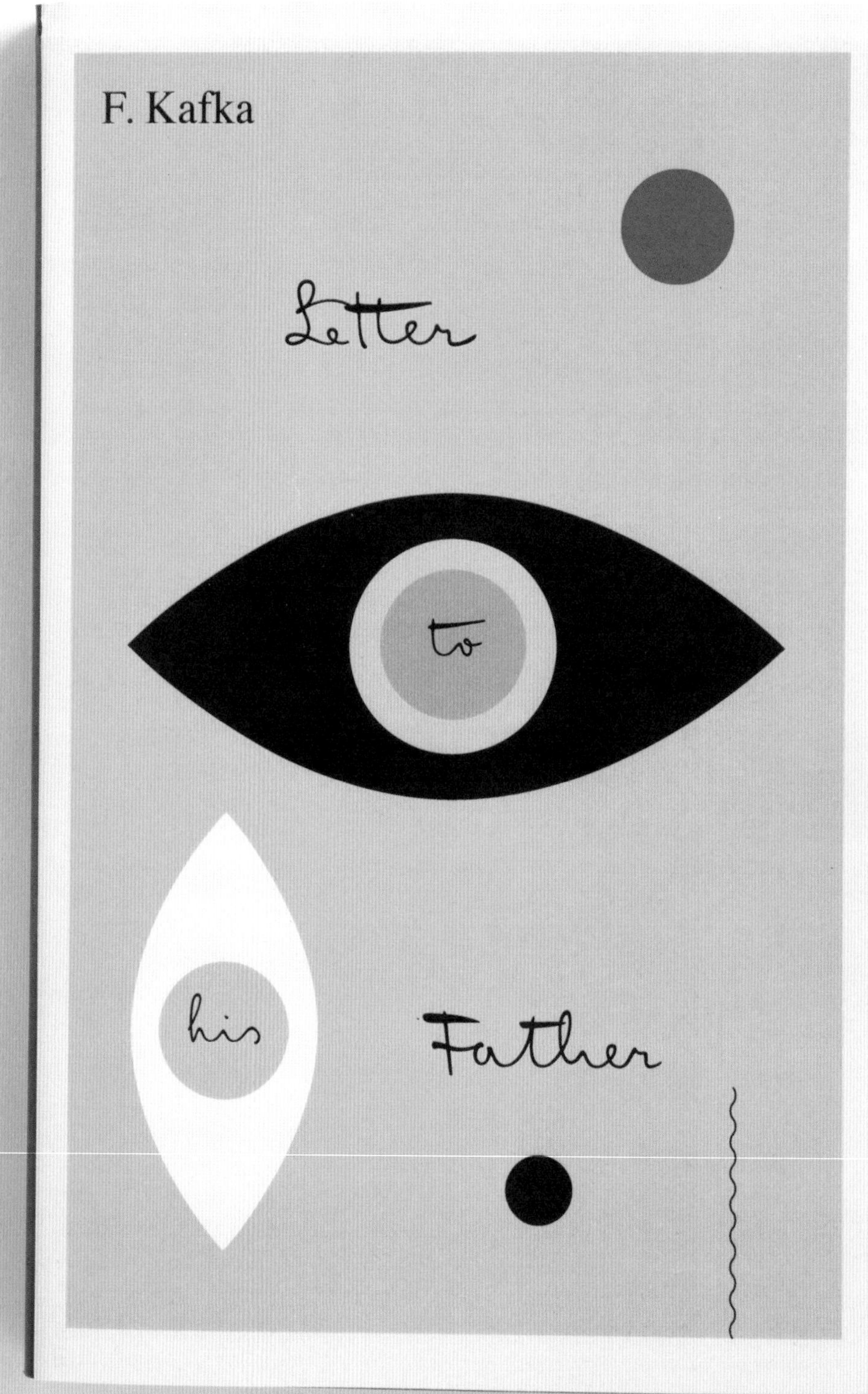

书信全集

Letter to Felice
F. Kafka

Letters to
Ottla
& the
Family
F. Kafka

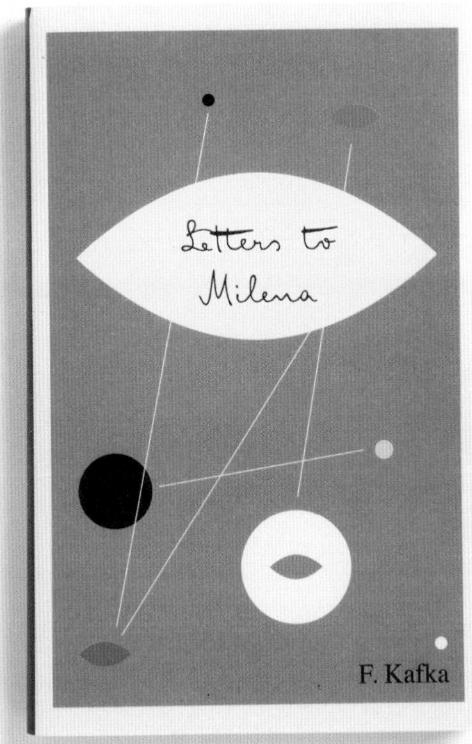
Letters to
Milena
F. Kafka

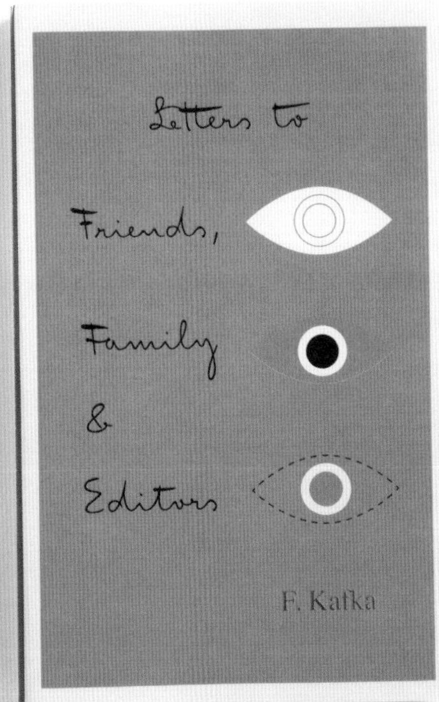
Letters to
Friends,
Family
&
Editors
F. Kafka

我对卡夫卡再版封面的一些早期构思。

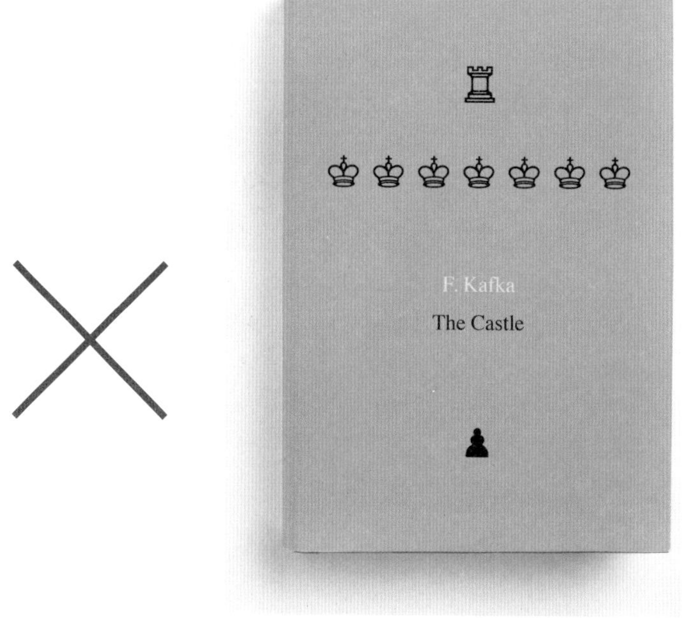

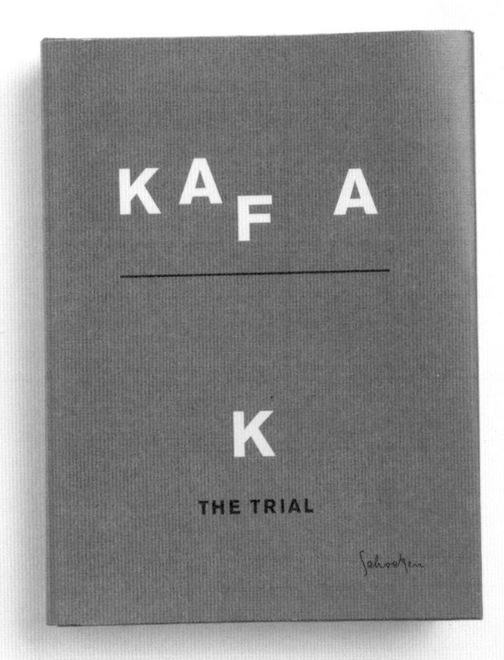
KAFA
K
THE TRIAL

A
K
F
A
K
AMERIKA

KAFKA
STORIES

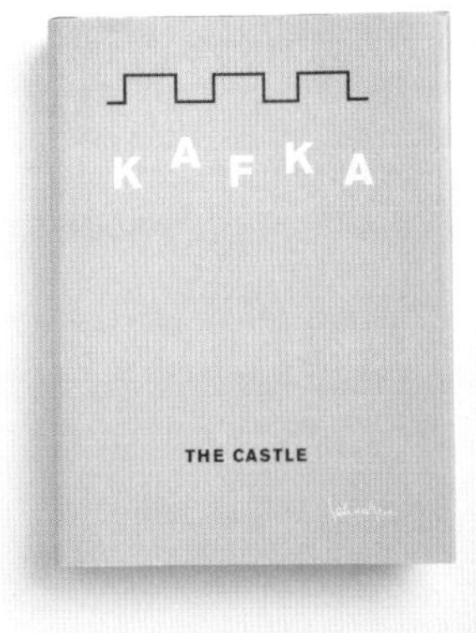
KAFKA
THE CASTLE

METAMORPHOSIS
K
A
F
K
A

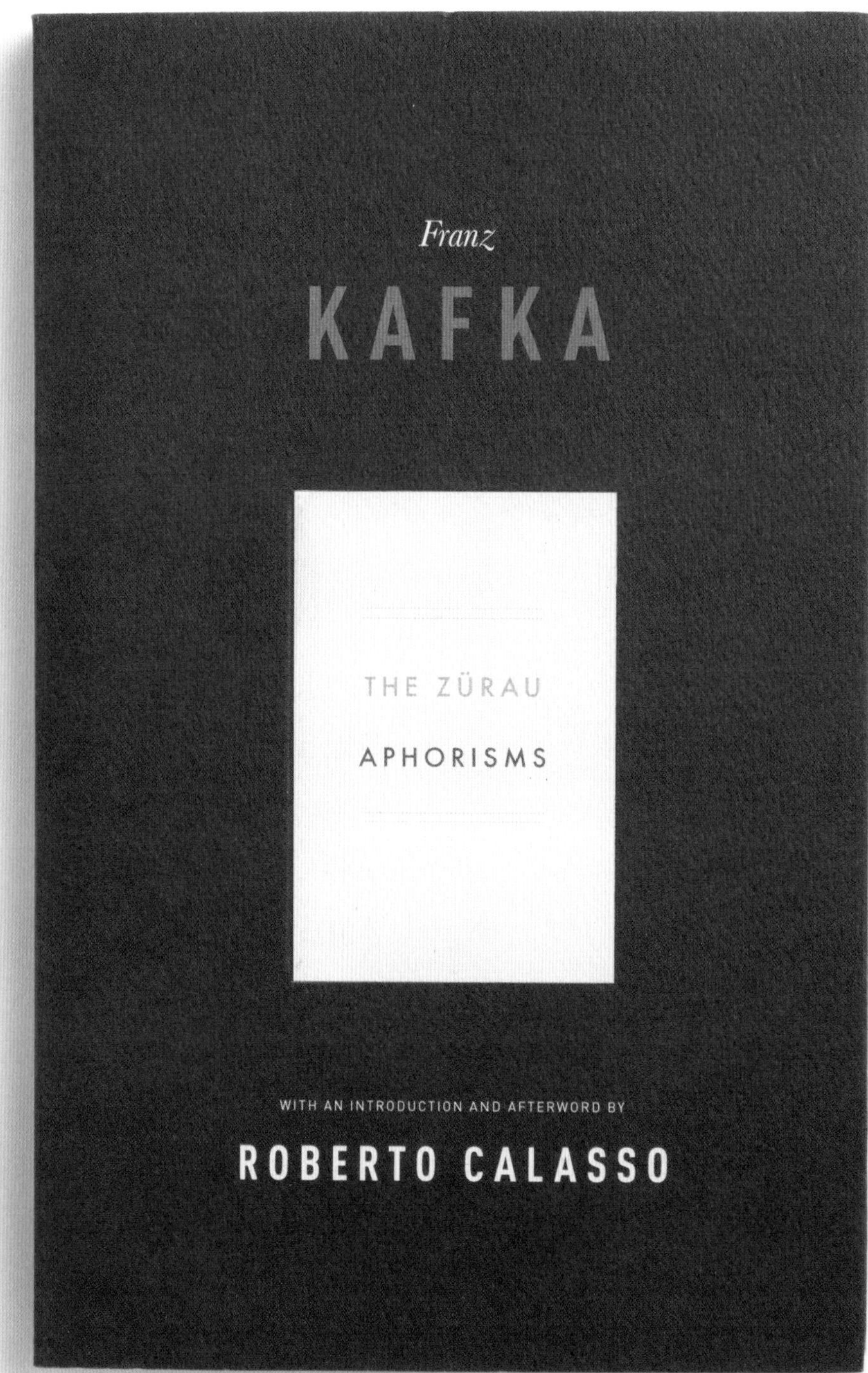

嵌入封面的封面。上面的小“书”上有轻微的刻痕，随着时间的推移，它会打开，在封盖下的位置露出一句箴言或者卡夫卡的肖像。

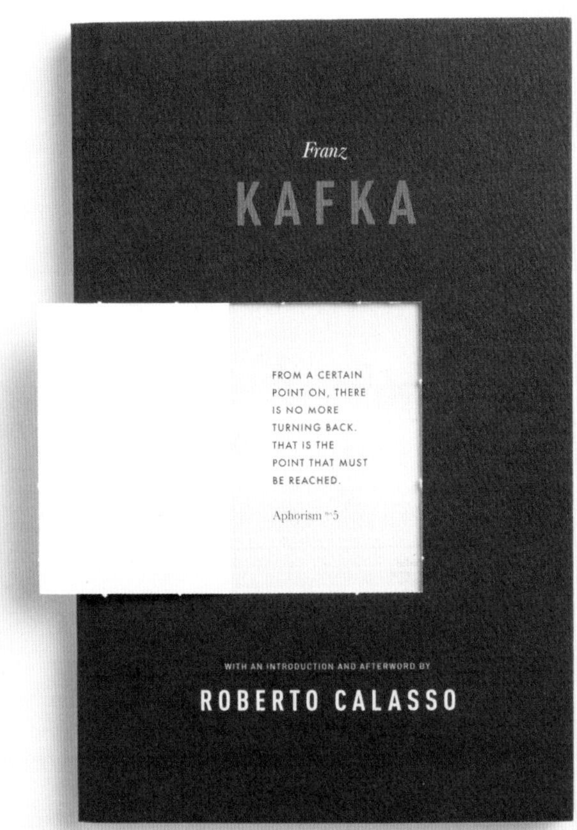
Franz
KAFKA
FROM A CERTAIN POINT ON, THERE IS NO MORE TURNING BACK. THAT IS THE POINT THAT MUST BE REACHED.
Aphorism no.5
WITH AN INTRODUCTION AND AFTERWORD BY
ROBERTO CALASSO

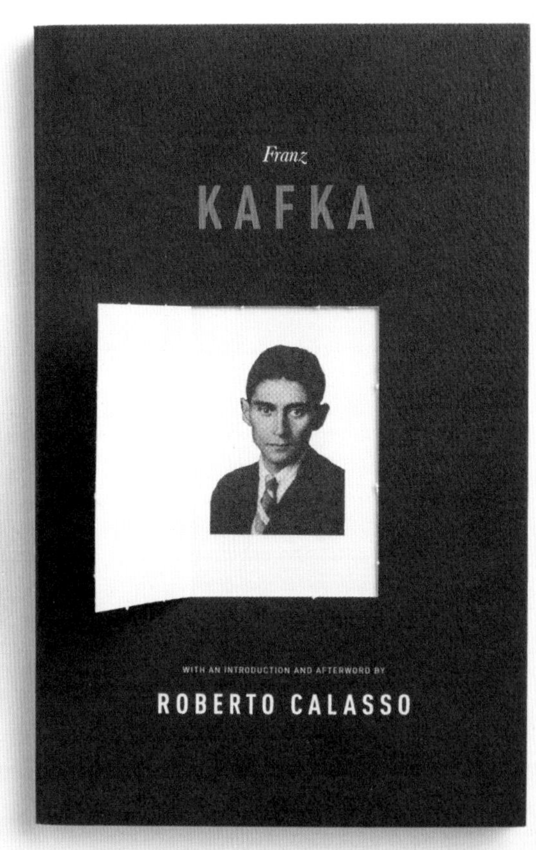
Franz
KAFKA
WITH AN INTRODUCTION AND AFTERWORD BY
ROBERTO CALASSO

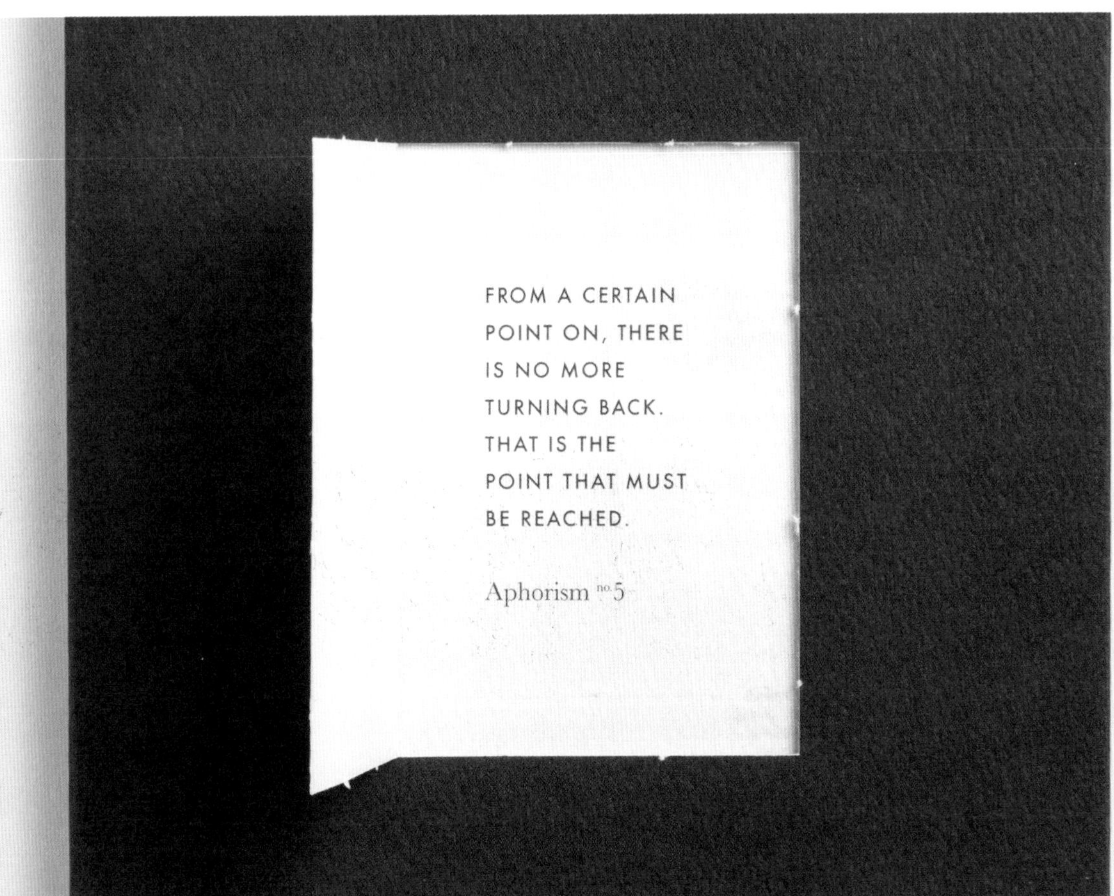
FROM A CERTAIN
POINT ON, THERE
IS NO MORE
TURNING BACK.
THAT IS THE
POINT THAT MUST
BE REACHED.
Aphorism no.5

秘密，被揭示出来。

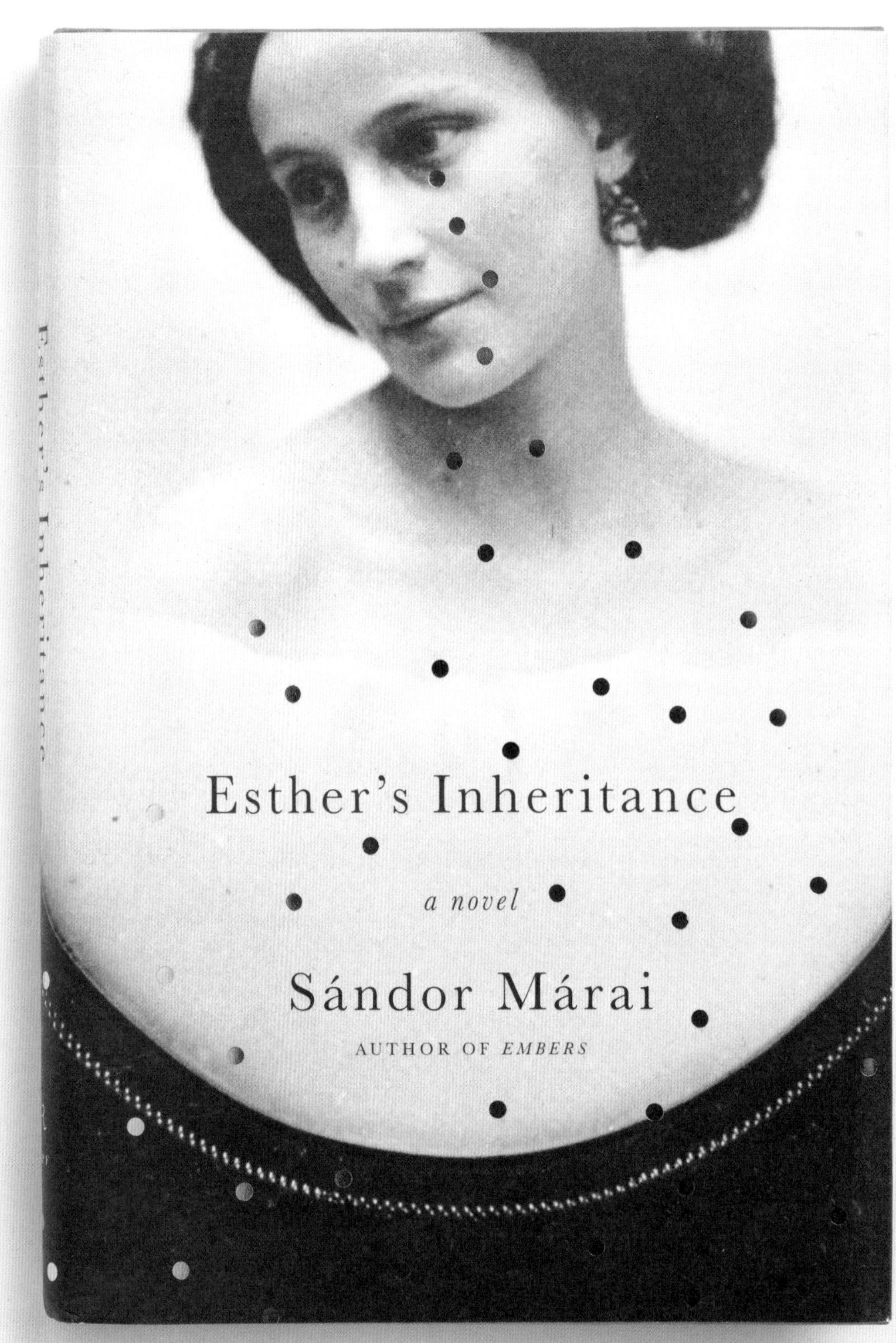

马洛伊所有作品的封面都做了烫金效果。

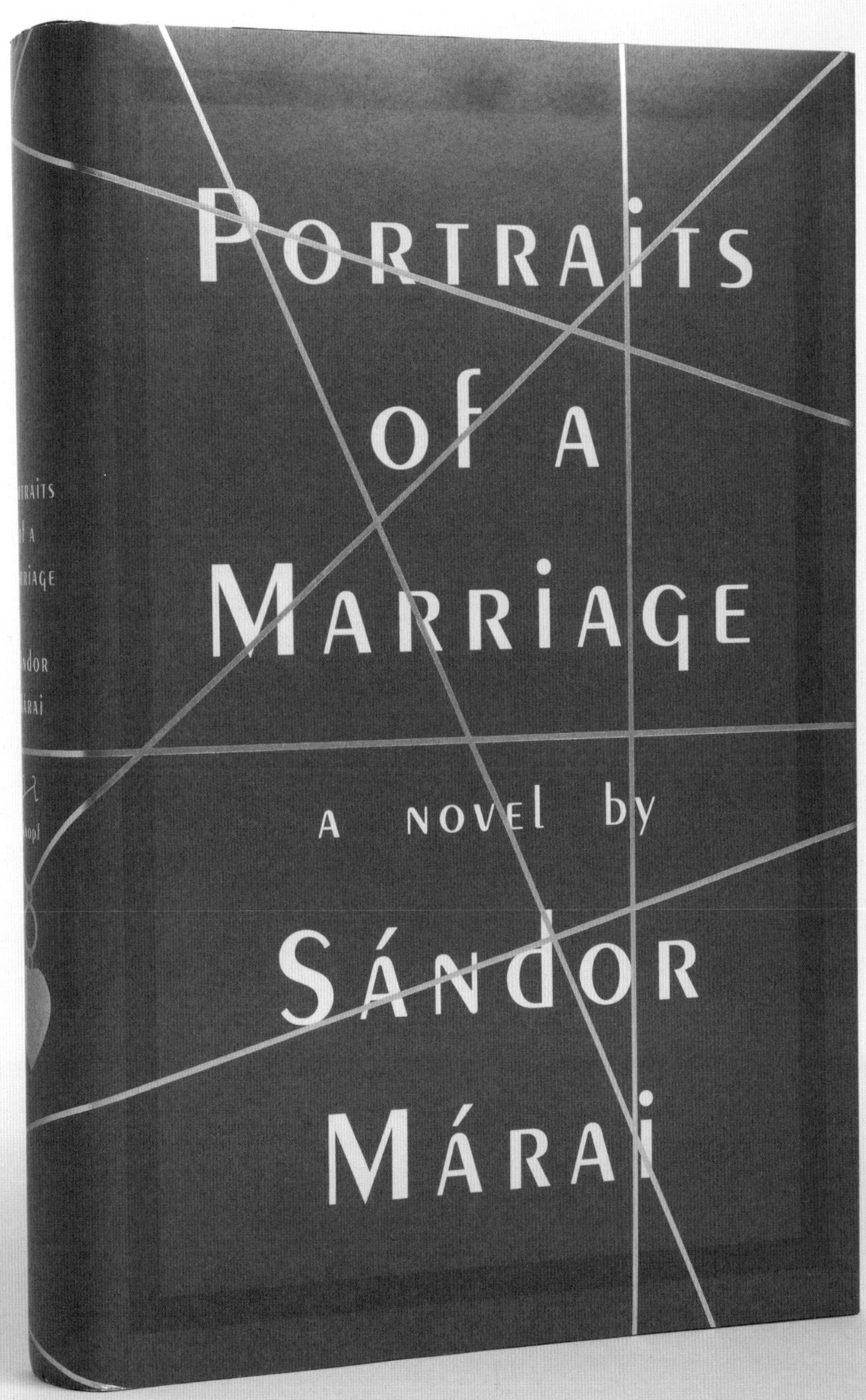

“这是佩尼奥（Peignot）女孩，你应该知道……”我在事后得知，《玛丽·泰勒·摩尔秀》片头字体就是我选的这种字体，我感到很不安（我没有接受过字体排印训练）。然而，经过一番研究，我了解到这种字体，即Peignot，实际上是由A.M.卡桑德尔在1937年创造的。

Marguerite Duras

The Lover

A Novel

天使还是魔鬼？我还是选择了右边的封面。最终，我觉得左边封面的设计师个人痕迹太重了。

“在我很小的时候……

已经太迟了。”——M. 杜拉斯

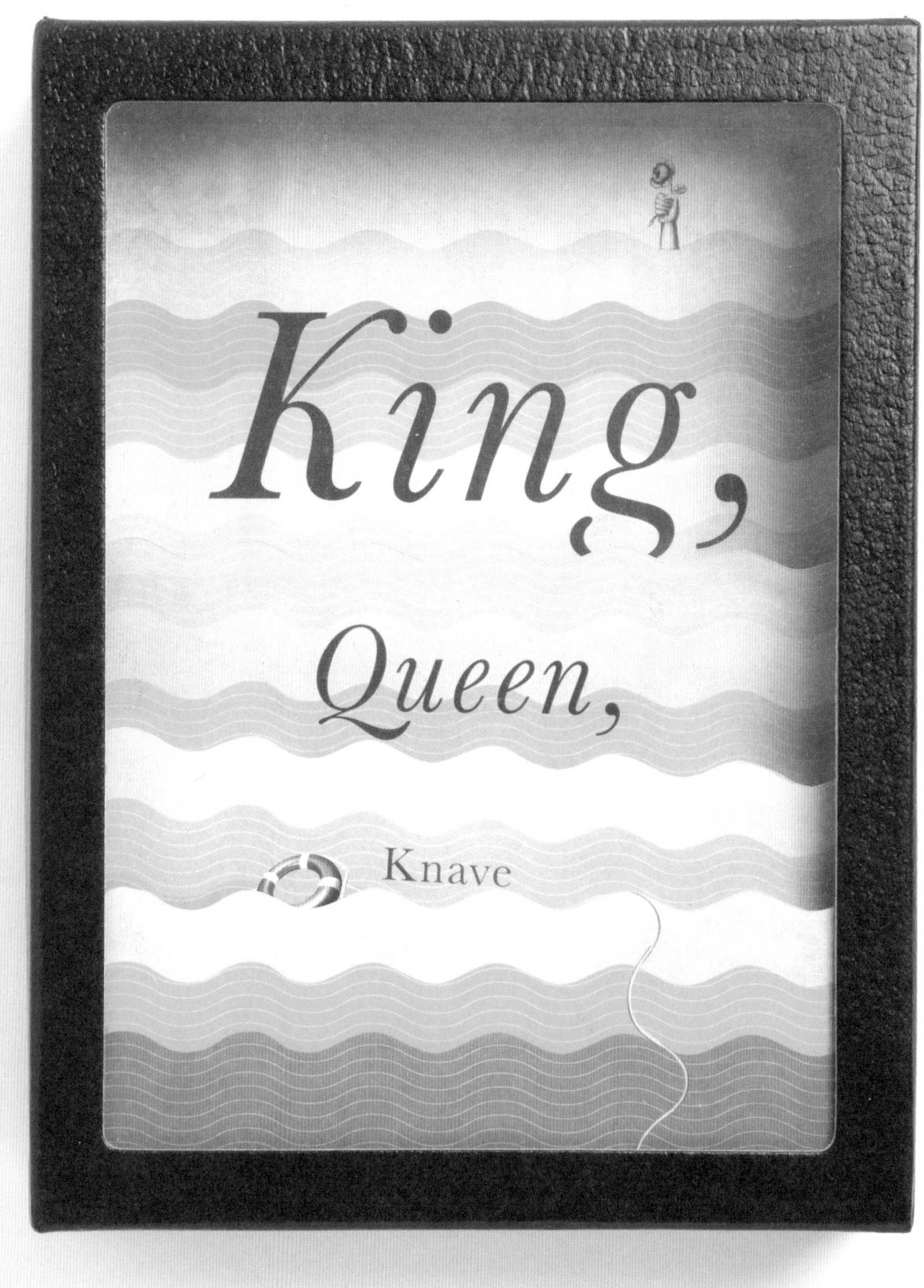

标本盒内的纸质结构。被拍摄下来作为约翰·盖尔策划的纳博科夫再版作品系列的封面。

Lolita

In a kingdom by the sea,
That a maiden there lived whom you may know
And this maiden she lived with no other thought

I was a child and she was a child,
In this kingdom by the sea;
But we loved with a love that was more than love-

lolita

And this was the reason that, long ago,
In this kingdom by the sea,
A wind blew out of a cloud, chilling

lolita

The angels, not half so happy in heaven,
Went envying her and me-
Yes!- that was the reason (as all men know,
That the wind came out of the cloud by night,
Chilling and killing my Annabel Lee.

LOLITA

And neither the angels in heaven above,
Nor the demons down under the sea,
Can ever dissever my soul from the soul
Of the beautiful Annabel Lee.

LOLITA

In her tomb by the sounding sea.

我的许多（纯粹是假设的）《洛丽塔》封面之一，也是我做的所有《洛丽塔》封面中我最喜欢的。

“我们在苏打镇用了早餐，那里人口1001。”[1]

1 译者注：这句话是纳博科夫的一句著名双关。人口population缩写成pop，放在Soda（苏打）后面，就变成了苏打水，与《洛丽塔》中多次出现的苏打水相呼应。

为《洛丽塔》设计封面

“各大报纸翻来覆去地讨论《洛丽塔》，几乎覆盖了所有角度，但其中却少了一个：这本书的美感与悲伤。”——薇拉 · 纳博科夫

“在不同语言之间做一个积极的交易员，把那些贵金属从一处运往另一处。”——弗拉基米尔 · 纳博科夫

最近，我收到了一份邀请：在一场图书封面竞赛中担任评委。多年来，我曾多次担任类似竞赛的评委，但这一次却相当不同：此次评审团要面对的，不是已经上市销售的封面，而是专门为该竞赛而创作、从未发表过的作品。一件件地看下去，我发现我的目光总会落回到那一位参赛者的封面设计上，怎么看都看不够。那是为纳博科夫的《洛丽塔》(*Lolita*) 拟制的护封。[1]设计很简单。封面上大部分是空白，(巧妙) 胡乱涂画的双唇周围，歪歪扭扭地写着书名和作者名。[2]整幅画面明显是以一种不够成熟、过度崇拜的方式去理解“浪漫”。在这样的理解方式中，既没有对情欲的渴求，也没有色眯眯的窥视，更没有因自身聪明机智而沾沾自喜的态度[3]；在这样的理解方式中，纳博科夫笔下那位来自旧世界的叙述者不再目光老到，反而有些天真无邪了。也就是说，在我的想象里，如果让少年时期的多洛蕾丝 · 黑兹 (Dolores Haze) 来创作艺术品，那就会像这幅封面的样子吧。[4]

我相信这种效果是无意间获得的。不过，封面中流露出来的天真无邪也给我提了个醒：亨伯特 · 亨伯特 (Humbert Humbert) 的关注对象是个孩子，两人之间并不平等。这一思路还提醒我：尽管《洛丽塔》在用词方面故作含混、情欲外露，而且间插着幽默，但它仍然是一本令人震惊与悲伤的书。女主人公多洛蕾丝这个名字的意思就是悲伤。这不是一本性感的书，不是一本色情的书。

***

很容易就会忘了这一点。很大一部分原因在于，这些年间对《洛丽塔》的隐晦情色诠释是如此之多 (护封、电影改编)。在纳博科夫的故事里，有既变态又不平等的伴侣关系，有堕落的青春，有未经许可的行为。毫无疑问，《洛丽塔》是一部悲喜剧，其中有漫不经心，有追求感官，也有纯粹的插科打诨——如今我们往往会过分强调它的这些浅薄层面及其表面效果。此外，我们会联想到各种拒绝与禁令，会联想到

1　恰恰就在担任此次竞赛评委之后，我收到了一份邀请。于是，约翰 · 伯特伦 (John Bertram) 于2013年出版的《洛丽塔：封面女郎的故事》(*Lolita: The Story of a Cover Girl*) 中收录了我为《洛丽塔》设计的那些封面以及本篇文章。

2　该封面由设计师伊曼纽尔 · 波朗科 (Emmanuel Polanco) 制作。

3　近年来，护封经常会公开陶醉于聪明机智、概念把戏，以及或奇巧或滑稽的拼插。封面设计圈似乎已经把机敏的视觉效果当成了最高准则。其实，机敏本身的确是有价值的，确实应该在设计中占据合适的位置。但是，机智和洞察力是两回事，对护封来说，需要的往往是后者。我相信，图书设计师们对奇思妙想的迷恋已经造成了不良影响：这些巧妙解决方案往往已经与它们所要展现的 (大多是发自内心的) 故事背道而驰。有时候，作者花费了那么多时间精力，就是为了以真诚、不做作的方式写作。此时，他可不希望自己那本书的封面向读者挤眉弄眼。当聪明机智变成强迫症的时候 (如果你有一个经常说双关语的朋友，那你就明白我的意思了)，也就离它的反面不远了：要么变得枯燥乏味，要么变得按部就班。我们这些设计师，作为一个整体，会不会就是那个总在说双关语的家伙？我希望不是。

4　在弗拉基米尔 · 纳博科夫的小说中，洛丽塔这个形象当然不是天真无邪的。可要知道，她在书中不可能是天真无邪的，对吧。而我们所见的，只是经亨伯特 · 亨伯特之眼被扭曲了的她。

这本书出版之后大多数读者的震惊，脑中还会对前辈们的谨小慎微颇有微词。于是，我们设计出的护封以及其他装帧元素要么追求肉欲，要么缺乏严肃性，自视高前人一等。但是，这些呈现方式是否真的代表了《洛丽塔》这本书？或者说，它们代表的只是当下对20世纪中叶道德观念的某种态度？在这个问题上，我想得越多，就越觉得以这种方式为《洛丽塔》设计护封是不对的，而且会对这本书造成特殊的不良影响。说好听点，这是误导；说难听点，这是遮掩。护封本来应该呈现文本，而此时它却没有公正地对待文本。[1]

***

“因而看来没有什么可以阻碍我那粗大有力的拇指伸到她的腹股沟的热乎乎的洼处——就像你可能会搔弄和爱抚一个咯咯直笑的小孩子那样——就像那样。”

呃。无法直视。但这句中的头韵绝美。不过还是要说：呃。此处谈论的对象是个孩子。这点明确无疑。

应该说，必须分清双方。如果仔细看一下这段所在的那部分性爱场景，即那臭名昭著的大腿上的片段，明显就会发现，两人之中只有一人充分意识到了当下正在发生的是性行为。洛丽塔在她（未来）继父的大腿上扭转、蠕动，而他达到了“男人或怪物所体验过的时间最久的销魂的最后一阵颤动”。

（令人作呕。）

在这段对手戏中，年龄和意识层面上出现了不和谐的一边倒情形（此外，“大腿上”也具有双重含义，它既是童年时期的安全座椅——信任是默认的，又是性交的交会点）。这场景定会让人感到恶心，但这种一边倒的情形却又为它赋予了丰富的含义。这种对立指出了读者的罪：因为读了这段话，读者就成了同谋，于是也和亨伯特一样成了“怪物”。我认为，这种牵连入罪是关键点之一。我们这些阅读纳博科夫《洛丽塔》的人，成了共犯。我们见证了一场罪行，还迷上了这场罪行，我们被它的外衣、被句子节奏、被纳博科夫的天才诱惑了，于是无论如何也无法转身离开。

在封面上以俏丽方式描绘柔和灯光下的洛丽塔（部分或完整），这种方式似乎会起到相反的作用：它会降低我们的愤怒和同谋感（于是也减弱了本书的核心隐喻效果）。设计这样的封面就像是给色情明星穿上女学生制服——如今这种事已经见怪不怪了，对长久以来一直在以色情方式呈现青少年的文化而言，这充其量算是满足幻想。此时，我们所看到的不是格子裙，所察觉到的也不是反常并置所带来的兴奋战栗。我们看到的仅仅是若隐若现的性承诺，也许还要更糟。在这种情况下，制服只是又一个符号，早已失去了原本的直接含义。经过一次又一次的使用，它已毫无意义。它不再代表纯真，所以也无法代表纯真的堕落。

1 克里斯托弗·希钦斯（Christopher Hitchens）如此描述他（以及我自己）与这本书之间不断变化的关系：“当我第一次读这本小说时，我还不知道‘女儿12岁了’意味着什么……我第一次读到‘我把咖啡给她端过去，但不给她，一定要让她完成早晨的任务才行，那感觉可真美妙’这句话的时候，我敢说我笑出了声，那是一种愤怒的笑。可最近一次读的时候，我在震惊中久久不能缓过来。”希钦斯还审慎地提醒我们：“随后发生了数百次强奸，每一次事后，小女孩都会立刻开始哭泣。”请再读一遍这句话。然后再去看看这本书的那些封面。

那么，设计师又该做些什么呢？[1]设计师是否应当去设计（真正）令人震惊的封面，恰当展现纳博科夫的文字所引发的道义层面上的不安？

> “她从头到脚都在发抖。她抱怨说脊椎骨上半部僵硬发疼——我像任何一个美国家长都会以为的那样以为是小儿麻痹症。我放弃了所有交欢的希望……”

啊。

在调查现存版本的时候，我发现没有几本能够胜任。也许只有第一版做出了合理阐释：它给人的感觉是“这么直截了当，里面一定藏了点危险东西吧”，这种方式还有另一个名字“棕色牛皮纸包装策略”（当然，在第一版中护封是绿色的）。不过，如果有谁认为这本书的护封上理应展现作为本书核心的少女和老男人之间的性关系，那么，也许根本无法找到相称的护封。

可是，事实证明，这本书实际上并不是关于[2]发疯的变态者对性感少女的热望。

***

我的意思是，它的确讲了这个内容，但显然不止于此。《洛丽塔》的核心不仅涉及青少年和老年，也涉及旧世界和新世界。正如大家所知道的，《洛丽塔》这本书在与“美国”这个概念抗争，它反抗的是年轻、充满活力、穿着鲍比袜、不谙世事、脸颊红润的美国，由“甜蜜热辣爵士乐、方块舞、乳脂软糖圣代、音乐剧、电影杂志等元素”构成的美国。在那个美国，有车牌，有汽车旅馆房间钥匙，有可乐瓶，有口香糖——那是个年轻、新鲜、无礼、无知的美国。

《洛丽塔》这个故事是一位到访美国的绅士讲述的。他来自一片业已枯竭的大陆，来自语言和文学均已枯竭的地方，他收养了一种新的语言，就像亨伯特收养继女那样——他占据了它，把它当作迷恋对象，对它施以暴虐统治。[3]纳博科夫这本书讲的是美国和它的语言。不是吗？

每本书（或者说，每本好书）都要超越叙述内容本身。如果说书籍只是剧情传递系统，那我们在文学课上就没有什么可以去讨论的了，斯蒂芬·金也一定会获得诺贝尔奖。[4]叙述内容本身会驱使我们不停地翻页，但真正值得我们注意的其实是一本书的高层次主题。我们为文字而来，但我们为文学而留。

这一点是显而易见的，但它却给护封设计师提出了一个重要问题：我们这些护封设计师被委以重任，应该做的是去呈现一段文字——除非我们本人

1 要说的是，图书设计师们无法对自己制作的封面负全责，这是因为他们的创作必须通过市场部和编辑部的审核（此外还有作者、作者配偶、经纪人等，所有人都要同意才行）。这里必须重申，在尝试突出某本书的卖点时，很多时候设计师都必须去迎合我刚才批判过的那些读者——那有时缺乏细腻解读能力、无法读懂文学潜台词的读者群。也就是说，如果广大读者群期望《洛丽塔》护封上出现女学生或女学生制服，那么买书人和卖书人也会期望《洛丽塔》护封上出现女学生或女学生制服。于是也可以做出合理假设，出版社的营销部门也会希望出现这些元素。最后，继续回退至源头处，甚至连编辑也会开始接受广大读者的建议。我有一个好朋友，他写过多本畅销书，有一次，编辑告诉他，他的最新作品不合格，因为“看起来不够像他写的”。换句话说，有时候，即使是作者也无法击退市场对自己的期望。（在这个过程中，已经去世的作者没有发言权，这也是我们这些设计师都很喜欢他们的原因之一。）总之，悲哀之处在于应对上述期望也是封面设计师工作的一部分。

2 我知道，“关于”这个词很棘手。之后会详述。

3 “即使是《洛丽塔》，特别是《洛丽塔》，也是一项关于暴政的研究。”——马丁·艾米斯（Martin Amis），《恐怖头目科巴》（*Koba the Dread*）

4 郑重声明，我是他的坚定拥趸，我也是詹姆斯·乔伊斯的追随者，只不过原因不同。

认为自己只不过是微不足道的装饰者而已。暂时假设我们的任务的确是去呈现一段文字，而不仅仅是去装饰它，那么，在这种情况下，设计师在设计护封之前是否必须去判断这本书在讲什么？

当我在阅读一份手稿的时候，我发现我一直在寻找能够从隐喻角度代表整体的图像、人物、概念。不过，我脑中还是会经常浮现出这个问题：这个所谓的“整体”是指文字细节意义上的叙述内容本身，还是指叙述内容想要去逼近的那一个或那一些东西（底层深刻含义）？[1]也就是说，就《洛丽塔》而言，我们的工作是去呈现“作为本书核心的少女和老男人之间的性关系”吗？还是必须读得更深入一些？我认为是后者。[2]毕竟，如果不挖得更深一些，如果不去阐释，如果不把书中最重要的那部分内容以视觉方式呈现出来，那我们这份图书设计的工作该会有多么枯燥无味！

我们的工作的确会很难熬。设计出的护封也会很糟糕。

《洛丽塔》以及其他所有由我们设计封面的文字也都无法得到善待。

---

1 关于“关于”：
当某个人说这是一本“关于”某件事的书时，很难解释他到底是什么意思。[之所以说难，首先是因为“关于”这个词难以定义；其次，大多数好书提出的中心论点都不止一个；最后，面对所谓的“作者之死”的时候，面对巴特（Barthes）、索绪尔（Saussure）、德里达（Derrida）等作家的时候，面对多重含义、互文等问题的时候，说清楚到底什么是“关于”就更加困难了。] 正如汤姆·麦卡锡在本书序言中所说：“（谢天谢地）我们已经抛弃了对作者意图的追求，也不再相信任何文本都有某个底层的、基本的‘意义’。”然而……我所说的“封面设计测试”在比较文学讨论中恐怕也会相当有用：也就是说，如果你秉持的含义理论（马克思主义、后结构主义、女权主义、弗洛伊德观、后殖民主义）无法转化为商业上可行的书籍封面，那就说明它无法恰当代表你手中的文本。其实我想说的是，我相信，在“这本书关于什么”这个问题上，人们的共识程度远远超出大多数人的想象。在设计封面的过程中，设计师想要去捕捉的并不完全是由共识决定的含义，我们想要捕捉的那种含义，既足够真实，又足够灵活，而且大多数读者不会觉得它牵强。也就是说，我们想要做的是尽量将理解最大化。从这个意义上说，封面设计似乎是诠释层面上的功利主义。

2 说到底，“设计师应该代表读者、作者和整个出版业做些什么”这个问题太复杂了，无法在此处详细展开。

lo.
lee.
ta.

Vladimir Nabokov

数字时代的阅读，或：写给未来之书的箴言

* 谁代表静止？谁代表永恒不变？谁代表有界、固定、有限？
* 未来之书是否会出现“功能繁杂”的情形？
* 私密（私人）层面是阅读的一个特点。这一层面无须改进。
* 喜欢一本书的理由之1：它不是某个网络的一部分。
* 喜欢一本书的理由之2：它是一个封闭的系统。
* 有时人们并不喜欢代理服务。
* 叙事类文字的消费人群已经可以依靠多种不同媒体所提供的代理服务。
* 分享令思想成为表述。
* 有时，“一本书在多个平台上出现”这一事实迫使我们不得不意识到平台的存在。
* 阅读媒介应该具备沉浸属性，我的意思是，它应该是“透明”的。如果想要实现沉浸式阅读，那最好别用那些花里胡哨的媒介。
* “数字化将改变阅读，且默认它会向更好的方向转变”，这是个很容易坚持的信念。
* 如果说基督教的成功传播部分得益于手抄本的出现，如果说宗教改革的广阔影响离不开小册子的兴起，如果说文艺复兴时期的人文主义和启蒙运动的伟大作品均得到了活字印刷和书籍的支持，那么在数字革命时代，终将获得最大收益的那个光辉思想流派又会是谁呢？是技术决定论？还是技术进化论？换句话说，哲学是否已经准备好了？它能否应对新传播方式所带来的统治和霸权？它是否会毫不动摇地相信并充满热情地追求新传播方式的统治和霸权？“批量生产、广泛传播的印刷品能够改变世界”，曾经那场知识革命可不是单靠这条信念本身引发的。
* 一种媒介无法取代另一种媒介（本条已废弃）。
* 某种阅读形式的突出属性可能是由该形式的推广地点及方式所决定的。
* 有关阅读形式的讨论被两类互相对立、有恋物癖倾向的群体所垄断。
* 在为一本书付费时，我觉得我已经购买了以任何形式阅读该文本的权利。
* 书籍需要一张面孔。
* 电子书无法永远属于你。拿到电子书也永远不会有收到礼物的感觉。
* 你在那个平台或设备上从事的（除阅读之外的）其他活动也会决定阅读给你带来的风味。（还有什么是以屏幕为媒介的？）
* 读者还没有意识到“空间有限、无法储存太多实体书”实为好事。它能让一个人的知识和体验保持在视线范围内，而且随手可得（“材料过多”这种情况的确是存在的）。
* 多少次（文化）对话算是过度的（文化）对话？
* 实体图书的销售范式是限定选择范围。电子图书的销售范式是提供海量选择。这两种范式互不相容。
* 考虑形式的时候也要考虑书籍本身（并非每本书都想成为“整体艺术”）。
* 旧书会有霉味。
* 迈向字典的这一段路是有意义的。
* 实体书籍已经提供了一种细致入微的触觉反馈。
* 请想象一种新的范式，在那种范式里，我们的子孙后代嘲笑我们对轻松、便携、速度的坚定信念与不懈追求。
* 也许技术造就了壁垒？也许技术增加了阻力，让我们放慢了速度？也许技术激化了矛盾？
* 关于未来之书，也许可以这样说：它的发明过程无须主动干预，无意识在这个过程中占据的地位远超我们的想象。构思它、构建它的不会是某个现代谷登堡公司，而是一系列偶然力量：总体经济走势、技术发展、文化潮流、来自机构和个人的一系列既重叠又矛盾的欲望。关于未来之书，也许这样说才是最合适的吧：它不会是由人设计出来的。

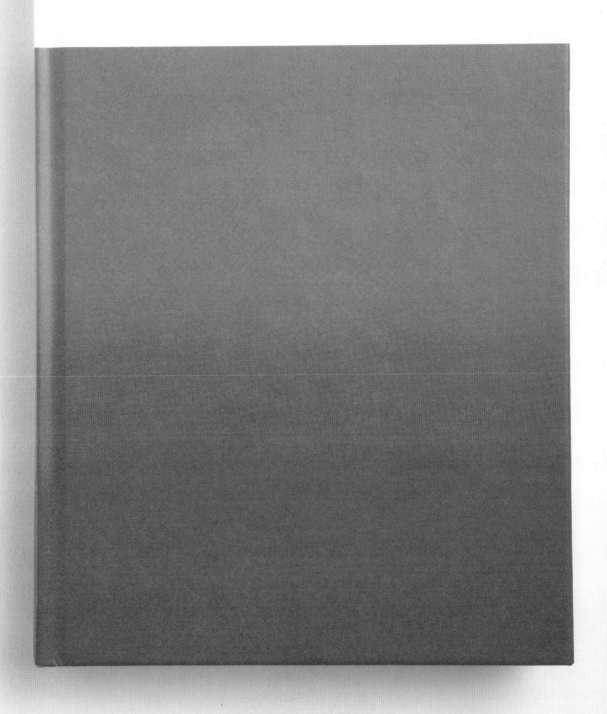

为一本公版再版书设计的封面提案。这本书将以实体书和电子书的形式捆绑销售。

VERNE
20,000 LEAGUES UNDER THE SEA

HOMER
THE ILIAD

CERVANTES
DON QUIXOTE

STOKER
DRACULA

OVID
METAMORPHOSIS

THE CALL OF THE WILD
JACK LONDON

THE ART OF WAR
SUN TZU

PLATO
SYMPOSIUM

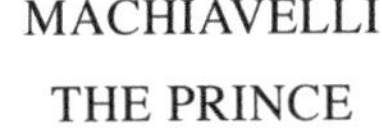

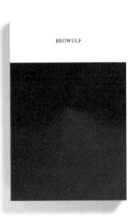

DICKENS
A TALE OF TWO CITIES

WILDE
THE PICTURE OF DORIAN GREY

CONRAD
HEART OF DARKNESS

THE WIZARD OF OZ
L. FRANK BAUM

DORORO
VOL.
3
OSAMU
TEZUKA
VERTICAL
DORORO
VOL.
2
OSAMU
TEZUKA
VERTICAL
DORORO
VOL.
1
OSAMU
TEZUKA
VERTICAL
Sayonara, Mr. Fatty! Toshio Okada
vertical
BØDY ASA NONAMI
VERTICAL.
A Dog in Water
Kazuhiro Kiuchi
VERTICAL
osamu
tezuka
black
jack 1
Smell
Man
Munenori
Harada
Vertical
BLACK
JACK
[TEZUKA]
VOL. 12
BLACK
JACK
[TEZUKA]
VOL. 11
BLACK
JACK
[TEZUKA]
VOL. 10
BLACK
JACK
[TEZUKA]

竖向出版

“漫画是情感。漫画是不屈。漫画是怪异。漫画是悲情。漫画是摧毁。漫画是傲慢。漫画是热爱。漫画是媚俗。”

——手冢治虫

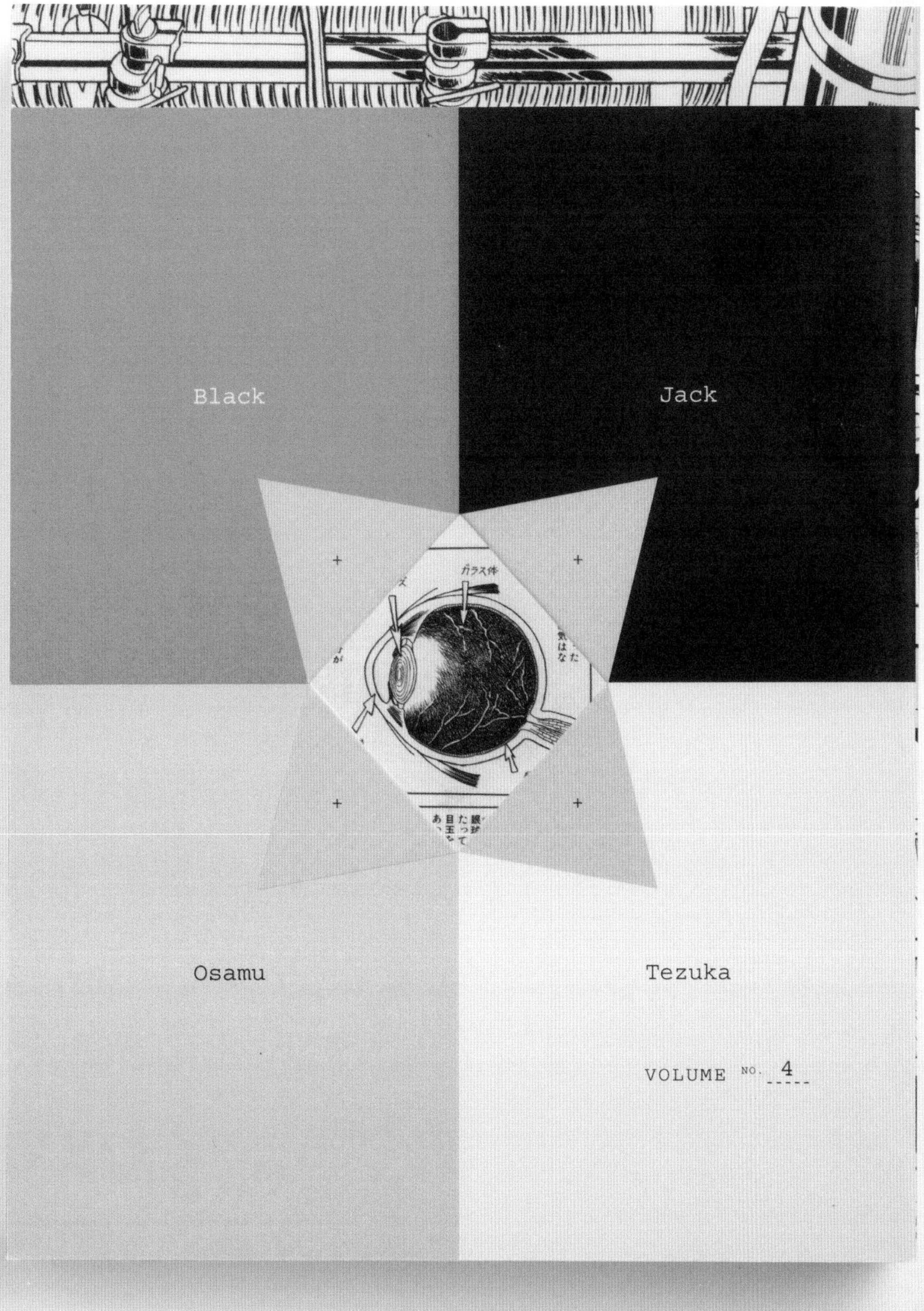

Black Jack

Osamu Tezuka

VOLUME NO. 4

竖向出版社（Vertical Books）是日本独立图书出版商，我以自由职业者的身份为其设计封面。

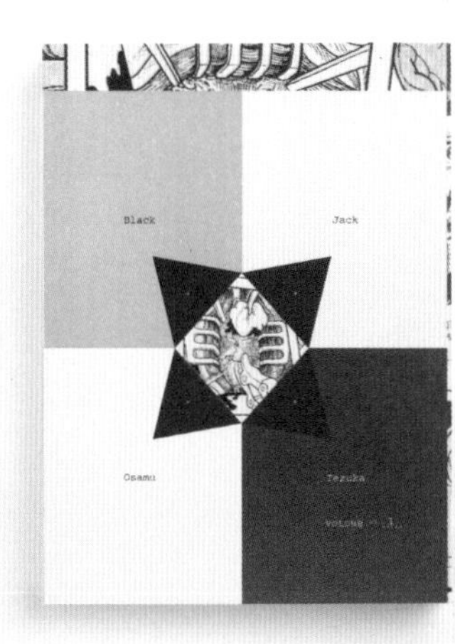
Black
Jack
Osamu
Tezuka
VOLUME = 1

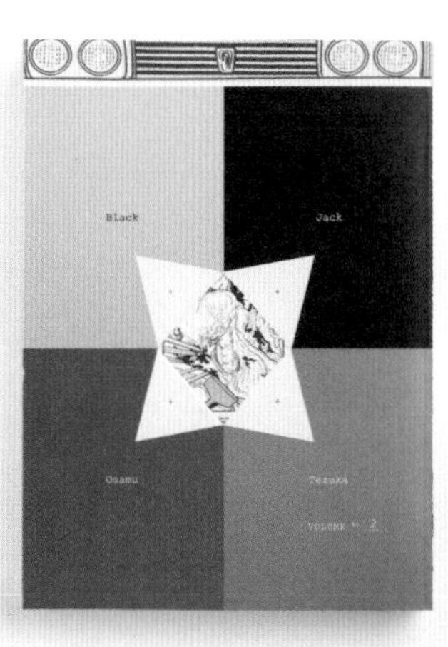
Black
Jack
Osamu
Tezuka
VOLUME = 2

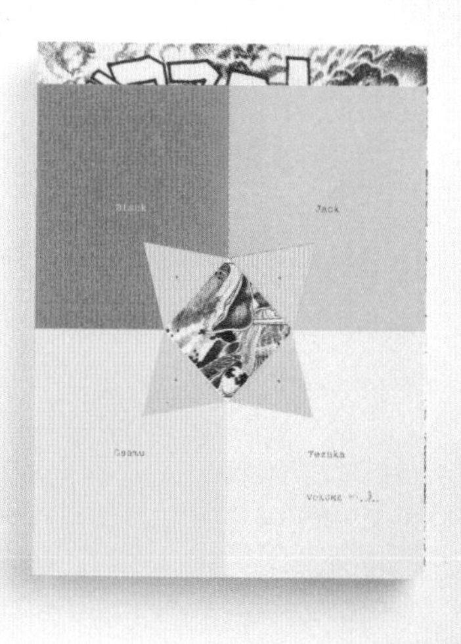
Black
Jack
Osamu
Tezuka
VOLUME = 3

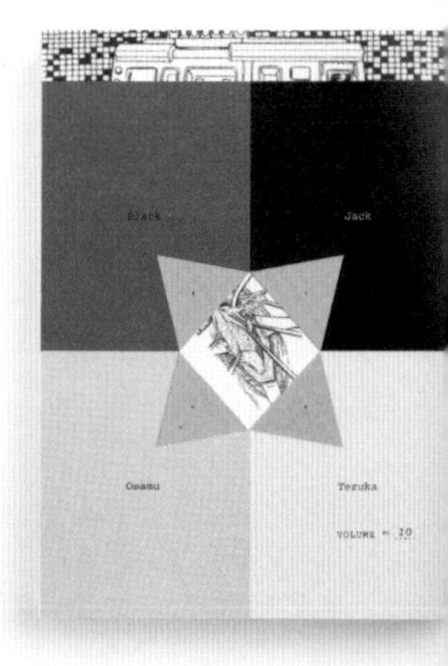
Black
Jack
Osamu
Tezuka
VOLUME = 20

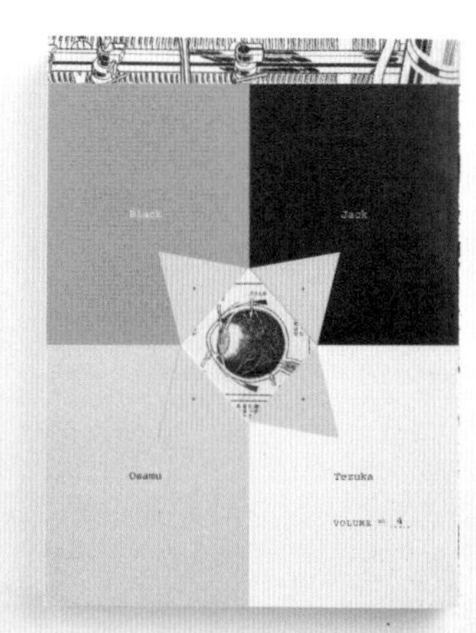
Black
Jack
Osamu
Tezuka
VOLUME = 4

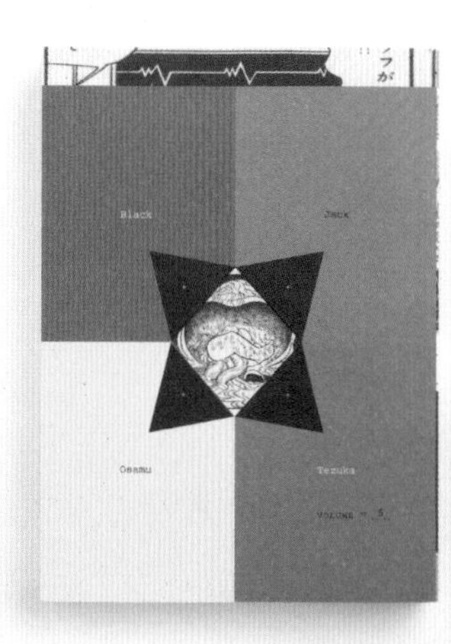
Black
Jack
Osamu
Tezuka
VOLUME = 5

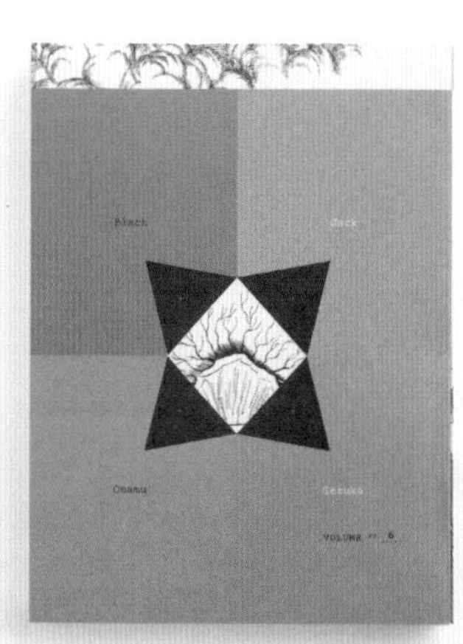
Black
Jack
Osamu
Tezuka
VOLUME = 6

Black
Jack
Osamu
Tezuka
VOLUME = 13

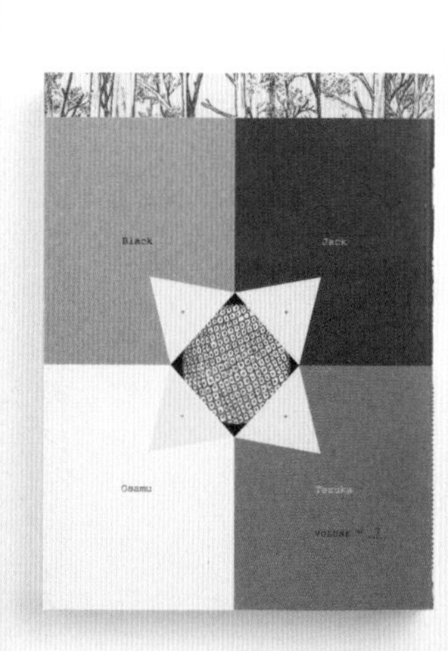
Black
Jack
Osamu
Tezuka
VOLUME = 7

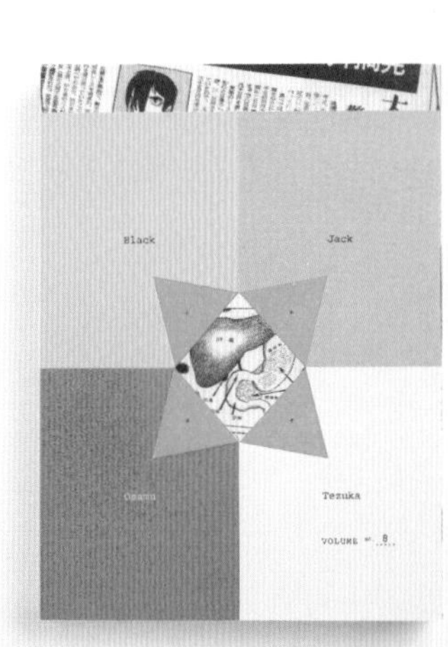
Black
Jack
Osamu
Tezuka
VOLUME = 8

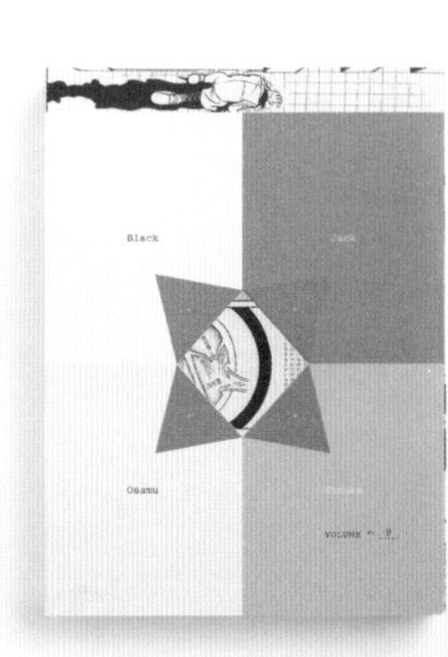
Black
Jack
Osamu
VOLUME = 9

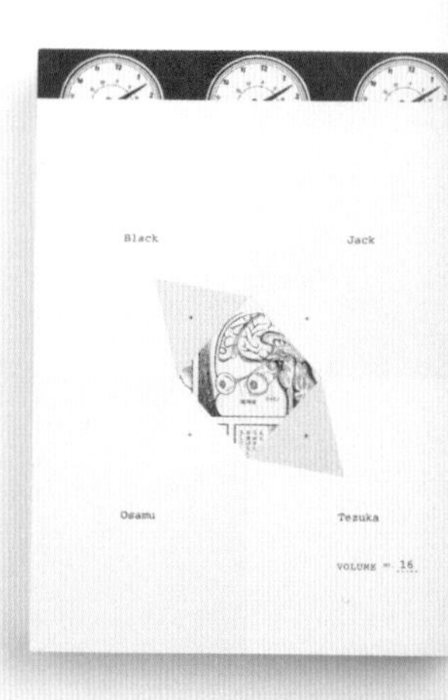
Black
Jack
Osamu
Tezuka
VOLUME = 16

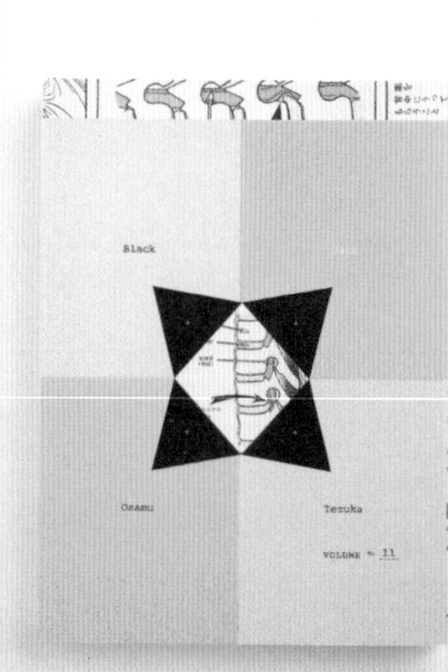
Black
Osamu
Tezuka
VOLUME = 11

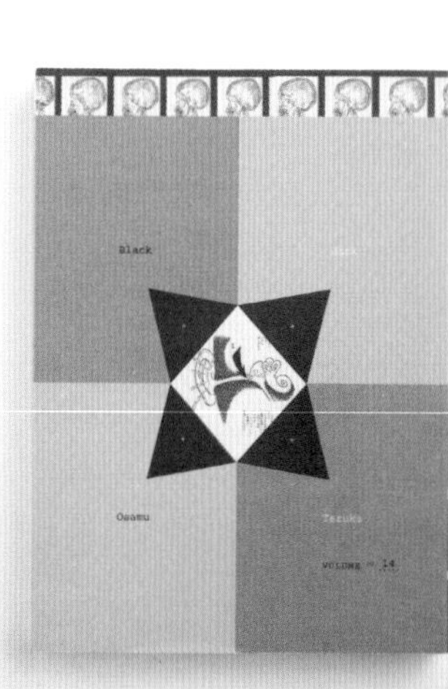
Black
Osamu
Tezuka
VOLUME = 14

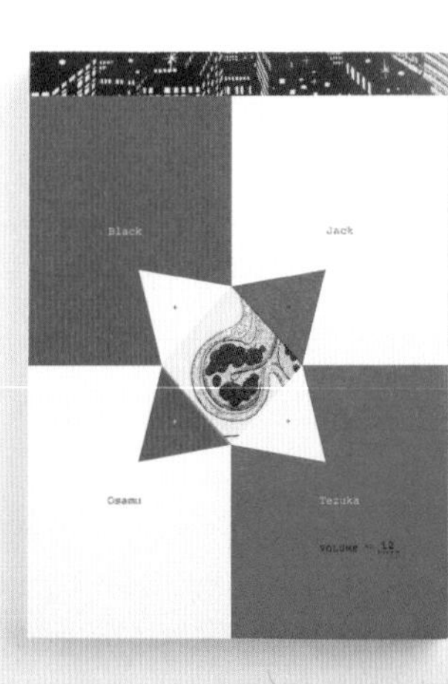
Black
Jack
Osamu
Tezuka
VOLUME = 12

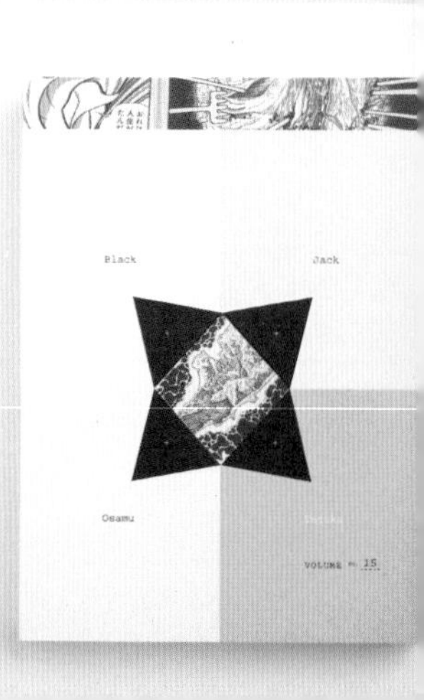
Black
Jack
Osamu
VOLUME = 15

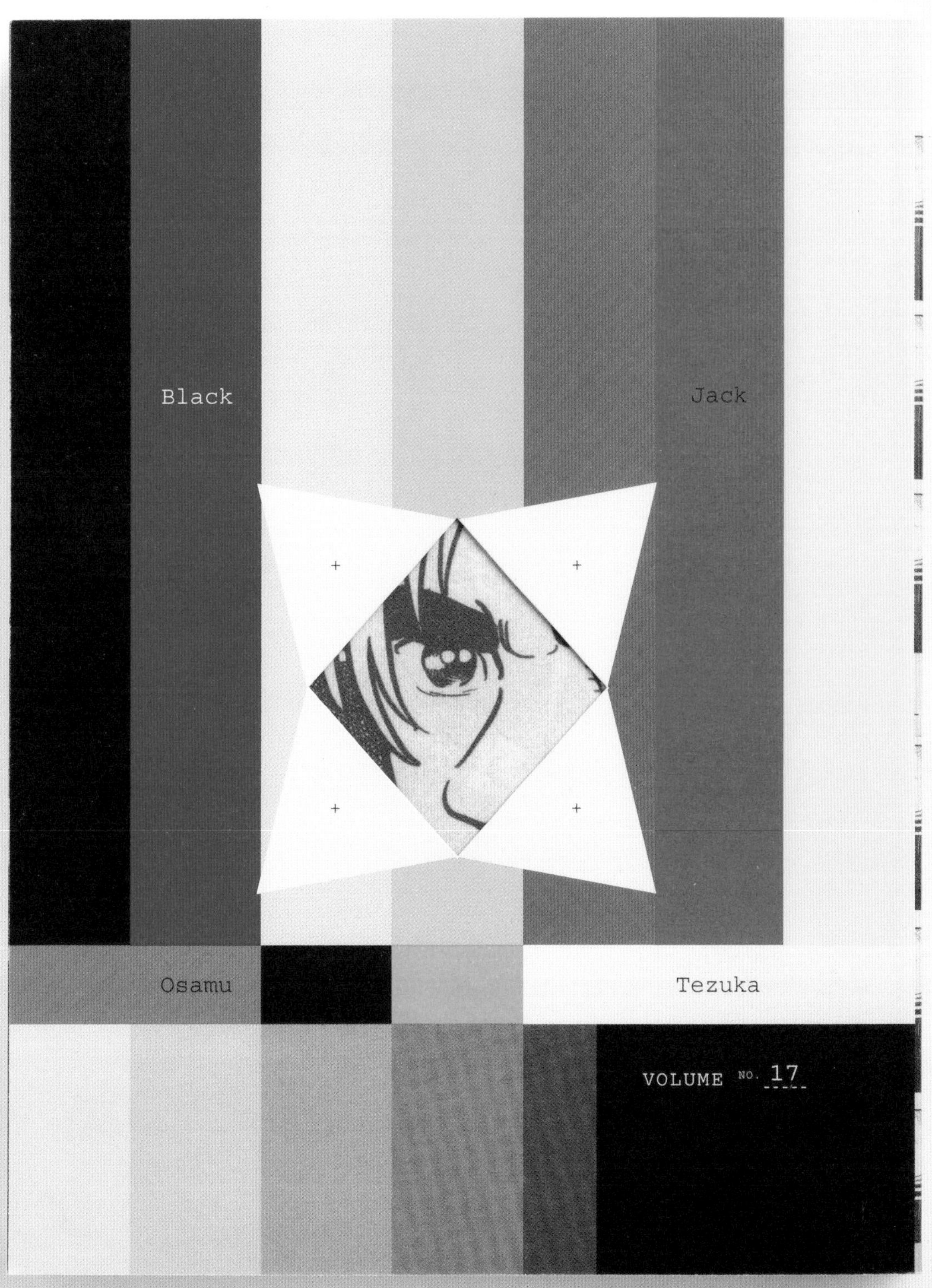

这是我设计过的单作者作品系列中规模最大的一套。《怪医黑杰克》至少有十七本书。对我来说，这个系列的设计首先是对色彩的沉思。

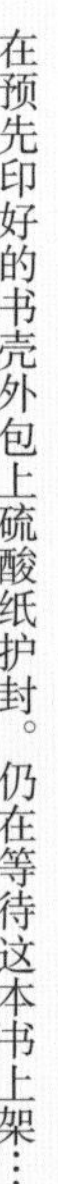

在预先印好的书壳外包上硫酸纸护封。仍在等待这本书上架……

THE
USURPER
OF THE
SUN
Hosuke
Nojiri
太陽の簒奪者

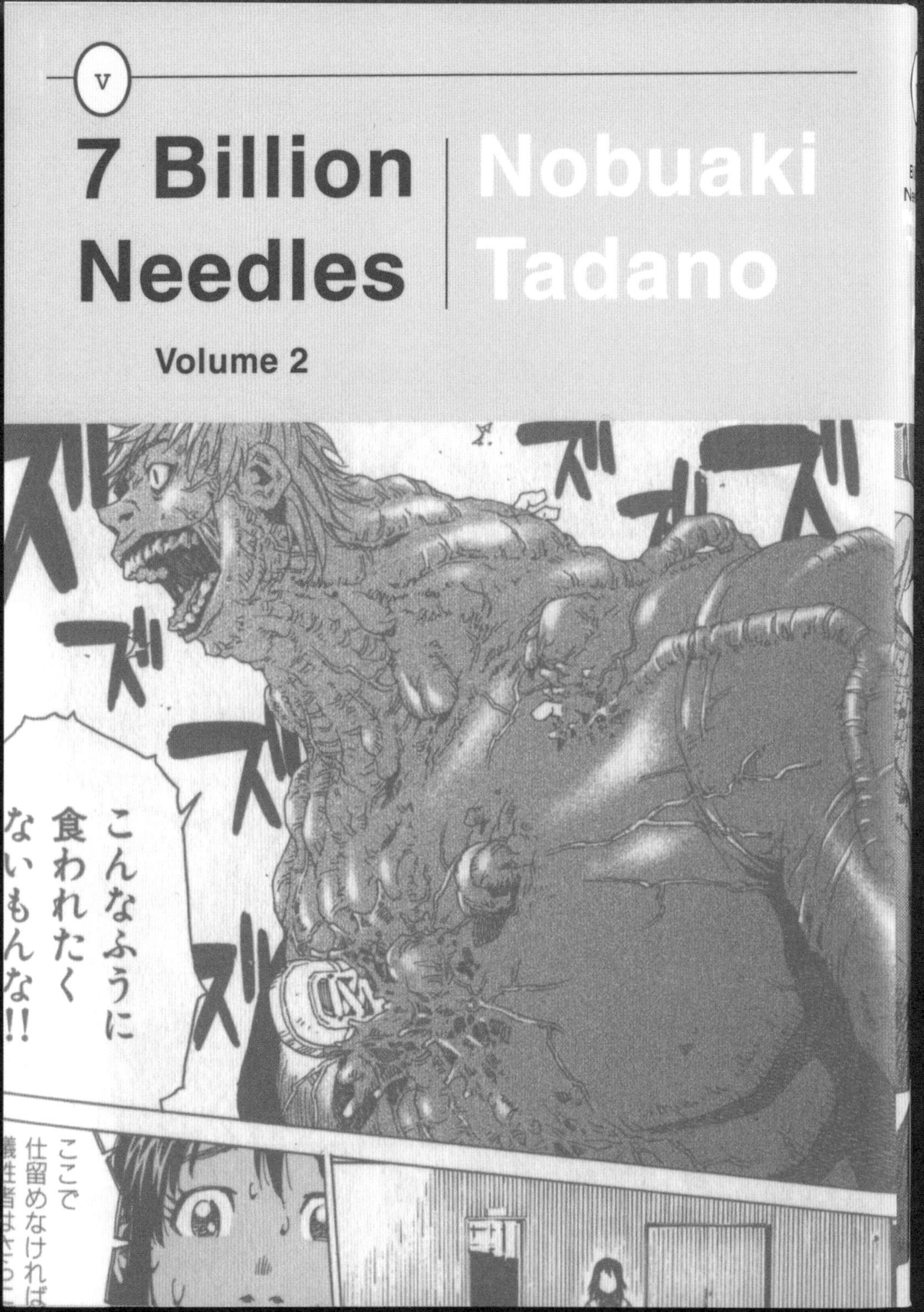

7 Billion Needles | Nobuaki Tadano

Volume 2

こんなふうに
食われたく
ないもんな!!

ここで
仕留めなければ

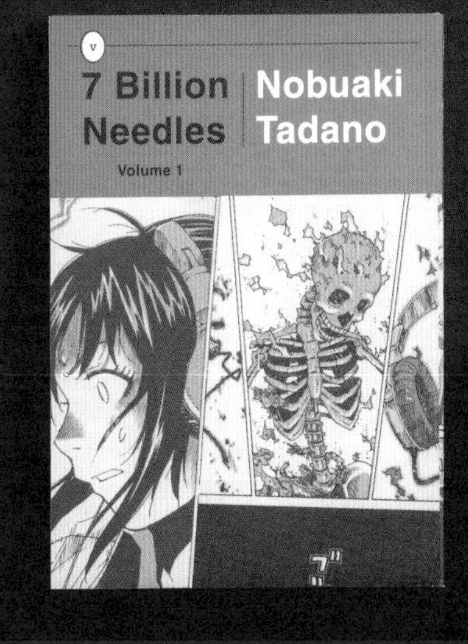

本系列漫画的封面大致上是仿照企鹅出版社老式漫画的样子设计的，也就是“顶部文本框”的老把戏。

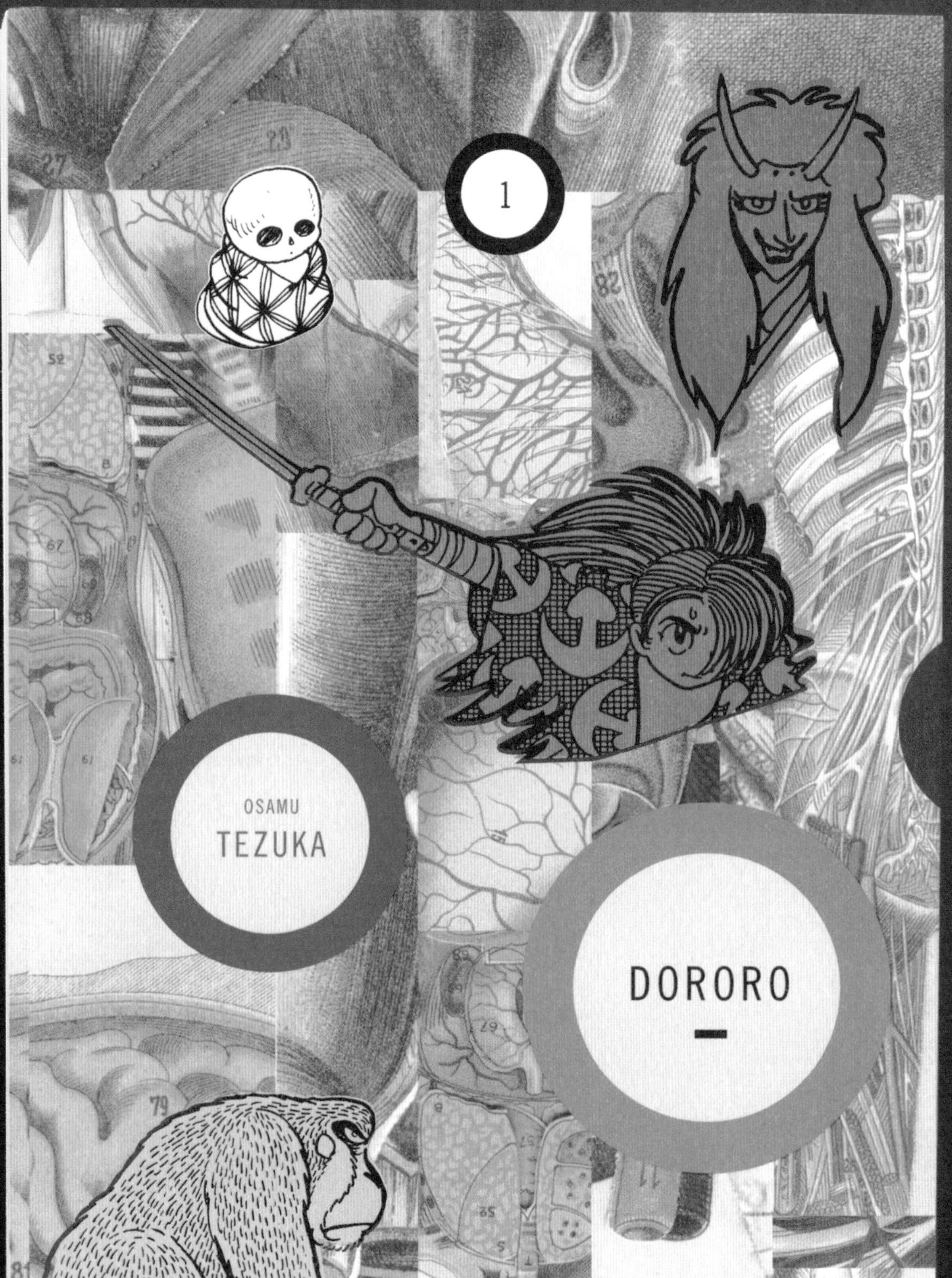
1
OSAMU
TEZUKA
DORORO
—

OSAMU
TEZUKA
3
DORORO
DORORO
2
OSAMU
TEZUKA
Omnibus
Edition
Osamu
Tezuka
Dororo
OSAMU
TEZUKA
3
DORORO
Dororo
The Omnibus
Edition
Osamu Tezuka

Black
Jack
Osamu
T
k
K AND ARROW MATCH BLACK O WHEN STEAM PROCESSED
PROPPER REORDER NO. 264101 EN867-1, CLASS D
O K
しまった!!
もしや
Intensive
Care
Edition
STERILE R

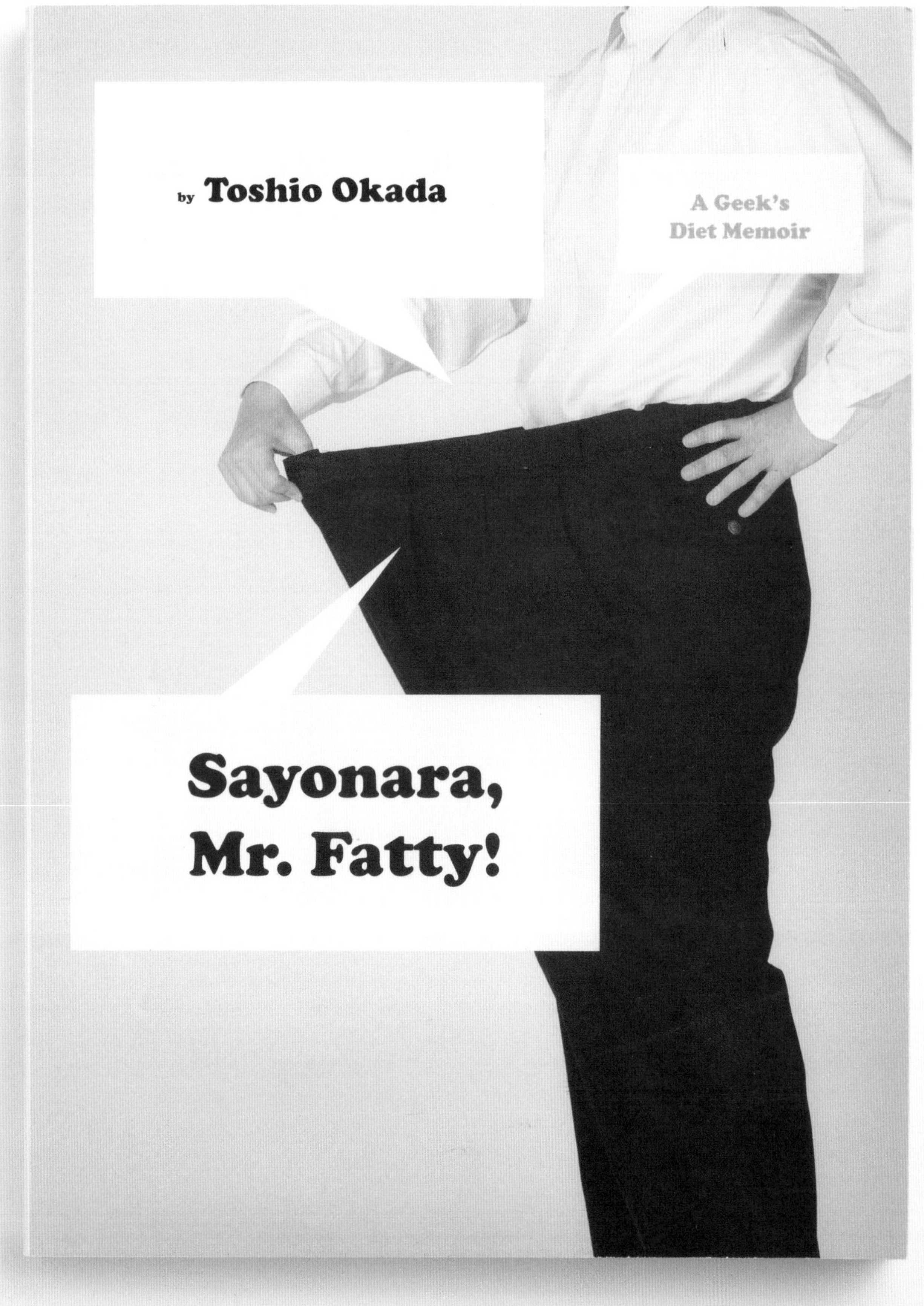

by Toshio Okada

A Geek's
Diet Memoir

Sayonara,
Mr. Fatty!

我的第一本，也是最后一本减肥书封面。

印在浸胶纸材上的压花封面。

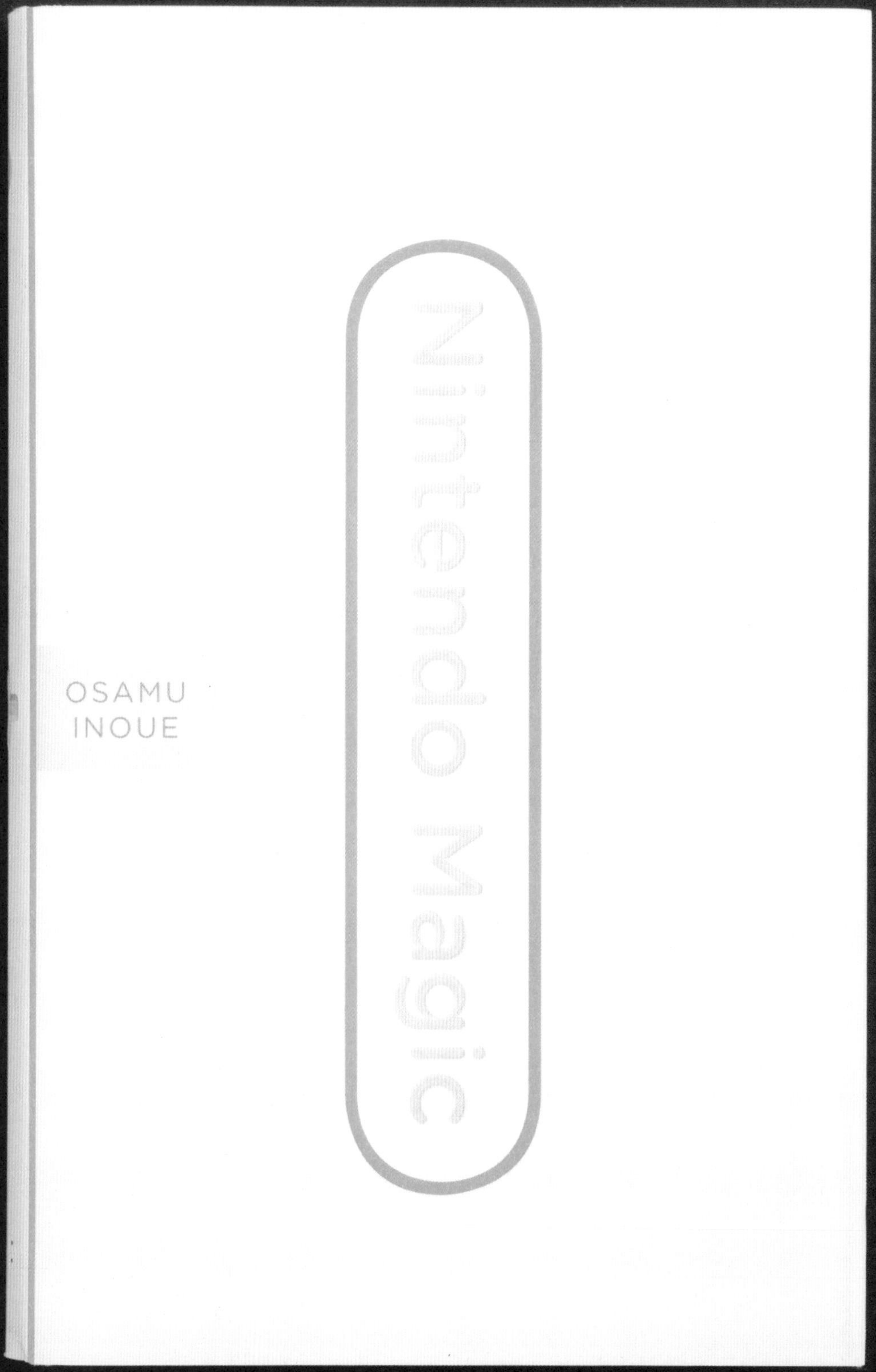

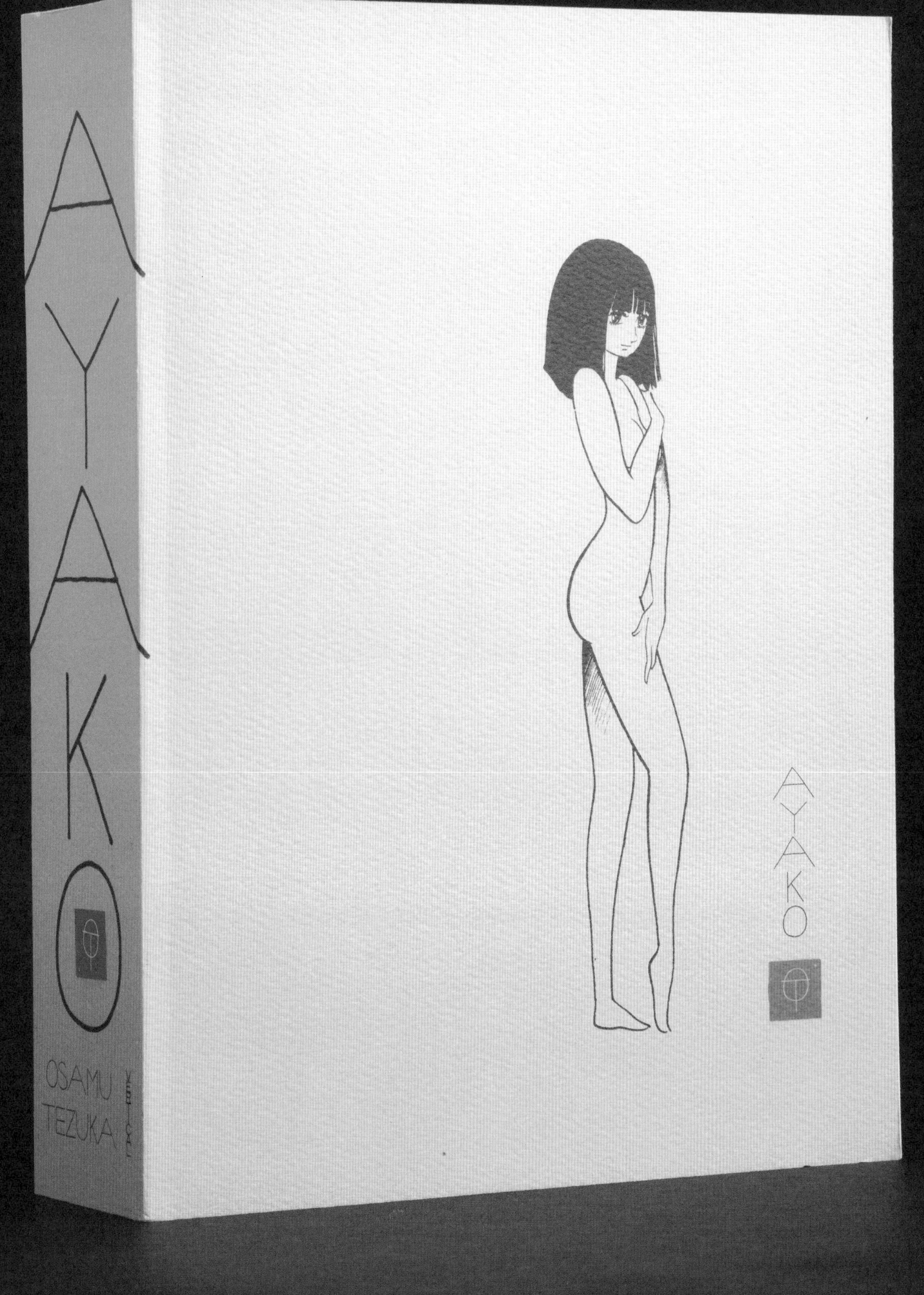
AYAKO
OSAMU
TEZUKA
AYAKO

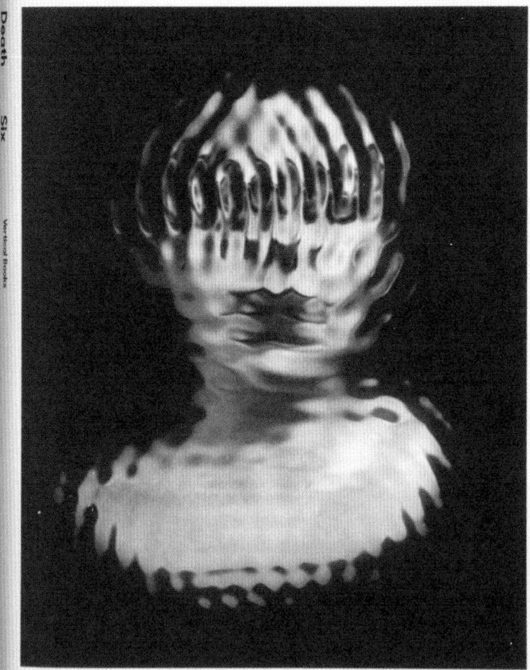

两本书都是日本经典恐怖小说《午夜凶铃》的作者写的。

EDGE

A NOVEL

KOJI SUZUKI

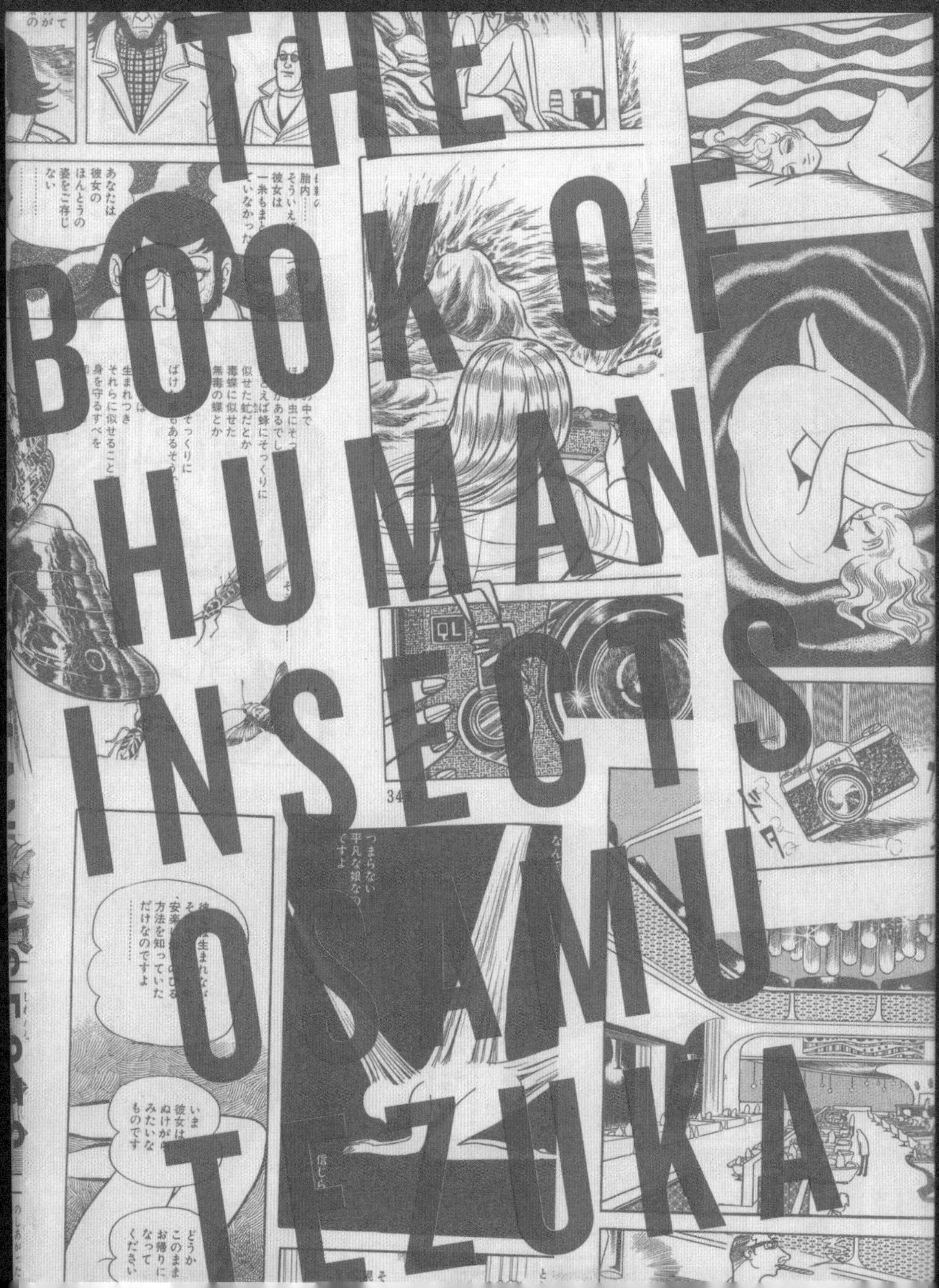
THE BOOK OF HUMAN INSECTS
OSAMU TEZUKA
あなたは彼女のほんとうの姿をご存じない
つまらない平凡な娘なのですよ
どうかこのままお帰りになってください

Smell Man // Munenori Harada

Message to Adolf
Part 1. by Osamu Tezuka

Message to Adolf

Vertical

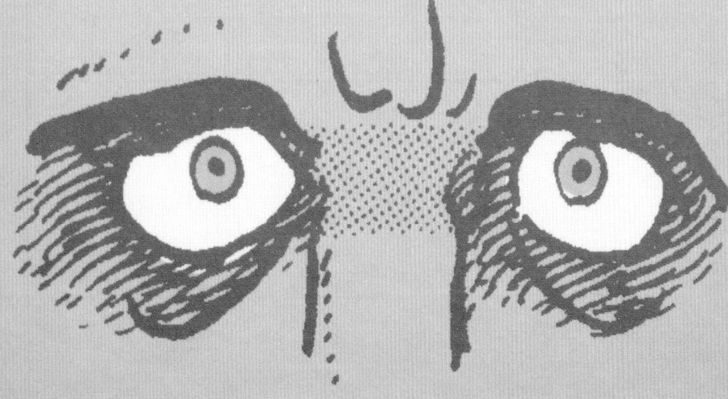

Part 2. by Osamu Tezuka

Message to Adolf

Part 2. Osamu Tezuka

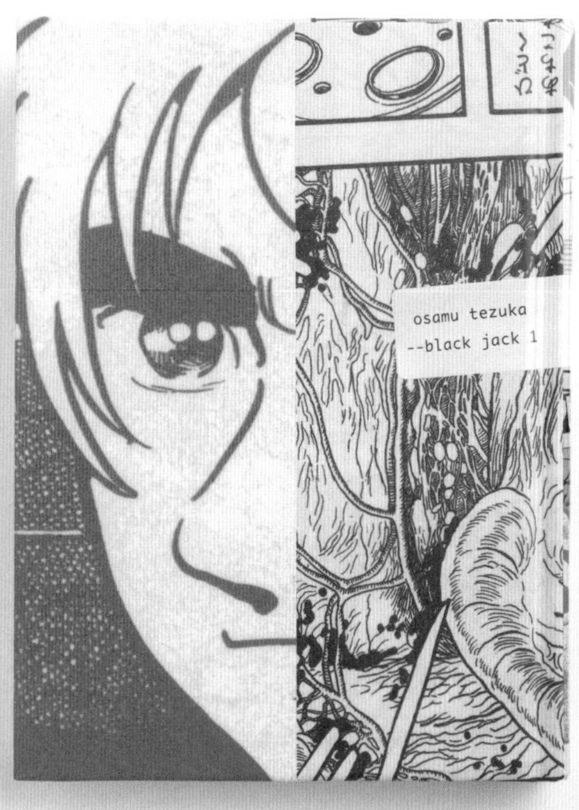
osamu tezuka
--black jack 1

osamu tezuka
--black jack 3

osamu tezuka
--black jack 2
大静脈の流れ口で血をとめるのだっ
そこで針の先をストップさせるんだ
それがいちばん確実です
鎖骨下静脈
上大静脈
大使館で身元を
あの人顔にツギしてるよ
あのオッチャンプラモデルみたいだ

Kazuhiro
Kiuchi

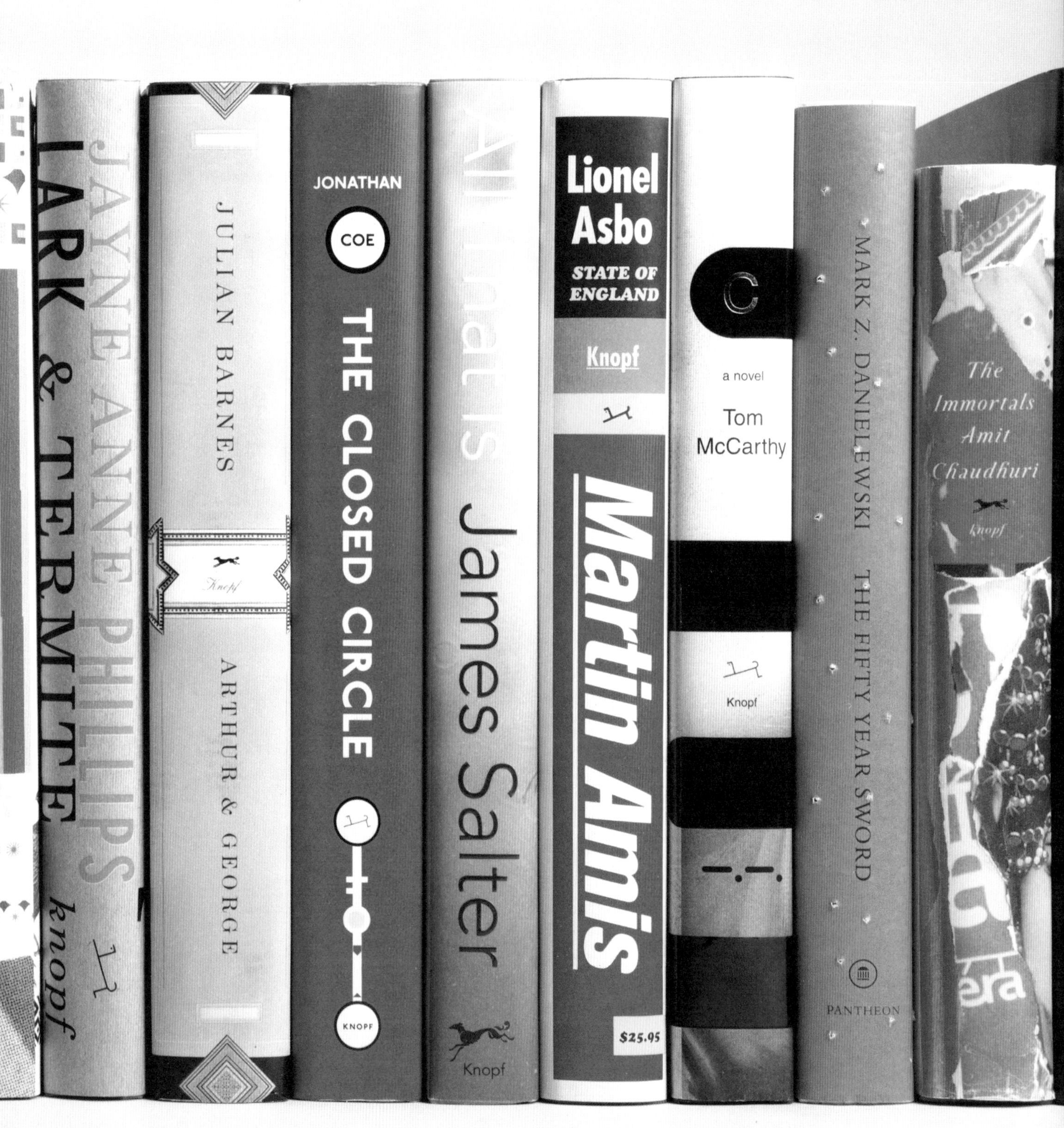
LARK & TERMITE
JAYNE ANNE PHILLIPS
knopf
JULIAN BARNES
Knopf
ARTHUR & GEORGE
JONATHAN
COE
THE CLOSED CIRCLE
KNOPF
All That Is
James Salter
Knopf
Lionel
Asbo
STATE OF ENGLAND
Knopf
Martin Amis
$25.95
C
a novel
Tom
McCarthy
Knopf
MARK Z. DANIELEWSKI
THE FIFTY YEAR SWORD
PANTHEON
The
Immortals
Amit
Chaudhuri
Knopf

文学虚构

我花了很长时间才意识到，为某位作家设计护封的时候，不应该让作家本人插手。

一开始可能会把护封想象得华美精致，而现实击碎想象的那一刻却是很可怕的。当文字已经完成而护封尚不存在的时候，很容易就会希望护封能够完成文字无法完成的使命——让买书的人在阅读文字之前便感受到吸引、惊奇和诱惑；另外，也会希望护封能够以最华丽的质地和色调来装扮这本书、装扮作家本人。我想说的是，当我写完一本书，但书还没加上护封的时候，我会受到最不理性、最难实现的欲望的影响。此时只剩护封，而护封又是几乎所有人借以了解这本书的渠道。作家希望护封能够代表这本书，希望它能成为最完美的旗帜。护封应该颂扬该书的优点，掩盖其缺点。也许，它应该能够唤醒身体中仍在休眠的某些化学物质，让买书的人萌生强烈的欲望，一种只有真正吃下这本书才能得到满足的欲望。换句话说，作家迫切渴望从护封中获得点什么，但那是护封永远也做不到的。也许，除非，这护封是由彼得 · 门德尔桑德设计的。

彼得为《火焰字母表》（*The Flame Alphabet*）和《离开大海》（*Leaving the Sea*）所做的设计引人注目，原始而华丽。我认为它们是"但愿型"封面。意思是说，但愿我的书能配得上这封面。它们给人一种命中注定的感觉。在完成《火焰字母表》之前，我曾断断续续地关注过彼得的作品。直到看到他为万神殿书局的卡夫卡系列简装再版设计的那套个性鲜明的护封，我才知道他到底有多出色。用这样鲜活、绚丽、欢快的封面来装饰有史以来最黑冷的作家之一。现在看来，这样的护封设计的确能够反映出卡夫卡黑暗叙事中那些令人不安的喜剧成分。当我看到这些护封的时候，我仍会不安地笑，就像阅读卡夫卡时那不安的笑一样。

《火焰字母表》护封设计开工之后，我第一次与彼得交谈，他读书时的仔细程度令我震惊。他似乎把这本书当成研究课题了。多希望编辑能以这样的方式细读文章。不过，一位设计师能这样做，既让人略感不安，又实属幸运。他问我是否对护封有什么想法。就在那一刻，我意识到我不应该去干扰他，甚至不能把我的想法告诉他。我知道，营销部门一定会有很多人向他问这问那。我不是设计师，我的想法不可靠。我想要门德尔桑德的原创作品，所以，在我印象里，当时我只提了一个要求，即不希望封面上出现正在燃烧的字母，书名想要极力避免的恐怕就是这种唾手可得的糟糕选择吧（后来，其中一个外语译本的确使用了这样的设计）。我的要求就这么多。

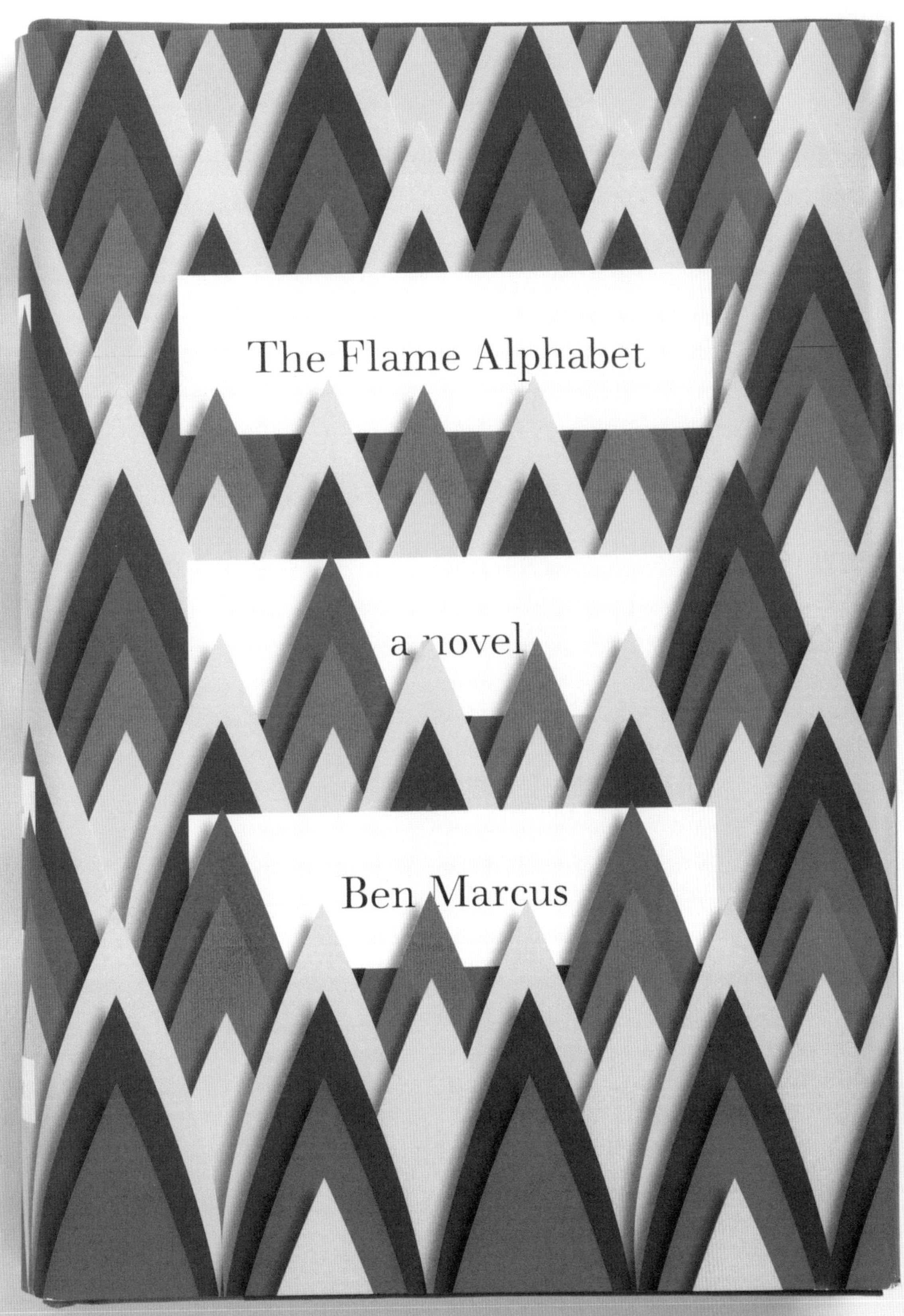
The Flame Alphabet
a novel
Ben Marcus

说起来有点好笑，在最后的护封设计中，彼得的确使用了火，不过这似乎是他不经意间获得的效果。根据他的讲述，当时他正在剪纸制作小鸟（小说中出现了鸟），当他把设计图倒过来的时候就看到了火。这个过程似乎完美说明了这样一点：为了使设计既简单又华丽，他用了种种复杂、周密的手段。第一次看到这个封面时，我惊讶地意识到，即便封面与书的内容几乎脱钩，也是完全没有问题的——外表本身如此绚丽，人们只要看到就会想把书拿起来。这就是关键。不过，随着时间的推移，我才逐渐意识到，其实（至少对我来说）这个封面的确表达了书中的许多含义。而且，我越看越觉得，彼得的设计绝不是不经意间获得的。他为《离开海洋》设计的护封也是如此。丰盛、俏皮、华丽。我还没有拿到实体书。到目前为止，我只见过彩色复印件和电子图片。即便如此，我还是觉得，有这样一位才华横溢的设计师来为我设计作品，真是非常幸运的事。彼得 · 门德尔桑德是真正的艺术家。

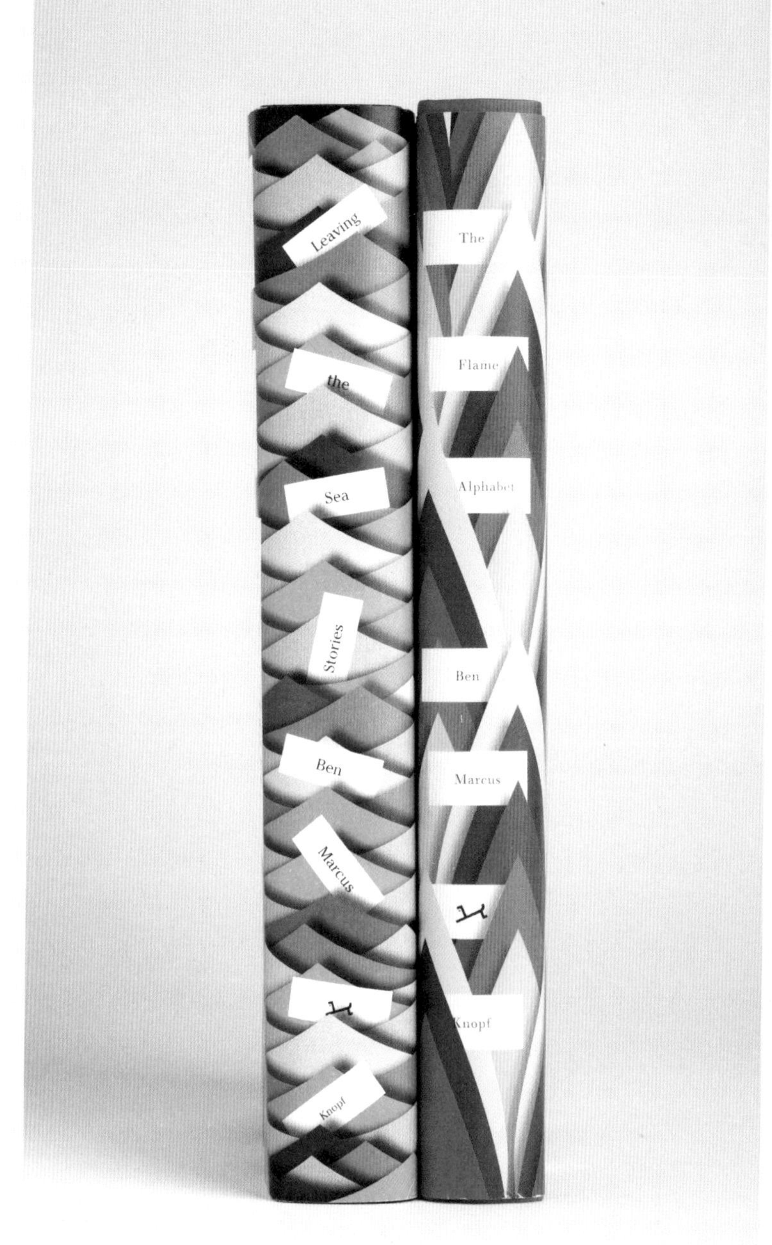

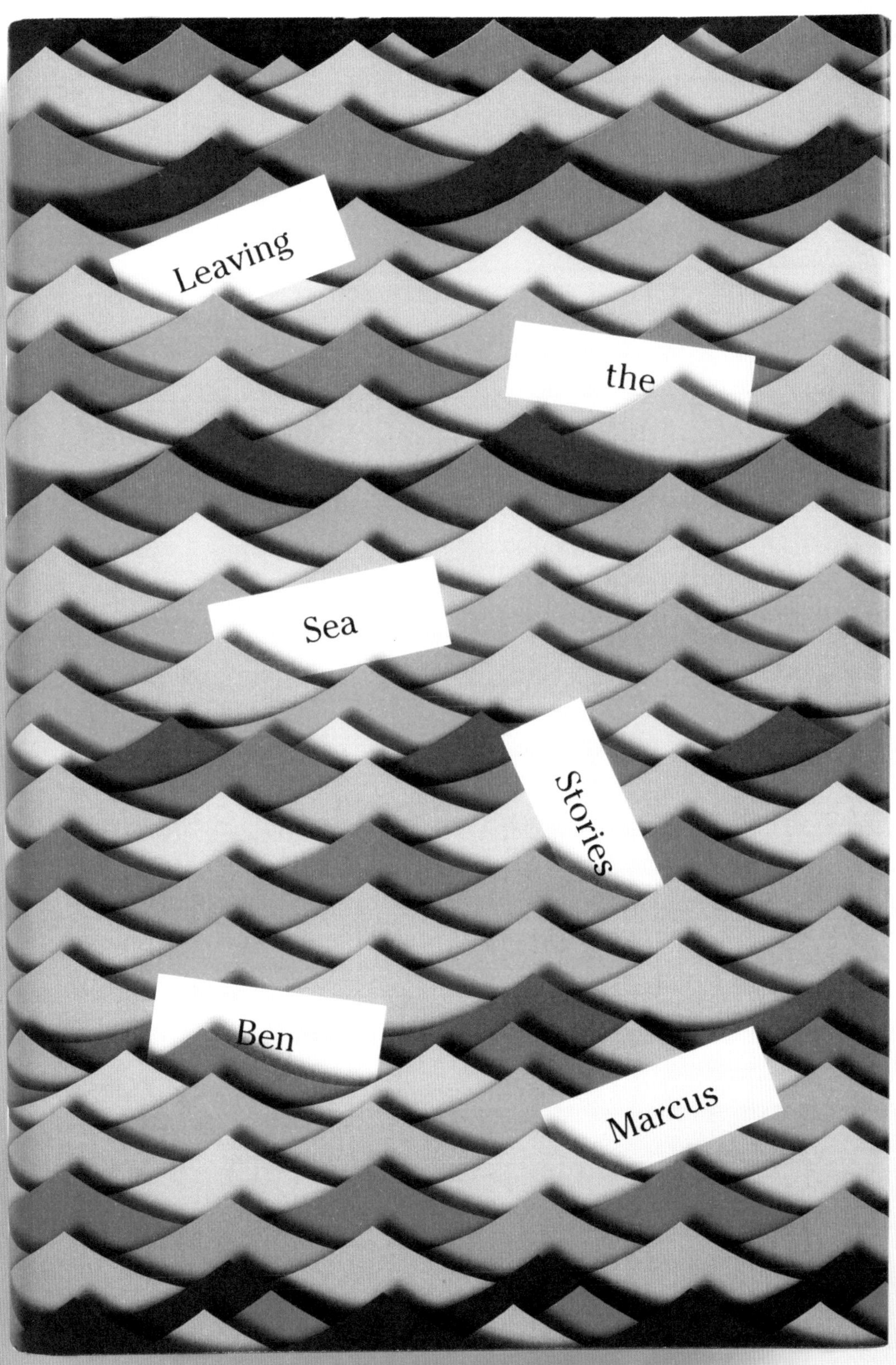
Leaving
the
Sea
Stories
Ben
Marcus

FROST

THOMAS BERNHARD

A NOVEL

$25.95
Martin Amis
"A GREAT MASTER OF THE ENGLISH LANGUAGE." —FINANCIAL TIMES
"A BORN COMIC NOVELIST . . . [HIS] MERCURIAL STYLE CAN RISE TO JOYCEAN BRILLIANCE." —NEWSWEEK
"A FORCE UNTO HIMSELF . . . THERE IS, QUITE SIMPLY, NO ONE ELSE LIKE HIM." —THE WASHINGTON POST
AUTHOR OF
MONEY, LONDON FIELDS, & THE INFORMATION
LIONEL
A NOVEL
ASBO
State of ENGLAND
Alfred A. Knopf

借用红头小报来比喻英国现状。

DISPLAY OTHER SIDE FOR ROOM CLEANING
ladies
and
gentlemen
stories
adam
ross
author of Mr. Peanut

Adam + Evelyn
a novel by Ingo Schulze

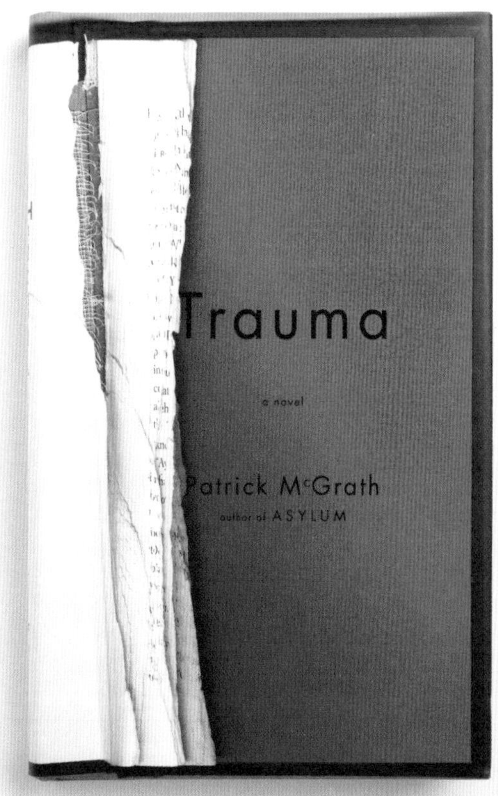
Trauma
a novel
Patrick McGrath
author of ASYLUM

"Ingo Schulze is an epic storyteller!" —GÜNTER GRASS
NEW LIVES
A NOVEL
INGO
SCHULZE

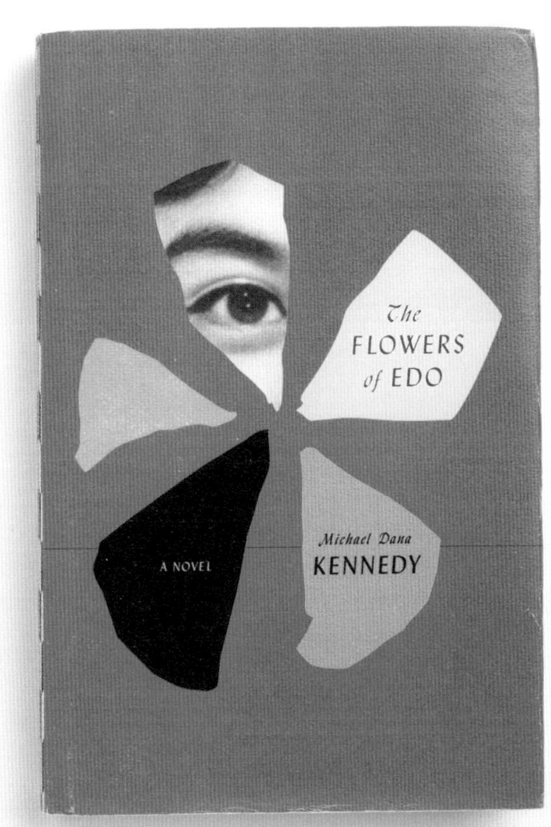
The
FLOWERS
of EDO
Michael Dana
KENNEDY
A NOVEL

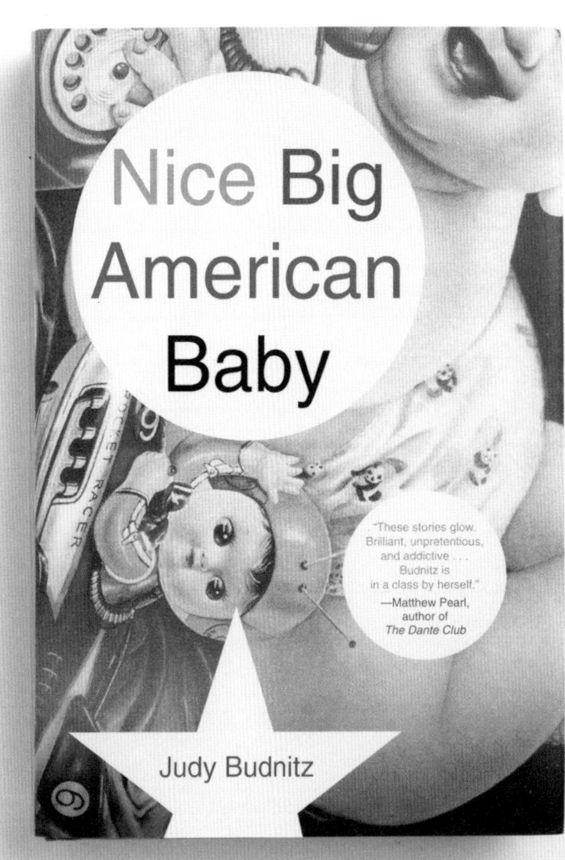
Nice Big
American
Baby
"These stories glow.
Brilliant, unpretentious,
and addictive . . .
Budnitz is
in a class by herself."
—Matthew Pearl,
author of
The Dante Club
Judy Budnitz

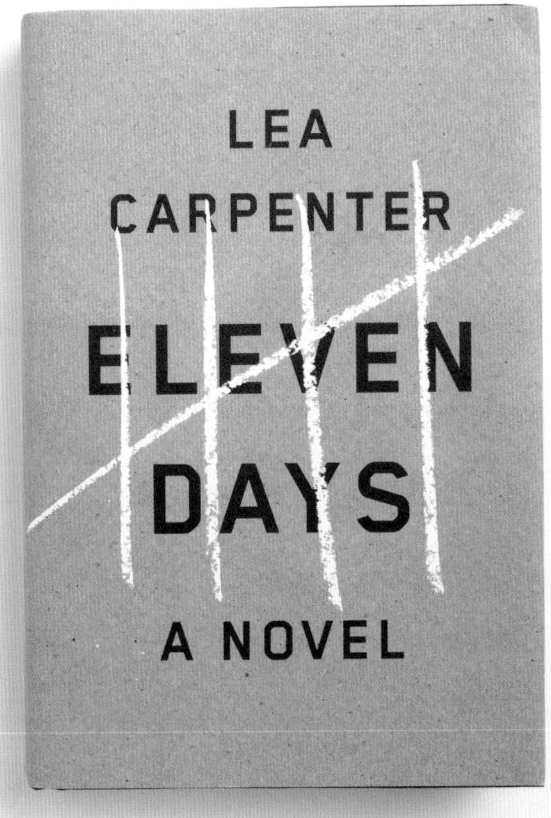
LEA
CARPENTER
ELEVEN
DAYS
A NOVEL

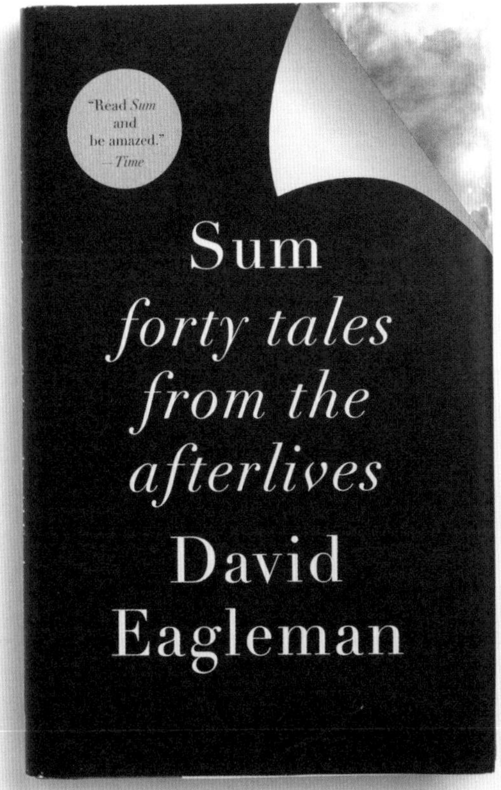
"Read Sum
and
be amazed."
—Time
Sum
forty tales
from the
afterlives
David
Eagleman

“战斗出现了缓和，震耳欲聋的炮火声慢慢退去，只剩下零星爆破声，他想，那可能是侦察兵游击战发出的吧。他感觉现在是黄昏，但这黄昏与以往那些都不一样，不但没有什么光，连即将到来的黑暗都无法保证……”

——丹尼斯·麦克法兰

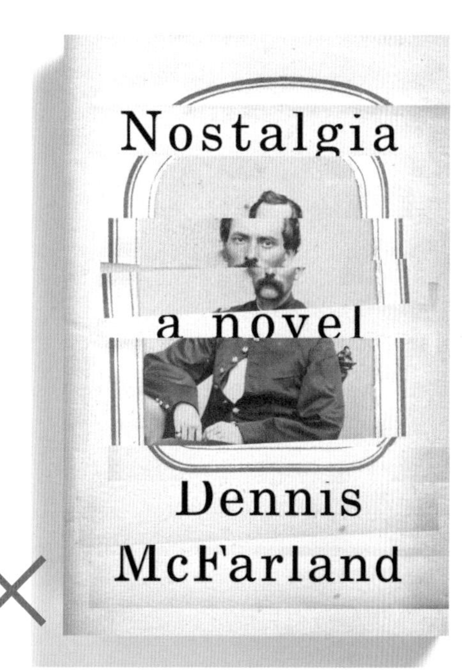

Nostalgia
a novel
Dennis
McFarland

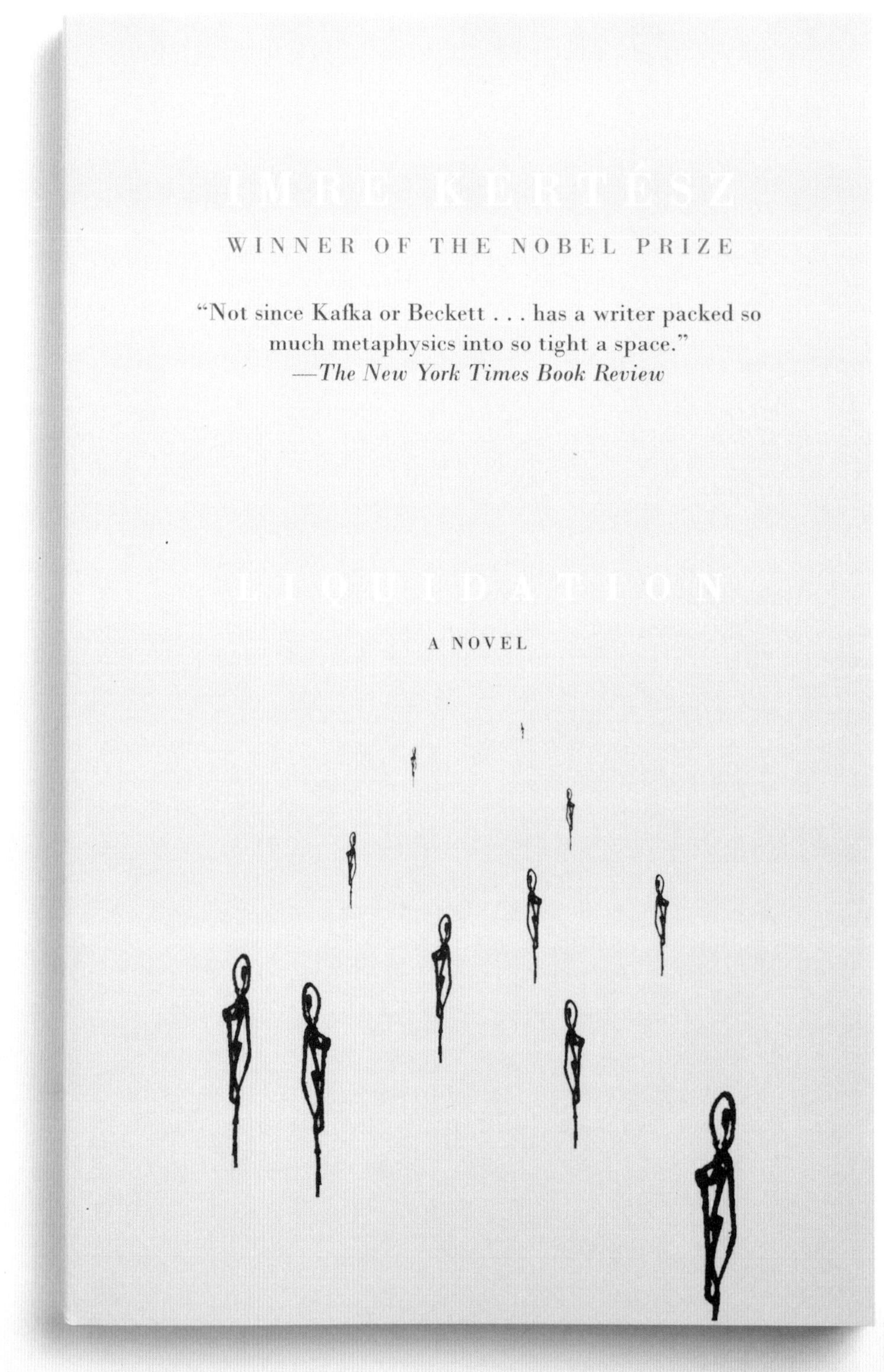

IMRE KERTÉSZ
WINNER OF THE NOBEL PRIZE
"Not since Kafka or Beckett . . . has a writer packed so much metaphysics into so tight a space."
—The New York Times Book Review
LIQUIDATION
A NOVEL

“人，当沉沦到一无所有的时候，或者说，当他九死一生的时候，

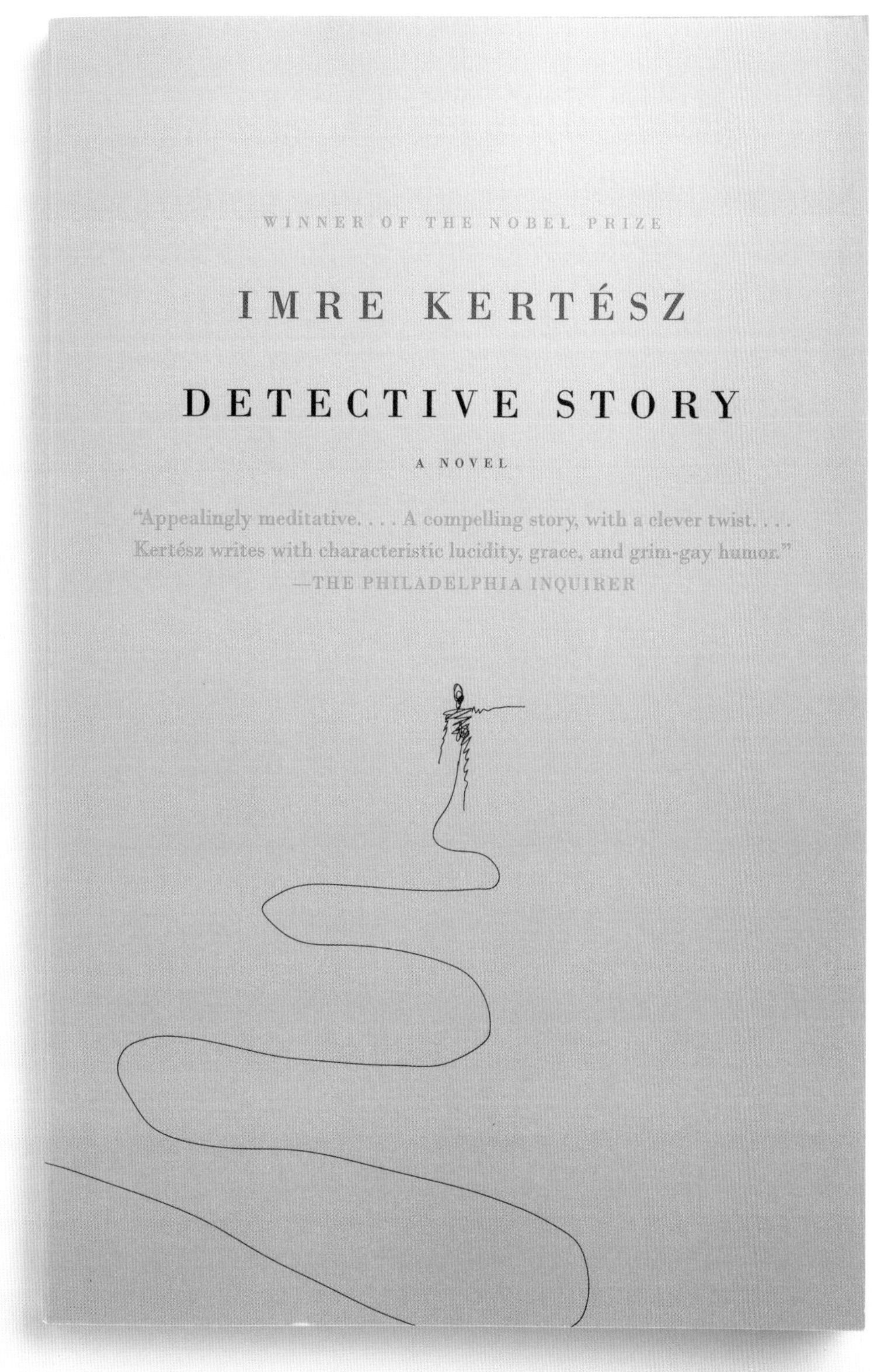

他不再是悲剧的人，而是喜剧的人，因为，他已经没有命运可言了。”——凯尔泰斯·伊姆雷

起初，书是一些形状，排放在书架里，堆叠在桌子上。

起初，书是一些形状，排放在书架里，堆叠在桌子上。这些东西表面有一些装饰，不久之后我就会知道，它们是字母、单词和名字。我取了其中一些，当作砖块，搭建住房、堡垒、城堡。在阅读之前，我先记住书脊，就像记住光滑的木制盐瓶、胡椒研磨器、烛台、地毯、沙发面料、厨房地板表面、童年风景。在阅读之前，我已经知道纳博科夫、托尔斯泰、《普宁》、《罪与罚》、《幕府将军》、P.D.詹姆斯、《安娜·卡列尼娜》。那些图像有如墙壁、灯具、桌子般坚实永久。早在知晓这些“砖块”的真正用途之前，我就已经知道它们是神圣的。而且它们无处不在：在海滩上，在我们的床边，在父亲的公文包里，在母亲的手袋里，在汽车里。

后来，渐渐地，我开始理解这些砖块与其组成成分——纸、墨、胶、线、字母、单词、句子、标点、段落、人物、故事，无穷无尽且超乎想象的谜团、疑问、困难、失败与胜利——之间的关系。但首先，我喜欢这些东西本身。

对于我爱的东西，我就想以某种方式去拥有它们。多年来，阅读带给我一种占有感、一种参与和归属感。和父母一样，我也开始收集书籍，把它们整齐排列在书架上。通过阅读、阅读，再阅读，我已经成了一个重要俱乐部的一员。

我们会去书店——那些既平静又神圣的地方存放着神圣的物品，而我也开始觉得仅仅读书已经不够了。我想亲自创造这样的东西。我看着M区，用拇指和食指分开书，刚好在梅勒（Mailer）和马拉穆德（Malamud）之间留出了一小点空间。我所渴望的，与其说是写作，不如说是归属并参与这件我几乎一点都不了解的事。所有这些封面，所有这些颜色、字体、纹理——好封面是如此神秘，它们就像那些好故事本身，就像所有那些真正的好东西，它们提出的问题是如此之多，给出的答案却是如此之少。

从我渴望自己的名字出现在书脊上的那一刻起，一直到梦想成真，两者之间隔了许多年。我坐在餐桌前，打开信封，抽出自己的小说。那是我的第二本小说，但激动的心情还是一样的。不，要更激动。我把那本书拿在手里，感受它的质地。我想起了自己动笔写作的原因。这是我所能想到的最接近永恒的事。我所知道的事物里，没什么能比一本制作精良的书更令人满意、更美好，与我的青春连接得更深刻。所以，此时此刻，看到自己写的书被包裹在彼得·门德尔桑德设计的封面里，我真是欣喜异常。它本身已经美丽至极，更不用说它还受到了我所写的故事、我所想的人物的启发和影响。这是一种强大的化学反应。看到它，把它握在手里，拥有它，这让我感动得无法言语。彼得的封面就像小说的乐谱。这是多么神奇的事情啊。我感到自己像孩子一样快乐。

曾经，我是用书堆建城堡的男孩。我爱上的不是城堡，而是那些砖块。我开始梦想，有一天自己也会写一本书。现在，这么多年过去了，在纽约的一家小书店里，我写的小说套着彼得设计的护封，下面压着的是纳博科夫的《爱达或爱欲》——以前我堆堡垒和房屋时当作基石的大块头。

我希望有一天能给孩子看我写的书，让她知道，尽管我做了很多失败的事，但我仍然做出了这些东西，它们摆在图书馆，摆在书店。我会告诉她，当我在写这些书的时候，对我来说，它们比这个世界上任何东西都更重要。我会从书架上抽出《测量漂移的尺度》(*A Marker to Measure Drift*)，告诉她："看它多漂亮，是一个名叫彼得·门德尔桑德的人设计的。拿去吧。去建一座城堡。"

“老鼠越是追着这条思路往下想，它就越觉得猫是一只又大又软的老鼠。”

——斯蒂文·米尔豪瑟

这个护封是原书尺寸的四分之三，放在下面是这样的……

……而放在上面是这样的。每当有时间为自己设计的护封画插画的时候，我都相当享受。我的第一选择一直都是亲自制作艺术品，而不是委托他人。

Steven
Millhauser

From the winner of the
PULITZER PRIZE

We Others

New & Selected
Stories

封面是什么？

1. 皮肤。薄膜。保护。护封保护正封，避免刮伤以及日光损害。然而，对大多数书籍（商业和大众市场书）来说，护封这层外部保护套已经不是必不可少的了。此类书籍的正封廉价、结实，没有经过特殊设计（20世纪初，书籍装帧从书本身转移到了护封上）。对大多数书籍来说，护封已经不再意味着保护作用，但它仍然在隐喻层面上起着守卫下方叙事内容的作用。如今，我们将更多阅读时间花在数字型、非实体、名义上的阅读环境中，在这里，文本内容差异性不足，可能会出现互相渗入的情形。在这种情况下，封面（以及各类实体书）便成了整个文化为限定并遏制边际消失所做出的焦急努力的一部分。在这里，封面是皮肤的意思是，它为书带来独特的面孔，促进文本独特身份的确立。如此说来，封面的作用是（在压制意义上）把控文本和（在牵制意义上）限制文本。2. 框架。文本需要背景。文本也需要某种形式的序言、清嗓、入口、前厅。护封在视觉上相当于前言，或者说，相当于前门。护封是文本与世界之间的类文本中立地。3. 提示。与鲜明文本对应的鲜明护封有助于为该文本提供索引，具有标识和提醒的作用。如果你正在寻找那本书，护封能帮助你更容易地找到它。如果你需要一项助记工具，那只需要在脑海中回想一下护封的样子就可以了。4. 纪念品，护身符，信物。阅读发生在另一个领域，那是一个模糊的、精神的领域。护封是我们从这形而上的旅行中带回来的纪念品。从这个意义上说，护封是雪景玻璃球，是T恤，是具有留念意义的钥匙扣。5. 信息亭。护封告诉你这本书是什么：书名是什么，作者是谁，书是关于什么的，可能属于什么类型。它会告诉你还有谁读过并喜欢这本书。护封是随机信息袋：有一些信息是关键的，还有一些是从属性的；有一些是重要的，还有一些是琐碎的。护封就像信息亭，它也具有“地理”定位的作用——如果你像我一样，把勒口当作书签。6. 装饰。书和护封可以装饰生活空间，使我们在逐步积累起来的智慧中漂亮地生活（假设我们已经读过了那些书）。7. 姓名牌，秘密握手。书和汽车、衣服等物件一样，隔空传递着“我们是谁”的信息。从这个意义上说，护封就是宣传自我的广告。8. 预告片。护封也是预告片，即电影预告片：它应该提供足够的信息来吸引我们。9. 战利品。“看看我都读了些什么吧！”10. 拿着大喇叭的宣传员，公告牌，广告。人们期望护封能够促进书籍销售。护封也的确能够做到这一点——它劝诱、喊叫、开玩笑、哄骗、挤眼、卑躬屈膝，以各种可能的方式去迎合，都是为了让消费者拿起某本书。11. 翻译。护封是对一本书的重新演绎，是对它的解读，是表演。护封是必需的吗？不是。

Daniel Kehlmann
F a novel

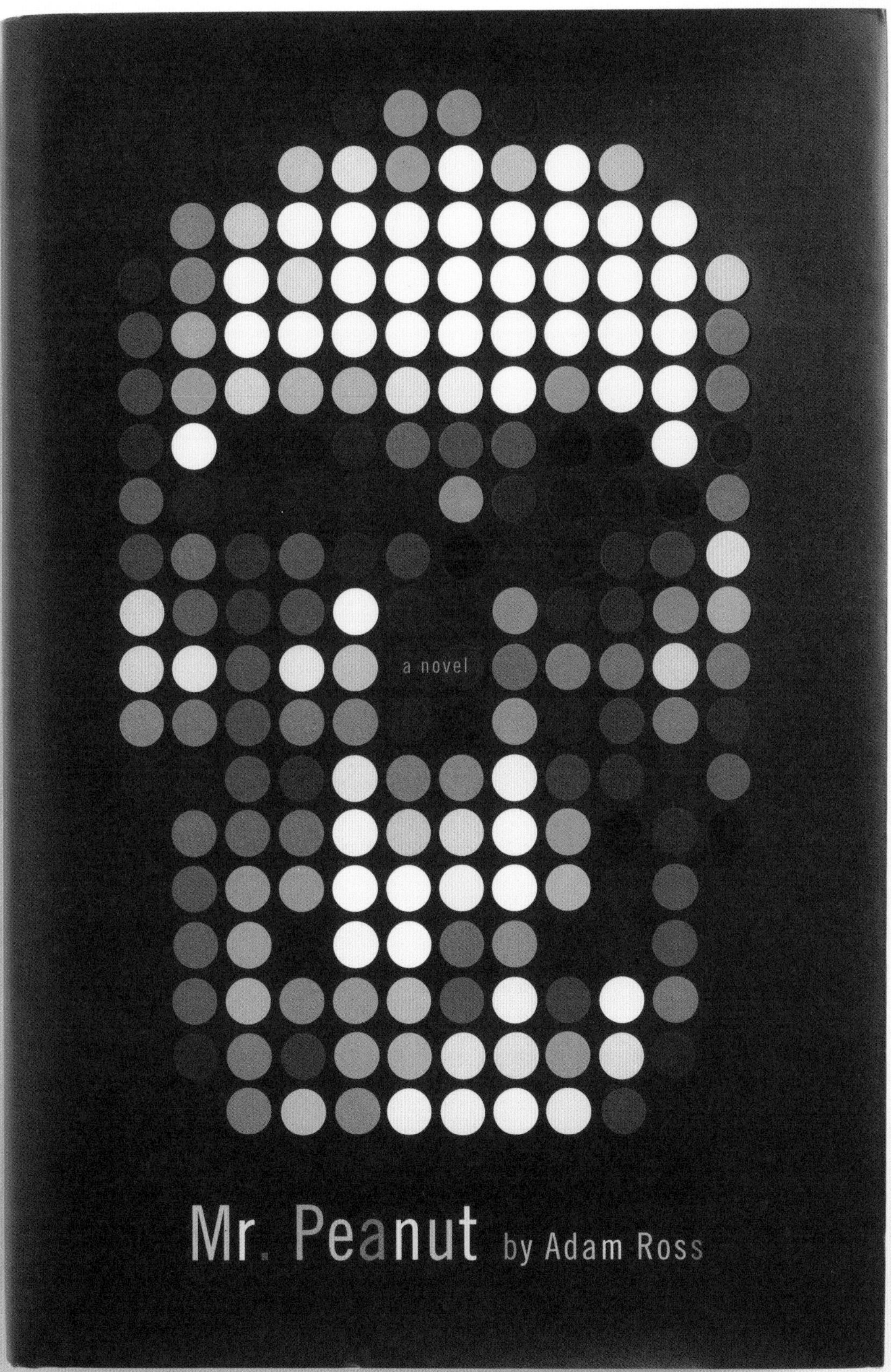

这是我设计的封面中唯一一张需要额外编程渲染技巧的（也就是说，需要别人的技巧）。这个骷髅头是用Processing软件渲染获得的。

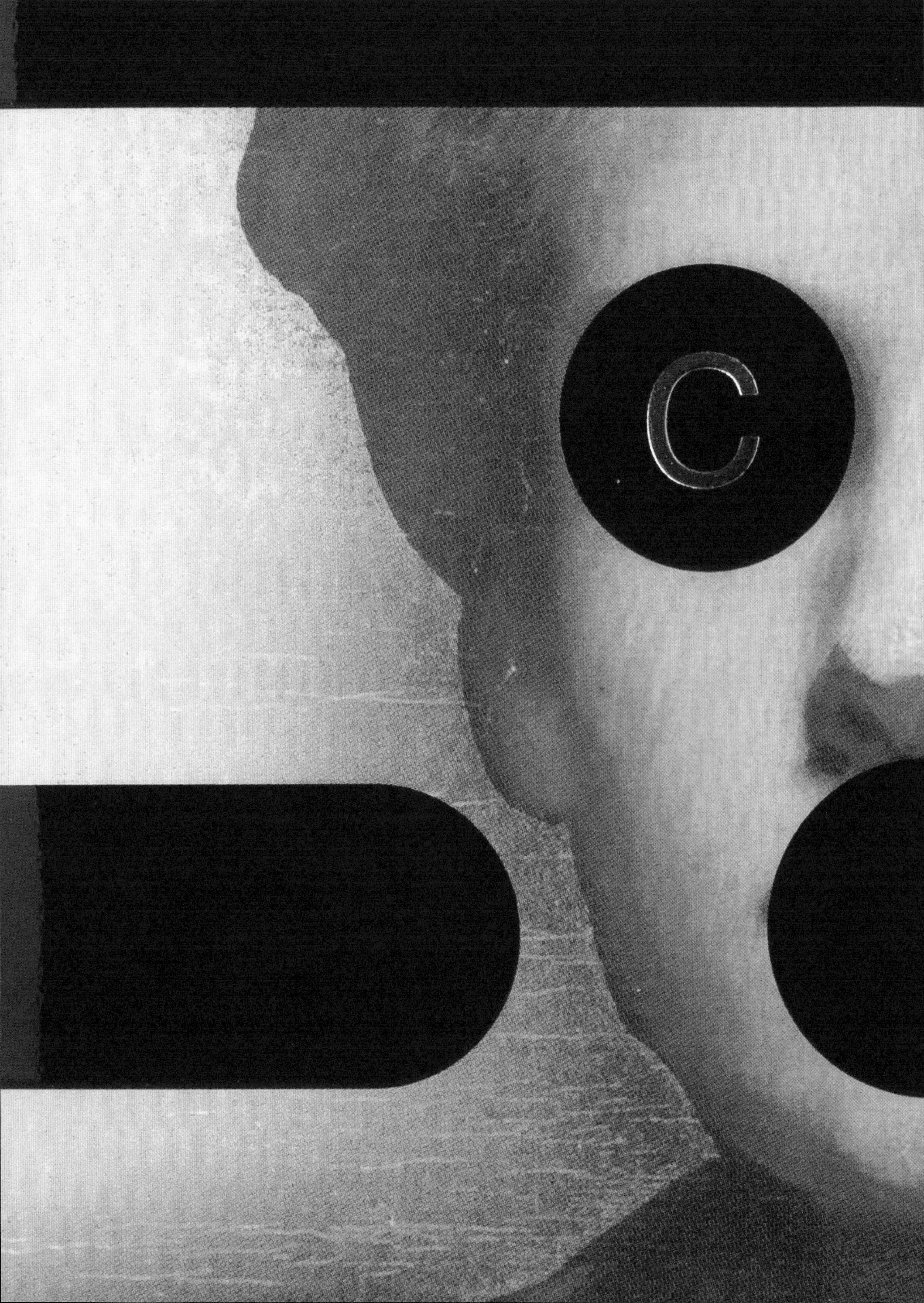
C

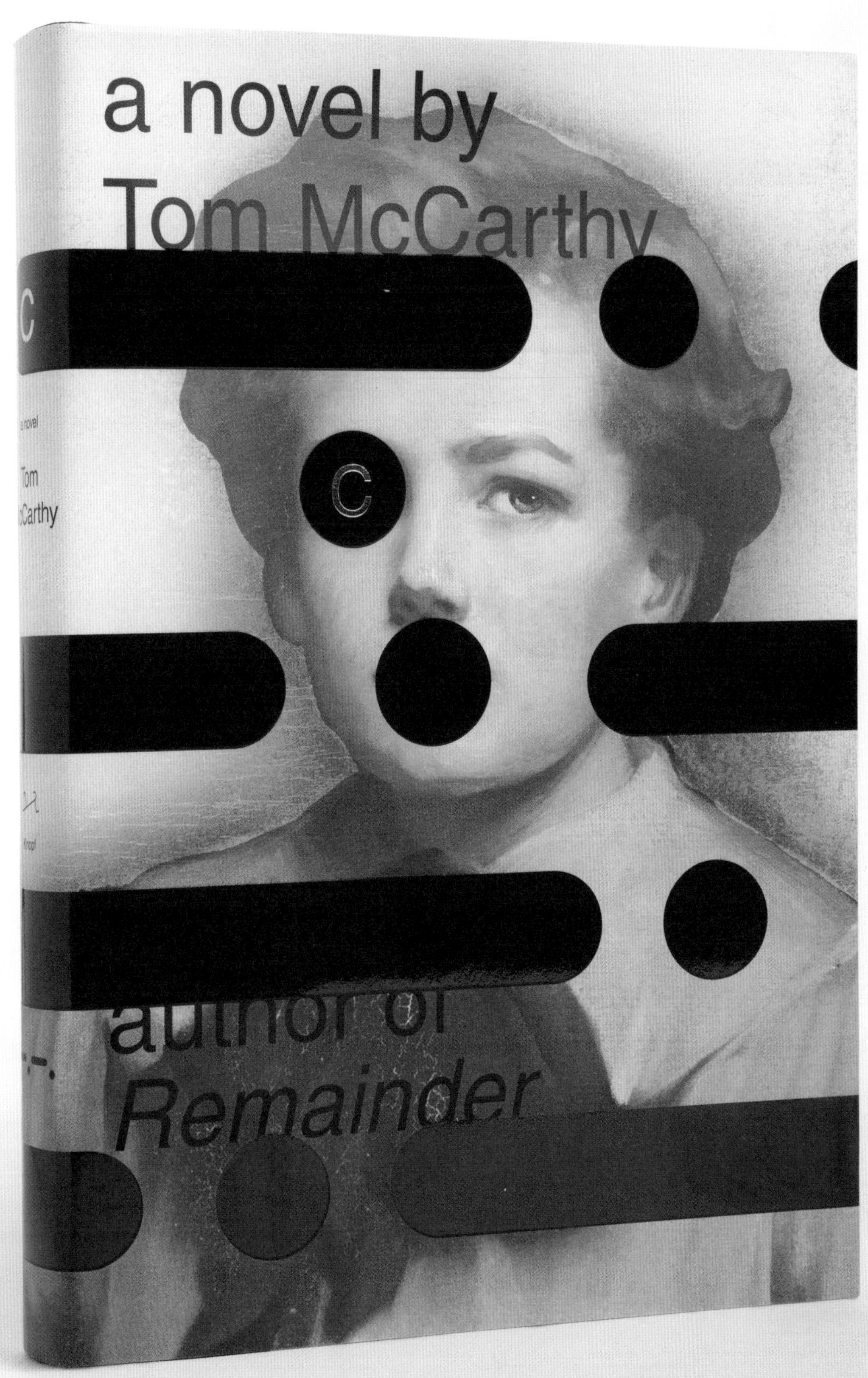

被代码包围的男孩。他眼睛上有些符号，还有一个似乎出现在嘴上——几乎可以说是嘴里。这些符号既代表着痛苦（眼罩和堵嘴球），也具有装饰作用。古怪的画面，若隐若现的暴力，目的就是让人反感。我在这里主要想表现出主人公与科技之间那种斯洛索普[1]般的关系。

1 译者注：托马斯·品钦的小说《万有引力之虹》的主人公。

一天之中，有的时候我会停下来想：

有人付钱……让我制作拼贴画！

of the CRO
a

WIZARD
of the CROW
a novel
NGŨGĨ WA THIONG'O

IN THE HOUSE of the
INTERPRETER
A Memoir
NGŨGĨ WA THIONG'O

Man Booker International Prize Finalist
DREAMS
in a TIME OF WAR
A Childhood Memoir
"A testament to the resilience of youth and the strength of hope." —The Boston Globe
NGŨGĨ WA THIONG'O

MARK Z.
DANIELEWSKI
THE
FIFTY YEAR
SWORD

你的齿轮、机器在封面上打出了一些孔洞，曾经，这些孔洞的含义是可以透过那些仔细着色、针脚有条不紊的线看出来的，这线能告诉我们一些东西，能给我们讲述一个秘密，也许，它能讲的已经不止一个秘密……

如今，那条线已经消失了，为无墨孔洞重新穿线的工具也消失了。此时，我们的封面就像卡夫卡在《在流放地》（*In der Strafkolonie*）结尾处写到的那台装置。它坍塌了。那是一次没有判决的谋杀，一个没有语言的句子。不过，它仍然在暗示谋杀的存在，或者说，暗示出谋杀的可能。它用的是图像语言。而那图像，尽管曾有缝合的线迹，甚至完整的线迹，但仍然与含义相悖……如果说“判决/意见（the sentence）”是《在流放地》中最关键的语言点，那正如我们之前所讨论的，“针脚/缝合（the stitch）”也是《五十年之剑》（*The Fifty Year Sword*）的连接点。我们如何将字母、词汇、故事、需要的谎言、留意的历史、为下一步做什么或不做什么而找的理由缝合在一起。当然，反过来，它就体现在这个封面上，让所有人都能感受到：我们如何拆解秘密、痛苦、真相、爱，以及最后剩下的东西。

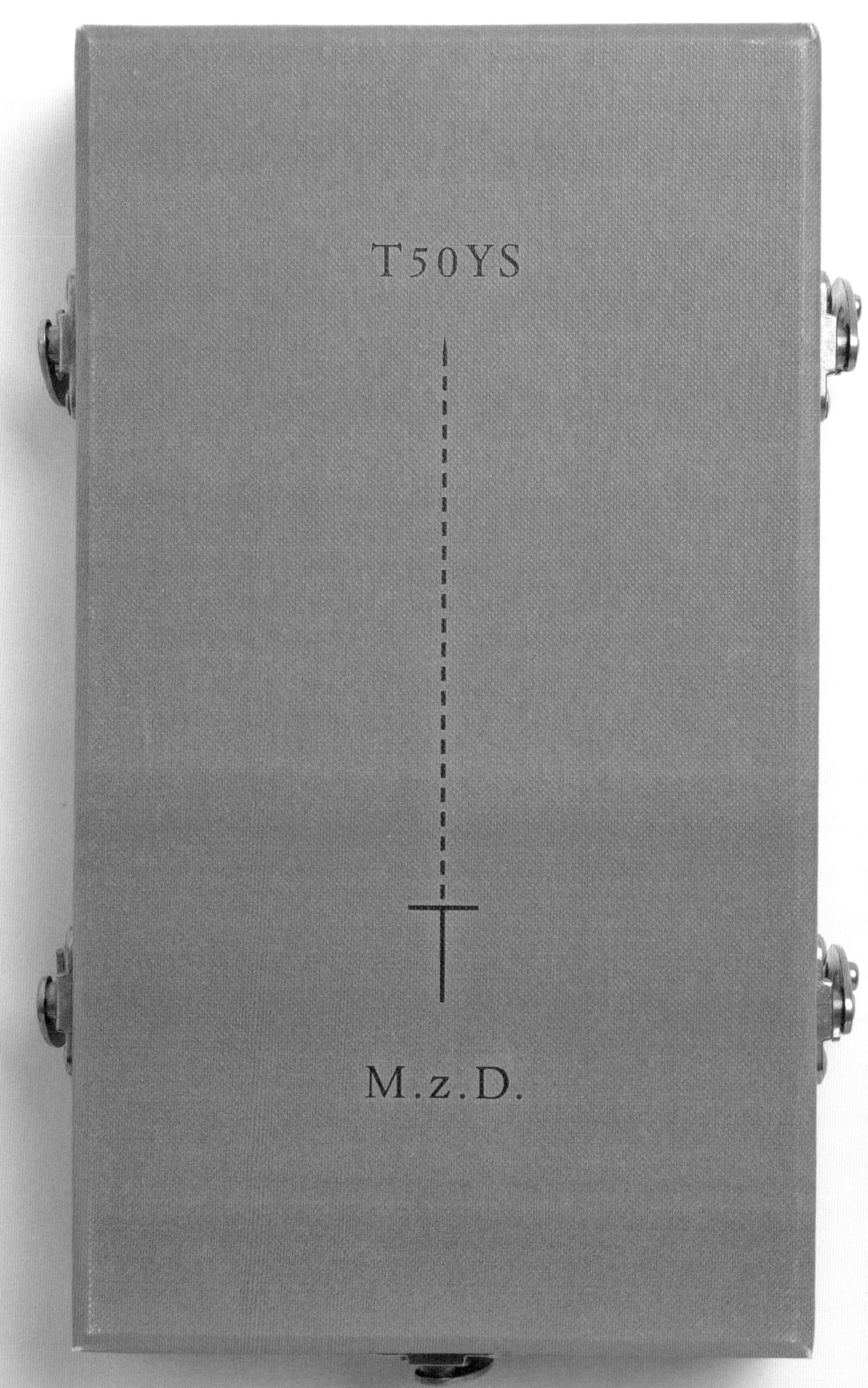

设有五个闩锁的盒子，每个闩锁对应着故事中的一个孤儿。

为了这个护封，专门在中国定制了一套打孔装置：随着一个个护封沿流水线而下，带尖刺的轴也在不停转动。每个护封上的穿孔排列都是独一无二的。

向金香木（Nag Champa）致意。

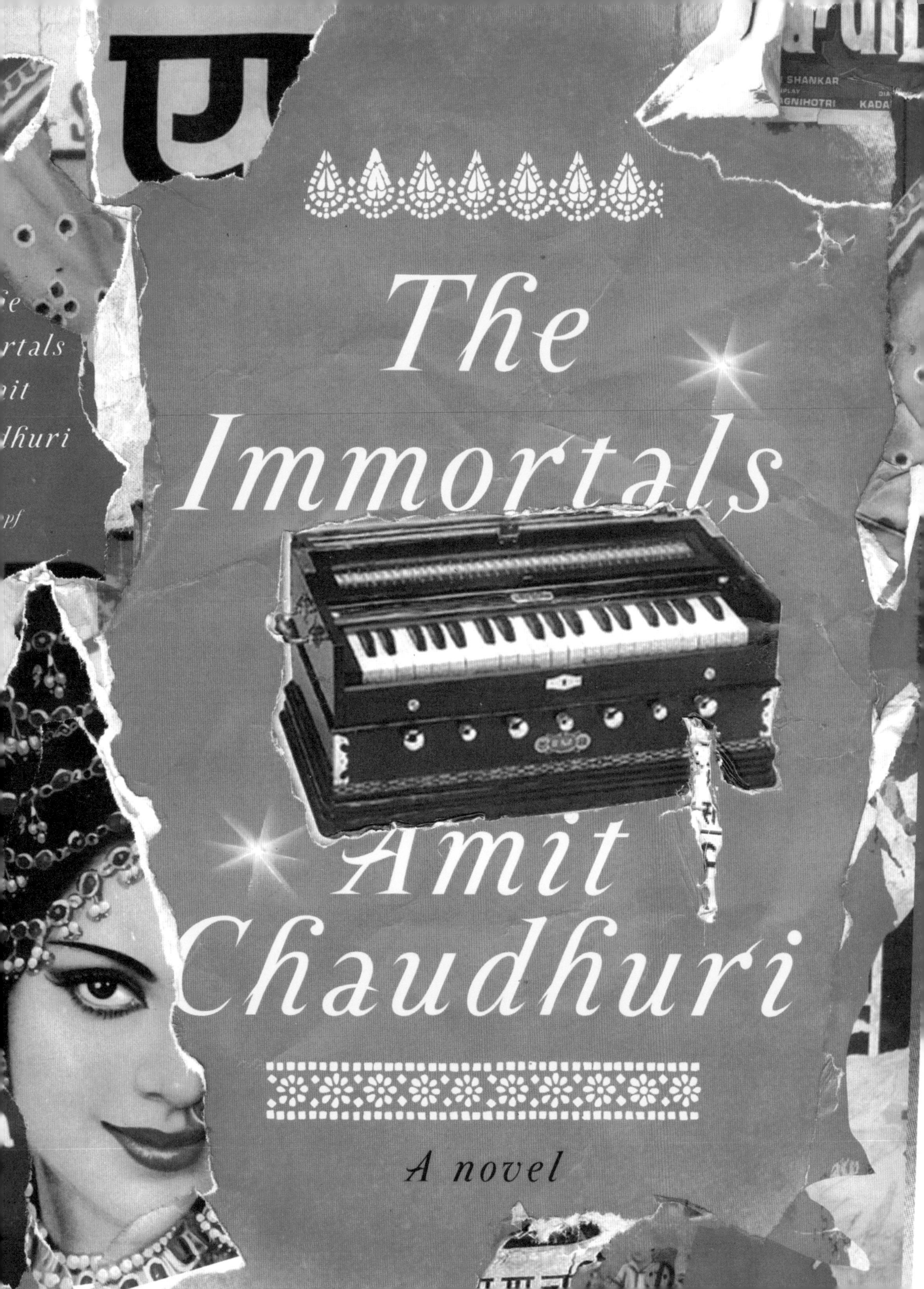
The Immortals
Amit Chaudhuri
A novel

我非常希望该护封的整个正面能读起来像一句话。编辑部提出的反对原因我已经记不清了，但是，在服从他人意愿的过程中，我在一个整句后面加了一个非整句。让我们假装第二个句号躲到女人肩膀后面去了，好吗？

One
More
Story.
Thirteen
Stories
in the
Time-
Honored
Mode.
by
Ingo
Schulze

在我的工作中，大约有一半涉及从审美角度尽量减少版面文字使用（另一半涉及掩盖人们的面孔）。

Silence Once Begun

Jesse Ball

沈默

a NOVEL

『当时，他姿态很奇怪，抿着嘴的姿态很奇怪。我想，这是因为他已经不再说话了。也许，如果人们不再用嘴说话，那他们都会用这种方式抿嘴。』——杰西·鲍尔

起初，这个护封正面只有“一部小说”这几个字，其余信息都出现在书脊上。我觉得这个想法与这本书的“沉默不语”主题相当契合。我们几乎就要选择这种方式了。我终于差一点就设计出了一个既没书名也没作者的护封正面（对护封设计师而言，这种情形几乎像求之不得的圣杯，因为我们总是希望文案越少越好）。不过，最后还是决定必须出现书名和作者名。所以，我把它们设计得很小，而且是以日式签名章的方式出现的。

“你是怎么获得批准的？”

这是其他设计师最常问我的问题，我隐约觉得这里有些侮辱成分。

它的潜台词是，我的作品明显是相当古怪的，所以我一定获得了某些特殊的首肯。对方还会进一步假设：1. 支持我这些书封的出版社在审批流程中一定存在制度层面上的松懈。2. 我一定拥有某种斯文加利般的说服能力，才能把我那些离奇构图兜售出去。无论是哪种假设，其中必然存在一个漏洞，才使得我那些理念获得同意和批准。（奇怪的是，如今回过头去看那些作品，我没有发现任何尤为出格或过于大胆之处。也许其中一些构图在当时看来会略显冒险，但放到今天，对我来说它们都相当温顺。其中并没有什么特别奇怪的制作技术、道德上或政治上离经叛道的图像、格外令人不安或闻所未闻的概念……所以我想知道，为什么经常有人问我这个问题。）

无论如何，假设在大多数情况下对方是秉持着真诚的态度来提出这个问题的，那么，让我们做个练习，想几条笼统的答语吧……

如何让稀奇古怪的设计方案获得批准：

* 尽可能好好设计。让护封契合它所要包裹的那本书。只要能与所要演绎的文本有关联，那任何护封都不会显得过于疯狂。
* 专心致志，在最后一轮中表现出色。如果第二十轮是你的作品中最棒的那一张，那你的最佳作品就会被制作出来。（这可不容易做到。挫败感终归是会出现的——人都是这样的。不过还是要去做。）
* 能够见到客户（我的意思是：要求见客户）。绕过中间人，巧妙打通关系。找到能做重大决定的人，把他们找出来，并赢得他们的尊重。还有：要求得到尊重。不把设计部门当回事的，恐怕只剩图书出版业等为数不多的几个行业了吧。这件事超级奇怪，而且坦率地说，是错误的。要去纠正这一点。
* 批量创作。平均法则表明，最终你一定会生产出能让自己感到自豪的作品。工作越多，就越有机会生产出这种“好”作品。也就是说，我的大部分作品都很糟糕。是一大堆看不见的蹩脚、懒惰、陈腐的垃圾在支撑着我那些相对较好的作品。
* 创建属于你自己的项目。这样你就是那个唯一能够批准它的人。
* 勤奋努力工作。超出委任方的期望。
* 细致阅读。
* 尽可能提高你在图书出版之外领域的声誉。

这些事情是有回报的。

* 了解自己的情况。精明点儿。
* 要善于言辞。
* 要愿意参与。为你的信念提供证据。
* 在权力面前（以尊重的姿态）说真话。
* 质疑传统智慧。揭穿传言。指出谬误。（例如，其中一个常见谬误是错误联想谬误：X书成功/失败了，它的封面是Y类型的，所以像Y这样的封面在本质上是好的/坏的。）
* 请记住，所有营销知识都是回顾性的——它能告诉我们在过去什么是有效的，但不能告诉我们在今天或将来什么是有效的。设计的重点在于制造欲望。在这点上无法借助科学。不过，研究文化（读者/观看者/购买者）时，能够收集到人们的一些愿望和需求（同样，不是说人们过去想要什么，而是说人们现在和将来会有怎样的愿望和需求）。
* 编辑或作者可能比你更加了解一本书以及它的读者，不过，他们也有可能不如你了解。
* “为什么？”——这永远是有价值的问题。
* 了解产品。了解那些购买产品的人。了解那些销售产品的人。与以往相比，我们如今更容易接触到图书买家、销售代表、办事员、读者。利用这些关系以及随之而来的数据。
* 不要坚守所有的山头。找到插旗点。择选工作，并相应地管理时间。
* 尽量不要让“丑化”成为定律。在“丑化”这一过程中，设计者接受了他人的要求或命令，一个细节、一个细节地令自己的作品逐步走向丑陋（能改一下字体吗，我不喜欢红色；能换一张图片吗……不厌其烦，荒谬至极）。丑化是由没有资格进行审美判断的人对事物外观做出最终决定时发生的事。
* 作为上一条的补充，公开讨论这个问题：“谁有投票权，为什么他能有投票权？”
* 不要失去希望。请记住，外面的世界对谁来说都不好过。有些出版社给设计师的待遇比其他出版社好一点，但在几乎所有出版社里，设计师仍然被视为低人一等。这样是不对的。不过，正如博马舍（Beaumarchais）提醒我们的那样，仆人阶层（打下手的员工）总能得到更多的乐趣。而且，一般来说，也比他们所服务的那些贵族更精明、更老到。
* 做一个世界公民，至少尝试了解一下InDesign文件之外的生活。最后，还要意识到，说到底，我们正在做的这件事——设计——其实是一种快乐的小游戏，拿钱玩游戏这种事实属幸运。与此同时，其他人可是要靠看股票行情或更换便盆为生的。换个视角并心存感激。着手做点什么事，对你而言，它要比你的上一个项目更加重要才行。换个视角，适度审慎，这样就能改善心情、扩大视野、改良设计工作。

世纪之交时，

我还是助理设计师，在克诺夫出版社工作，带着一台苹果电脑，挤在走廊边堆满书的小隔间里。因为既严谨又宽容的卡罗尔·德文·卡森，我才能获得这份工作。我在设计领域的培训经历很少，但她从我的过往经历中看到了一些其他技能，认为那是某种正在发展的审美能力的潜在源泉。当时，我负责制作封底广告、宣传材料，为无穷无尽的系列旅游书制作封面，还要负责设计一些护封。每个项目都会把我带入某个其他领域（“一战”时期奥地利的一场三角恋、圣达菲小道上的饥饿、对绿松石色的颂歌），那是我做过的最棒的工作之一。

也正因为这份工作，我获得了一份取之不尽的礼物：彼得·门德尔桑德。他在对面的那个隔间里工作，为约翰·盖尔（John Gall）服务，工作内容和我差不多，开心程度也差不多。他在设计方面受过的培训比我还少，但他已然很优秀了。从外面的世界走入艺术部门的罕见氛围中，在生活的两点一线间，在兰登书屋食堂的午餐桌上，我们两个越走越近。一天里，我会多次偷看他的屏幕，我看着他的视觉艺术品位稳步提高。他会把自己（对书乃至对世界）的品味带入每个项目，所以他的设计总是充满了鲜明但绝不炫耀的智慧。我的设计就做得很一般了，不过没关系。当我终于有勇气转换行业的时候，他升职了。我们两个人都走向了正确的方向。

5年后，我的第一部小说出版了。我没有怎么去考虑由自己来设计护封这件事。彼得一直在读我的草稿，此外，他也是我那时（和现在）知道的最好的设计师。他同意考虑一下。几周之后，他谦虚地交来了一份完美的设计，经过略微调整，就成了如今这份护封。

起初，你之所以会被吸引，是因为这看起来像个印刷错误。然后，把标题组合起来，就看明白了——这些字领你走进了不可预见的未来（要是能走进这本书就更好了）。它简单有效，与内容相称。这不是彼得·门德尔桑德式的护封，而是适合这本书的护封。那天晚上，出版商把一张设计稿打样包在了一本精装书上，把它支在酒吧桌子上，我们与一位书商好友共同举杯庆贺。对我来说，从那时起，这个项目才真实起来。

当然，热闹过后，营销上的顾虑也随之而来。有些人没有看懂这个设计，他们感到困惑，需要更多指导。我找到了一封电子邮件，其中，我提出了几条建议，都是作者们经常提出而且必然被忽略的：你确定应该用Baskerville字体吗？背景上可以放一张图片吗？是不是应该改变字体的颜色？彼得全都优雅回绝了。

该设计被用在美国版和澳大利亚版的封面上，经过修改之后也用在了英国版和法国版（在背景上加了一张图片）的封面上。上述这几个版本都使用了同样的字体和包装，这种情况是罕见的。我要给出的另一赞扬是：每当这张封面吸引我目光的时候（它总是能吸引我，因为这书是我写出来的），我立刻就能认出它是我自己的一部分。每位作者都应如此幸运。

We
See
ning
ven
lam

Things W
Didn't S
Comi
by Steve
Amsterda

PICTURES
AT AN
EXHIBITION
SARA
HOUGHTELING
a novel
PICTURES AT AN EXHIBITION

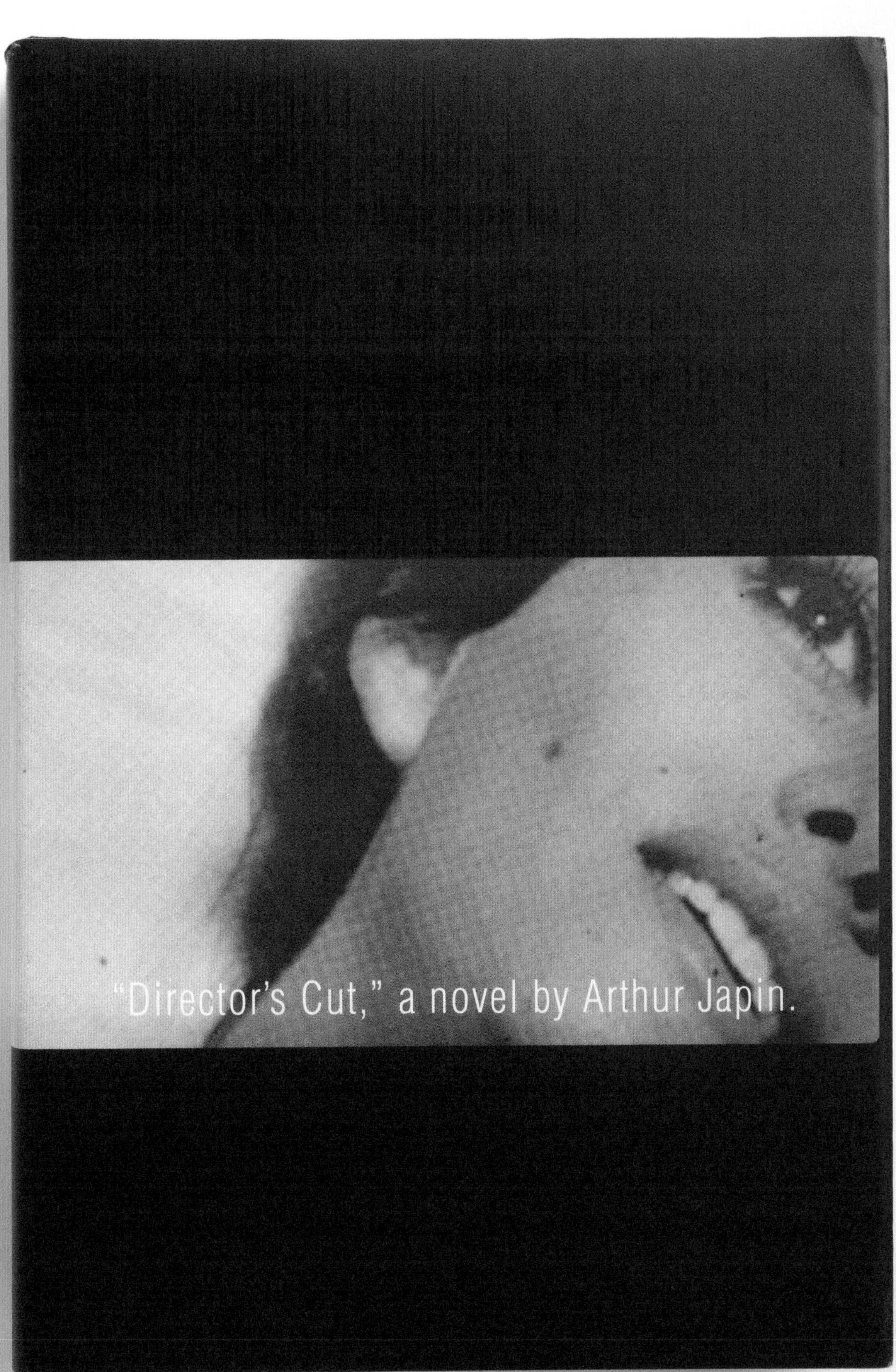

电影屏幕式的护封，电影字幕式的书名。

“风格不是中立的，它会指出明确的道德方向。”
——马丁·阿米斯

我以封面设计向我父母书架上曾经摆过的关于战后的大部头小说致敬：《生活与命运》（*Life and Fate*）以及《伊万·杰尼索维奇的一天》（*One Day in the Life of Ivan Denisovich*）等。

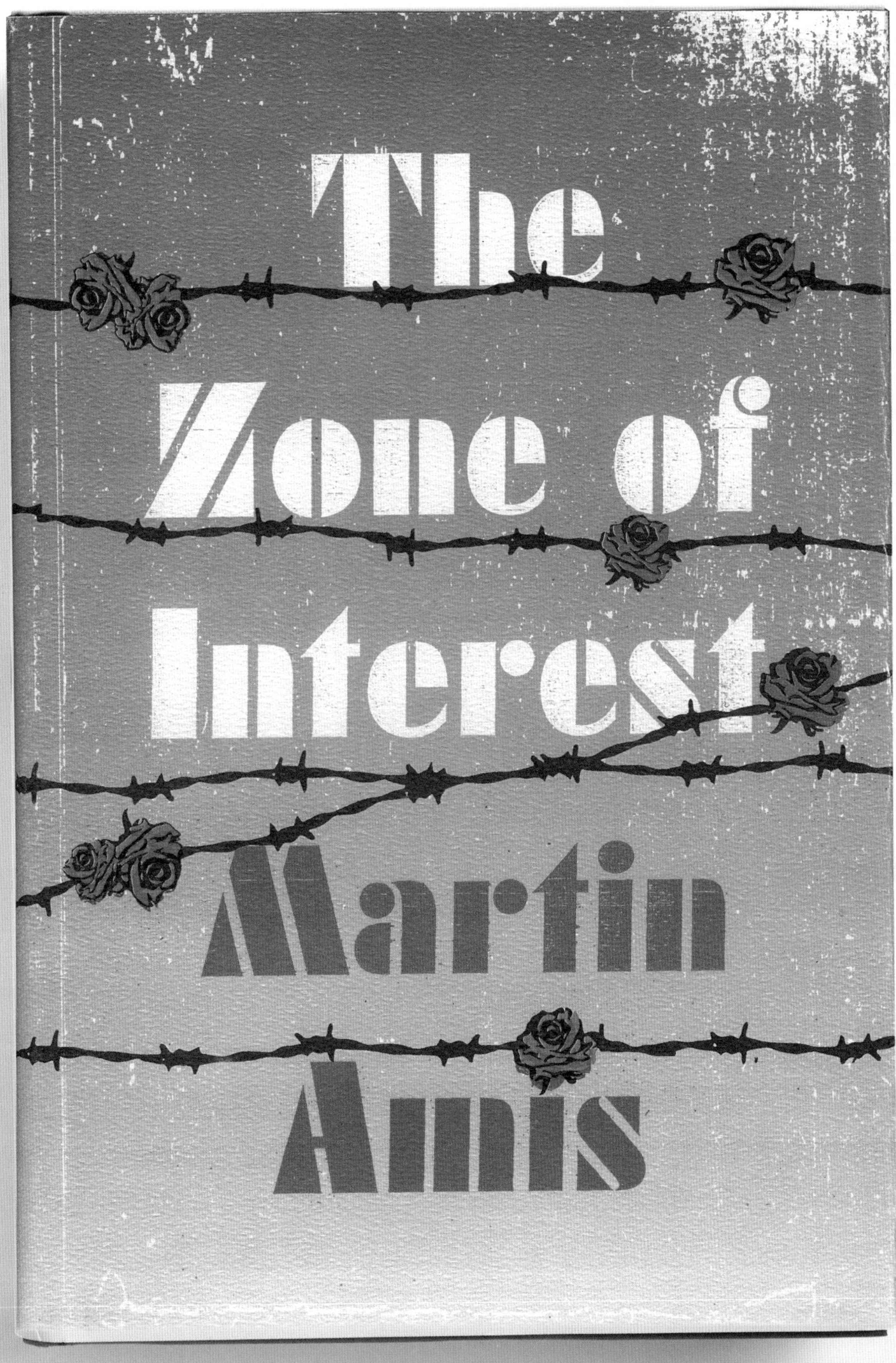
The
Zone of
Interest
Martin
Amis

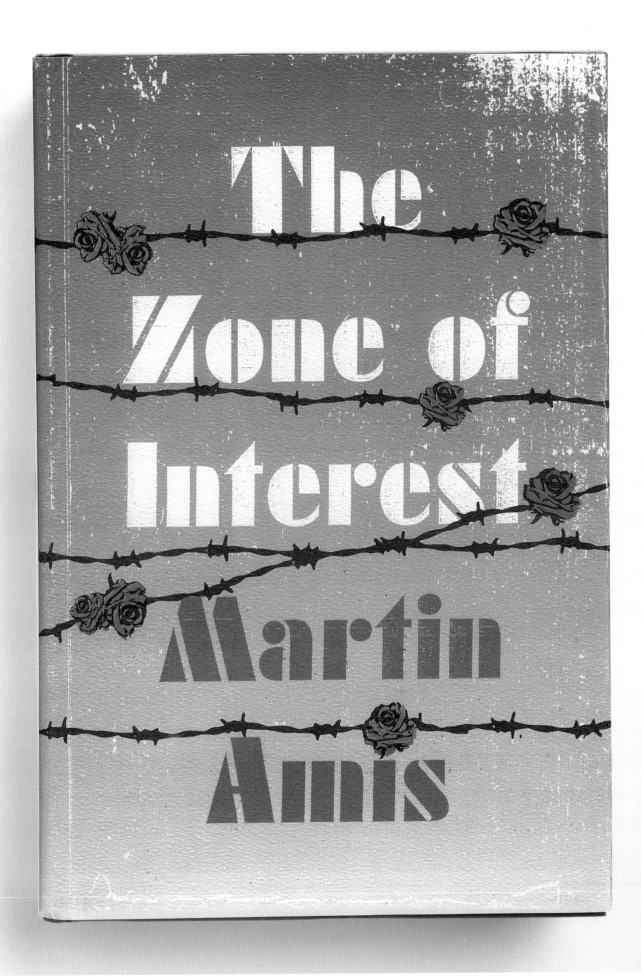

e on occasion even
imagined and written of
as auburn. At any rate, I
that I like. that I have
toward darkness or bloody
ke Doctor Frankenstein.
that like other writ-
ter. I, with all my be-
the love story of a girl
s been in love with her
ery much. A story with
light. A story that al-
nding like romantic Hol-
hat will not make my
And of course, a story

这张护封上隐藏着一条消息，是为了过审而做的特殊编码（紫色圆点）。

I am an Iranian writer writing ~~bitter~~
narrators
with I am a
writer that
and sorrow, the
whom
I a ~~body and romantic valor~~ that I do
not possess.
of
woman
I certain
fantasy written of
her hair as black. At any rate, I
word by word, bloody
death in.
For these reasons,
a love story.
A story with
an gateway to light.
though it
not make my
~~be labeled as political. My dilemma is that~~

CENSORING AN IRANIAN LOVE STORY.

a novel.

Shahriar Mandanipour.

By the author of

THE ROTTERS' CLUB

THE TERRIBLE PRIVACY OF MAXWELL SIM

JONATHAN COE

A NOVEL

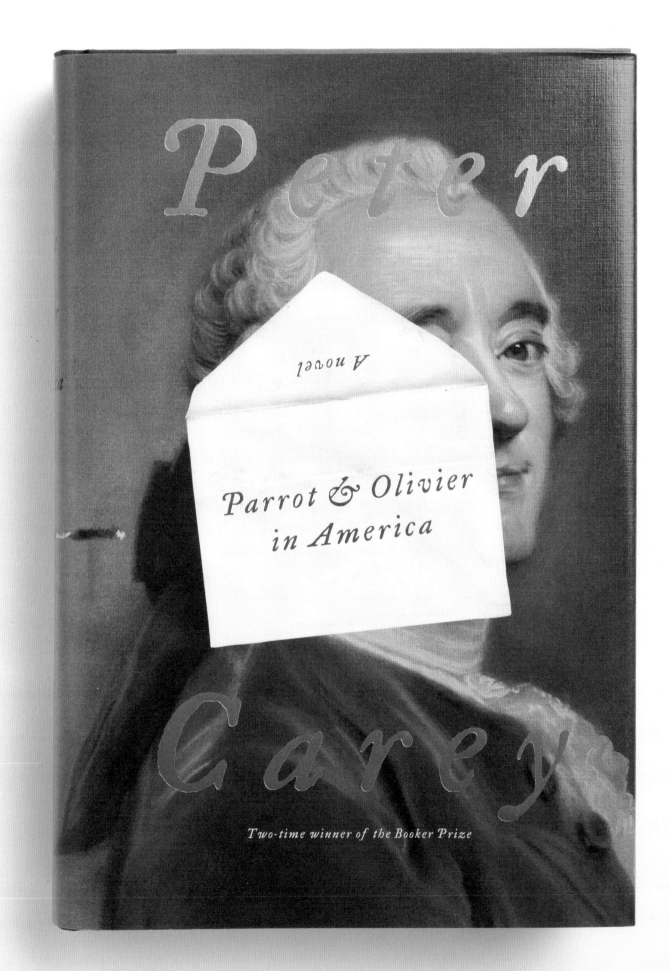

Peter

A novel

Parrot & Olivier in America

Carey

Two-time winner of the Booker Prize

Ocean

Sand

Gravity

Male

Female

Solitary

Lonely

Torus

Brane

Loop

Real

Sorry

Please

Thank You

Charles Yu

Pantheon

作者：游朝凯（Charles Yu）

第一次看到《对不起，求你了，谢谢你》（*Sorry Please Thank You*）封面的时候，我突然感觉很好，也感觉很糟。

之所以感觉很好，是因为这封面从我的故事里提取出了一些最关键的东西，还把它提炼成了一个纯粹的、清晰的想法。之所以感觉很糟，是因为我意识到自己的故事并没有完全达到那种纯粹、清晰的程度。我认为，彼得·门德尔桑德这样的伟大设计师就像摄影师，他用的并不是真正的相机，而是概念上的相机。他用那台概念上的相机对本书内容进行了重新取景，找到了最佳拍摄角度，然后用精确的镜头拍下了全部13个故事。

ROBERT
HARRIS
THE FEAR
INDEX
KNOPF
P. D.
JAMES
THE LIGHTHOUSE
AN
ADAM DALGLIESH
MYSTERY
KNOPF
easy møney Jens Lapidus
Pantheon
LEATHER MAIDEN
JOE R. LANSDALE
KNOPF
THE GIRL
WITH THE
DRAGON
TATTOO
STIEG
LARSSON
I
KNOPF
THE GIRL
WHO PLAYED
WITH
FIRE
STIEG
LARSSON
II
KNOPF
THE GIRL
WHO
KICKED THE
HORNET'S NEST
STIEG
LARSSON
III
KNOPF
Jo
Nesbø
Knopf

类型虚构

VINTAGE
CRIME
THE
GETAWAY
MAN
"I loved The Getaway Ma
a fascinating reinventic
of the classic Gold Med
original paperbacks. Th

左：我的第一个犯罪小说封面——安德鲁·瓦克斯（Andrew Vachss）向廉价纸浆书致敬之作《救命稻草》（*The Getaway Man*）。

“还需要更多血。”
——营销部门

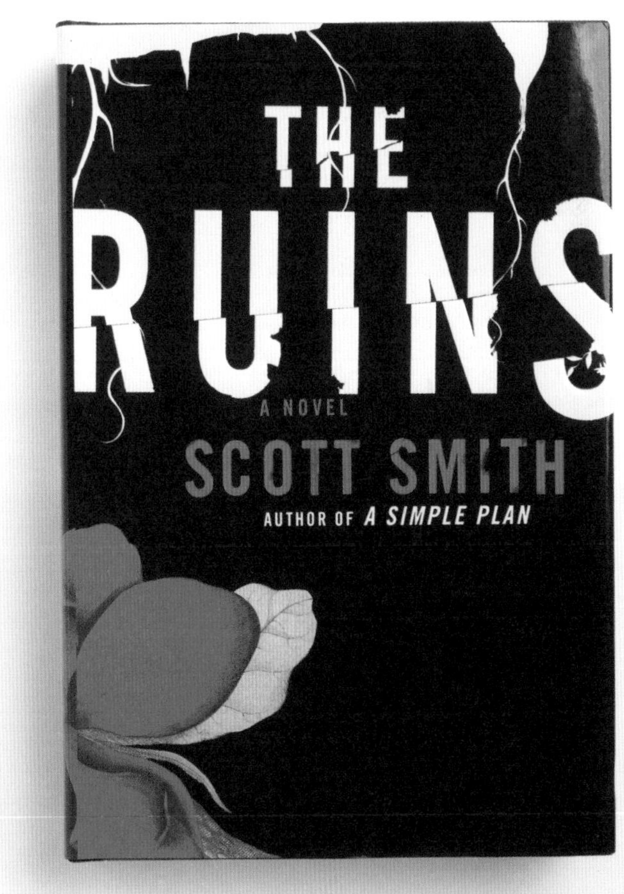

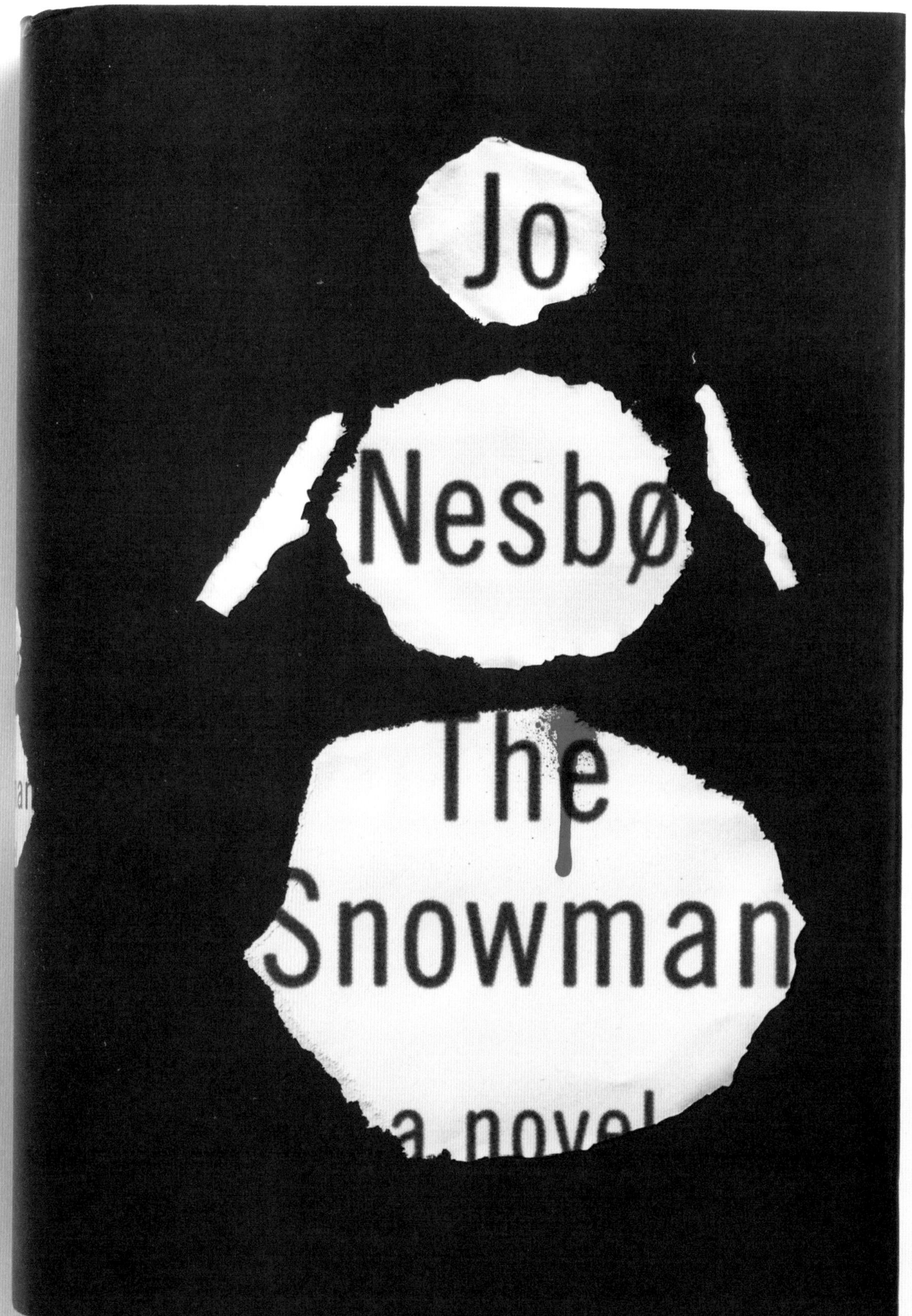
Jo
Nesbø
The
Snowman

犯罪小说护封是一种相当奇怪的东西。

在挪威，我有几位设计师，在创意和展示方面，我一直与他们密切合作。不是因为我知道什么样的封面有助于销售，而是因为，在我看来，我的故事是从封面开始的。我很幸运，我的书曾在多个国家出版，这就意味着需要多种护封。很快我就发现，我不应过多参与国外版护封的设计工作。每个国家都有自己的风格、自己的传统，继承了一整套视觉参考体系，有时候似乎和语言一样互不相通。我必须承认，大多数时候，当我看到国外版封面时，我看不懂，也不喜欢，我只希望那个国家的读者能明白其中的含义，而且我还会告诉自己，大多数人一旦开始阅读就会忘记护封的。不过有时候，我也会遇到一些能够跨越文化参考体系和视觉艺术语言障碍的设计，它们看起来如此通用，感觉像是我那个故事的完美起点。我不希望读者忘记这样的护封，我希望他们带着这样的图像去阅读整本书。我说的这些封面就是彼得·门德尔桑德为我的哈利·霍勒（Harry Hole）系列创作的封面。

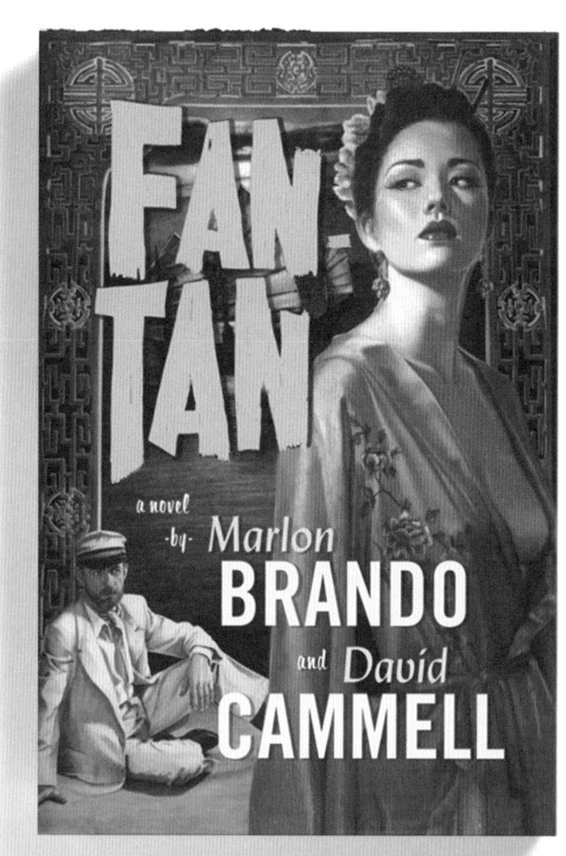
FAN-TAN
a novel
-by- Marlon
BRANDO
and David
CAMMELL

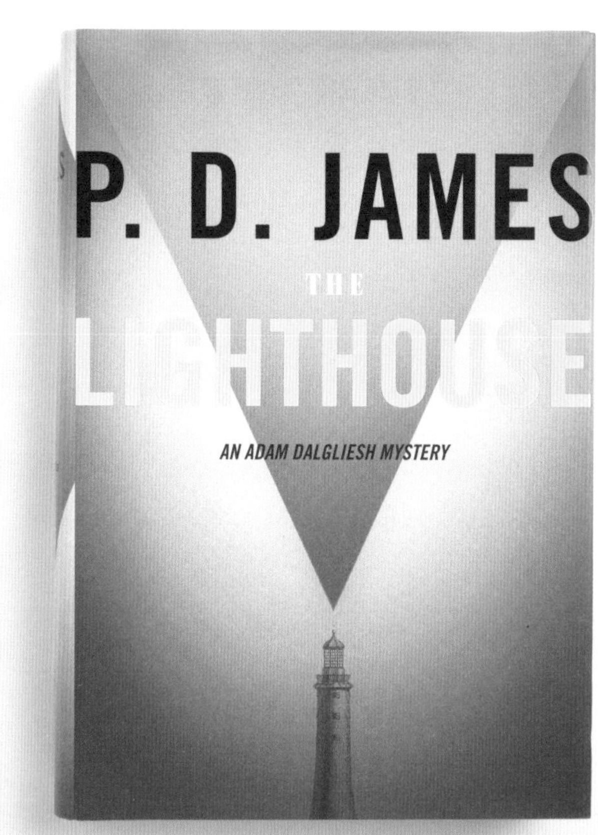
P. D. JAMES
THE
LIGHTHOUSE
AN ADAM DALGLIESH MYSTERY

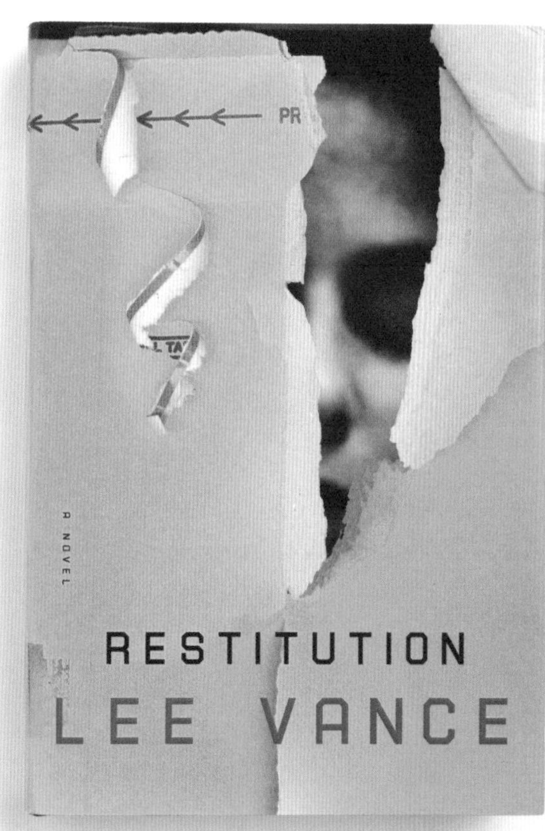
A NOVEL
RESTITUTION
LEE VANCE

ROBERT HARRIS
THE FEAR INDEX
THE INTERNATIONALLY BEST-SELLING NOVEL >>>

左上：没错，那的确是马龙·白兰度（Marion Brando）写的小说。

一位同行设计师的手。我们这些设计师总是会自愿为彼此的书籍封面担任模特。到目前为止，已有四位同事为我扮演过尸体。

在这本书最开篇的几页里，妻子受丈夫虐待，正准备杀死他的时候，突然刮起了龙卷风。这龙卷风刮得她赤身裸体，毁了她的房子，还让她受到青蛙的攻击。她光着身子游荡到附近一个磨坊镇，不久后被任命为该镇警长。再后来，她与一个年轻流浪汉合作，侦破了一桩可怕的罪行。（廉价纸浆书预警！）

a novel
The Sheriff of Yrnameer // Michael Rubens
"Finally, a science fiction book your grandmother will love—
if she's a lustful, violent lady." —Stephen Colbert

哭丧脸的独眼怪。

砰！模仿《百战天龙》（*MacGyver*）片头的护封。

尤·奈斯博的单本作品。

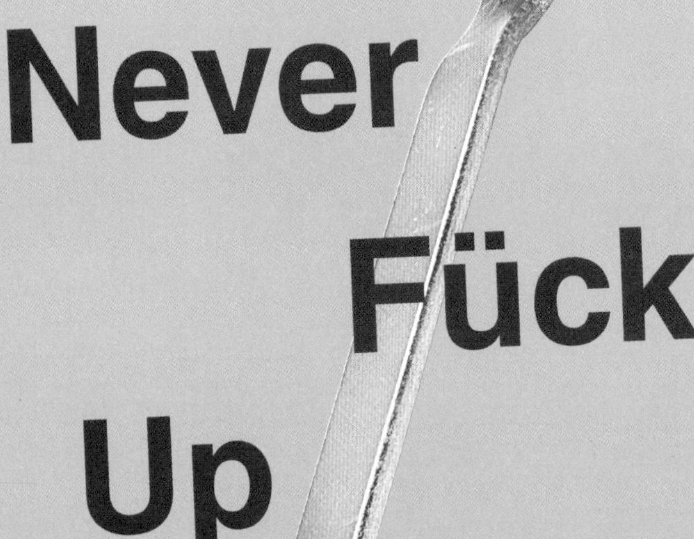
Never
Fück
Up
A NOVEL
"It's an entirely new criminal world, beautifully rendered."
—JAMES ELLROY
Jens
Lapidus

我为该系列构想了钝器家庭购物网络……

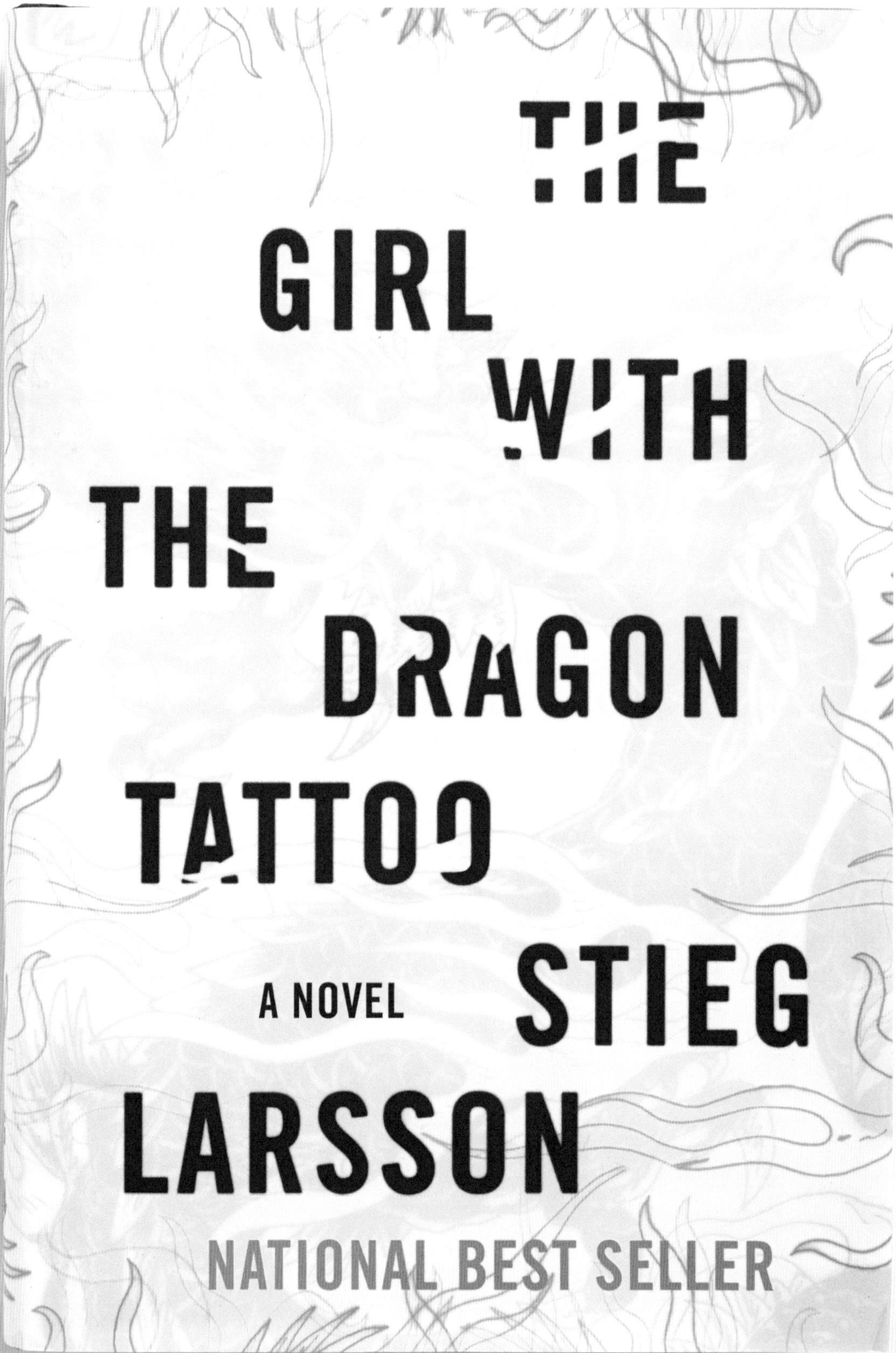

THE GIRL WITH THE DRAGON TATTOO

A NOVEL

STIEG LARSSON

NATIONAL BEST SELLER

“我有一本书，希望能由你来设计封面——一本瑞典犯罪小说，名叫《讨厌女人的男人》。”

——桑尼·梅塔（Sonny Mehta）

斯蒂格·拉森的《龙文身的女孩》(*The Girl With the Dragon Tattoo*)这本书使用了亮黄色封面，配以盘旋的龙形图案，成为美国当代小说中最易辨识、最受追捧的图书封面之一。

但通往这一封面设计的道路和这部惊悚小说一样，一波三折、声东击西，满是致命陷阱。

2007年拍卖会上，克诺夫双日(Knopf Doubleday)出版集团董事长兼总编桑尼·梅塔买下了这部小说的版权。当时，它在欧洲已然是畅销书，但克诺夫的高管们却担心国外版封面在美国不好卖。梅塔先生认为，英国、塞尔维亚和中国台湾版封面上的图片——带有龙形文身的性感女性照片——令人生厌，他还说这些封面“有些多余”且“俗气”。

在3个月的时间里，克诺夫的高级设计师彼得·门德尔桑德设计了近50个不同版本。门德尔桑德先生今年42岁，1990年毕业于哥伦比亚大学，获哲学学位，在从事设计师之前，他已作为职业音乐家工作了十多年。在完全没有任何正式平面设计经验的情况下，他开始为一家独立厂牌的CD专辑设计封面。近6个月之后，在一位熟人的引荐下，他结识了克诺夫的艺术副总监奇普·基德。门德尔桑德先生向基德先生展示了自己的作品集，他因此获得了一份全职工作，来到了兰登书屋旗下的古典书局。8个月后，他来到了克诺夫出版社，在过去8年里他都以此为家。

门德尔桑德的一份设计稿背景纯白，洒有血点，因为颜色太少而被拒。另一份是鲜艳的紫红色护封、发光的字体，高管们却说想要更原创的设计。

第三份使用了该书的早期书名《讨厌女人的男人》——这样更贴近瑞典语原书名。门德尔桑德先生喜欢使用无名女子的形象，“她温柔的面庞与被撕碎的照片互成对比”。但这书名被淘汰了。克诺夫的负责人说，他担心这个书名在美国市场上会“有问题”，所以护封也被淘汰了。

梅塔先生最后认可了那个亮黄色护封，还有它那个盘旋而上的龙形图案：“它很醒目，而且与众不同。”

也不是每个人都喜欢这款护封。梅塔先生说，零售商以及出版社销售团队的成员们“也提出了一些反对意见”，他们希望封面更加传统，与其他惊悚小说保持一致：更黑暗、更血腥、“更斯堪的纳维亚”。不过，梅塔先生支持门德尔桑德先生的独特设计。梅塔先生说，他不希望书被贴上标签：“我非常担心人们会把它们当成犯罪小说、斯堪的纳维亚犯罪小说、翻译过来的书。”

克诺夫出版社的董事长说，当时，瑞典犯罪小说作家亨宁·曼克尔(Henning Mankell)的书籍在美国的推广与销售工作令他“感到失望”，不希望拉森先生的“千禧年三部曲”[1]出现类似情况(在那之后，克诺夫出版了曼克尔的第一本精装书《来自北京的人》(*The Man From Beijing*)，该书于今年春天登上了畅销书排行榜)。截至目前，《龙文身的女孩》在美国已售出380万册。

1 编者注：《龙文身的女孩》就是这三部曲之一。

我的第一份设计稿。当时几乎就要用这份白底白字护封了。这份设计比终稿更能体现本书情节，不过，在销售方面恐怕会糟糕很多。

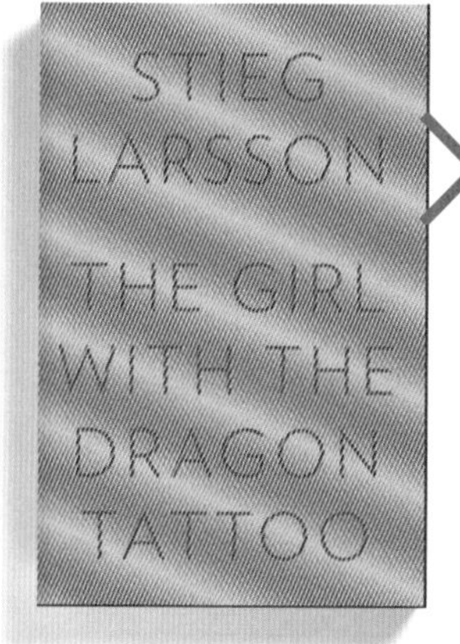

这本书的书名最初是这样的。
后来改了，谢天谢地（上图）。

除上述三份之外，还有几十种设计稿，
都是为了迎合各方建议而设计的。

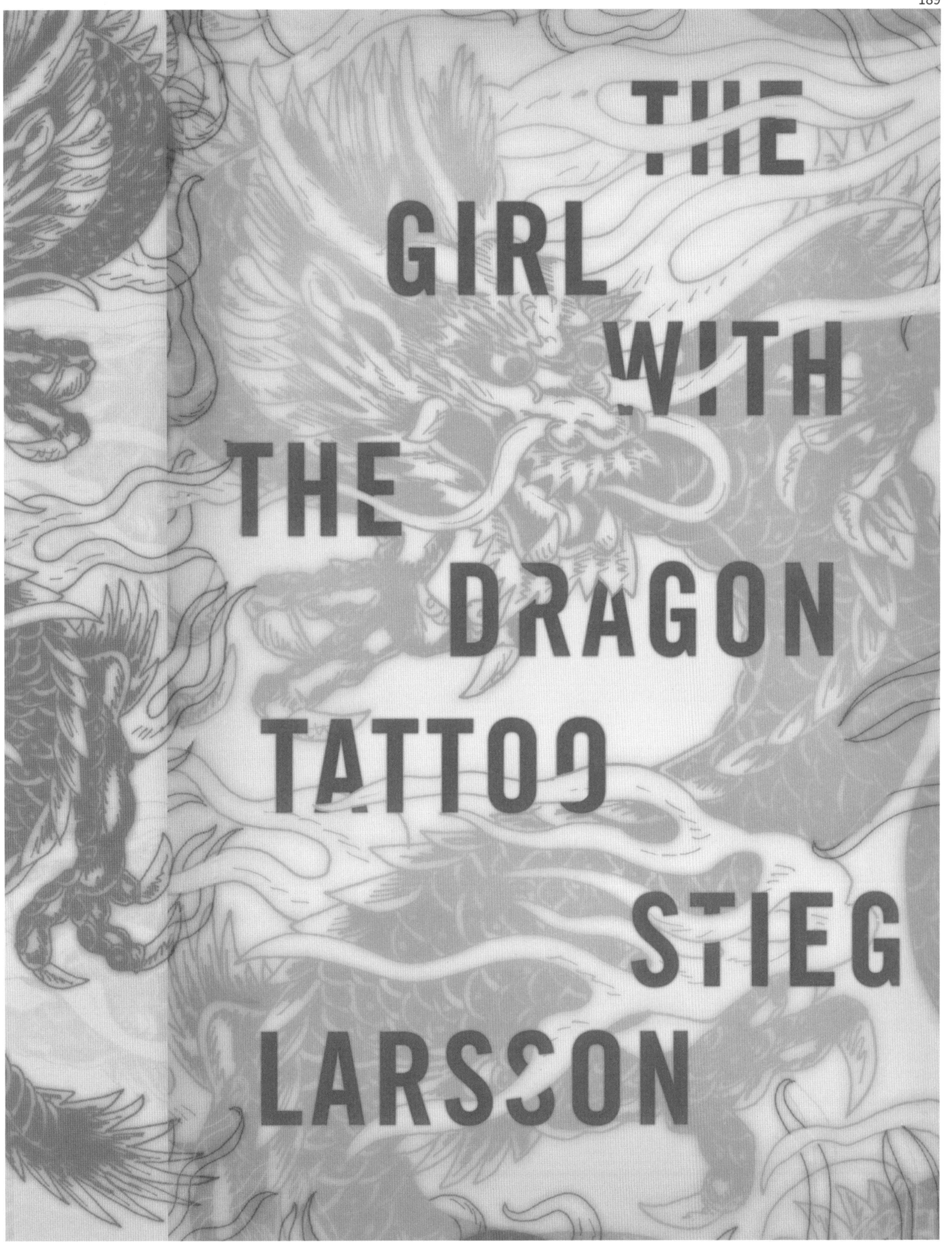

与终稿相当接近了。我的第一直觉是使用文身的颜色……不过，更耀眼的颜色获胜了。

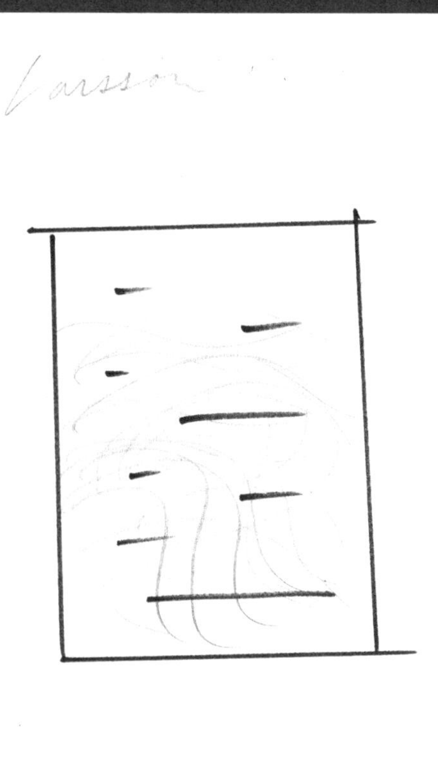

《玩火的女孩》（*The Girl Who Played With Fire*）的第一张草图。

查尔斯·伯恩斯（Charles Burns）的画稿。

我的女儿维奥莱特（Violet），头枕在复印机上。

THE GIRL WHO PLAYED WITH FIRE

STIEG LARSSON

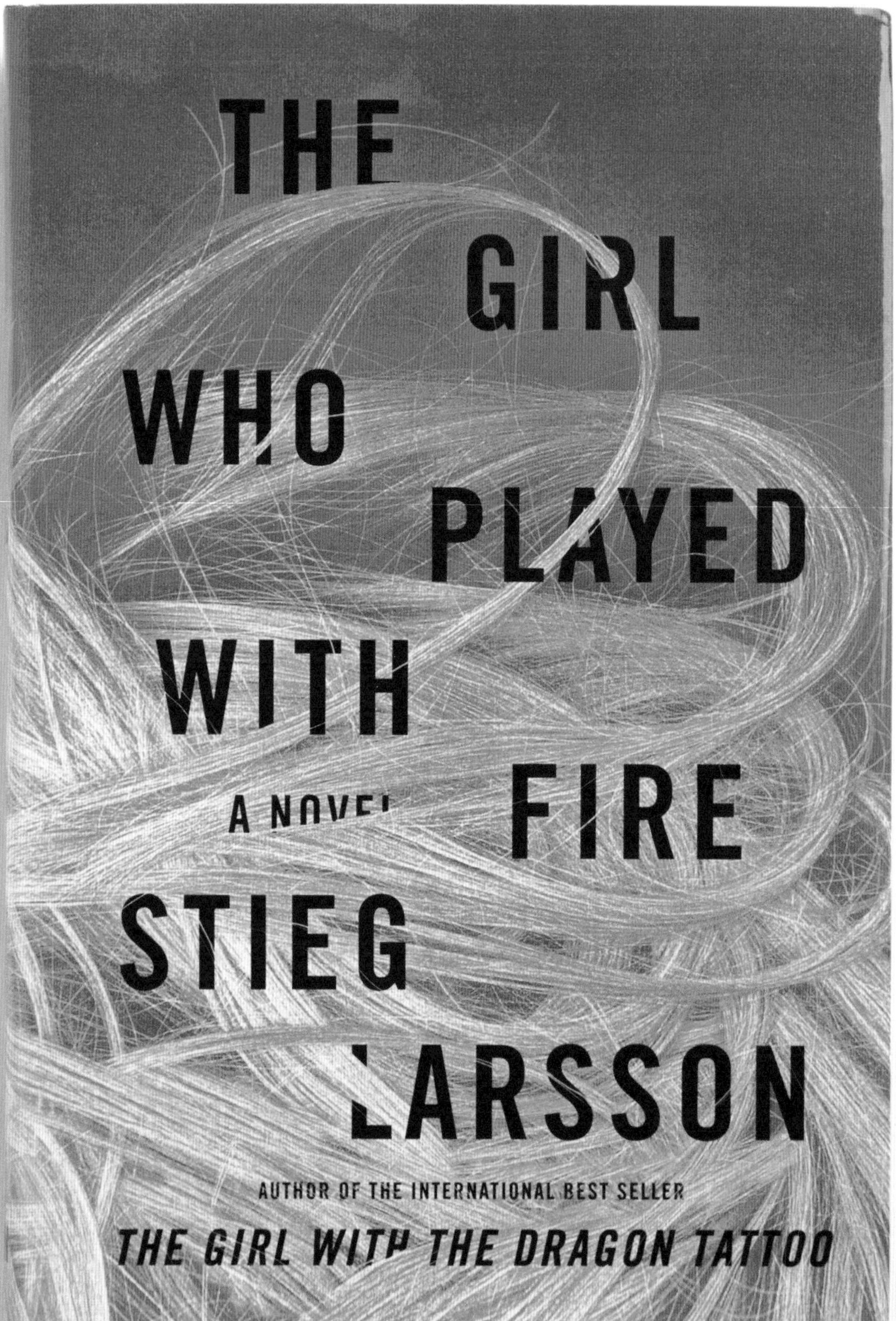

终稿。这些年来，我多次听到有人把这本书误称为《头发着火的女孩》。

第三卷出版的时候，我已经相当确定，无论在封面上放什么，这本书都能大卖。

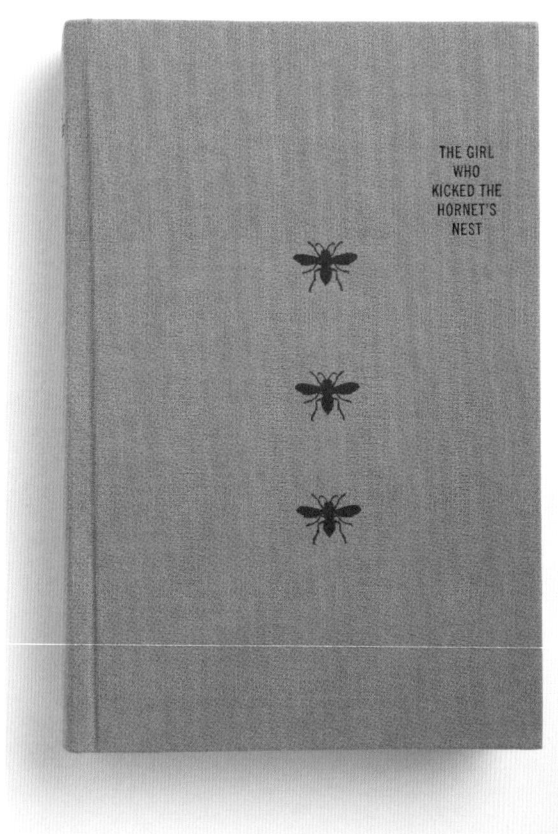

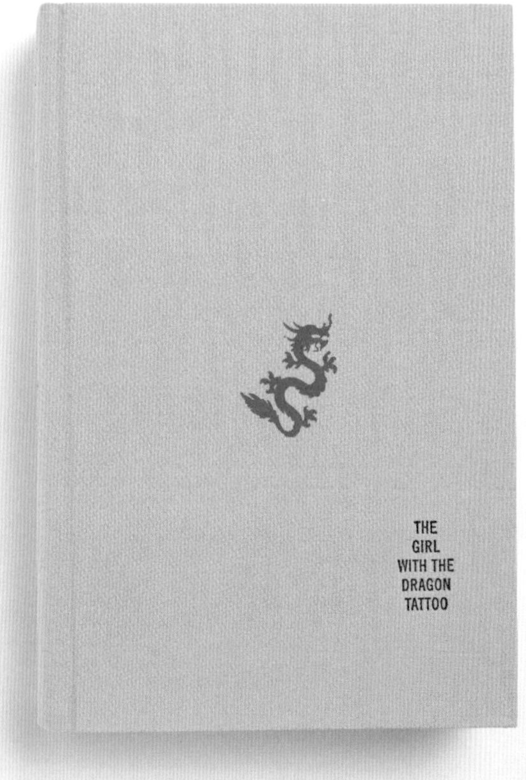

特装版中使用了布面彩色击凹工艺。

THE GIRL WITH THE DRAGON TATTOO
STIEG LARSSON
I
KNOPF
THE GIRL WHO PLAYED WITH FIRE
STIEG LARSSON
II
KNOPF
THE GIRL WHO KICKED THE HORNET'S NEST
STIEG LARSSON
III
KNOPF
ON STIEG LARSSON
KNOPF

特装版函套。

ERIC
SCHMIDT
JARED
COHEN
THE NEW DIGITAL AGE
RESHAPING
THE FUTURE
OF PEOPLE,
NATIONS
AND BUSINESS
KNOPF

WINSTON'S
WAR
CHURCHILL
1940–1945
MAX
HASTINGS
KNOPF

THE
TWILIGHT
OF THE
BOMBS
RICHARD
RHODES
KNOPF
Why
Most
Things
Fail
Evolution,
Extinction
&
Economics
Paul
Ormerod
Pantheon

STAY, ILLUSION! CRITCHLEY & WEBSTER
Pantheon

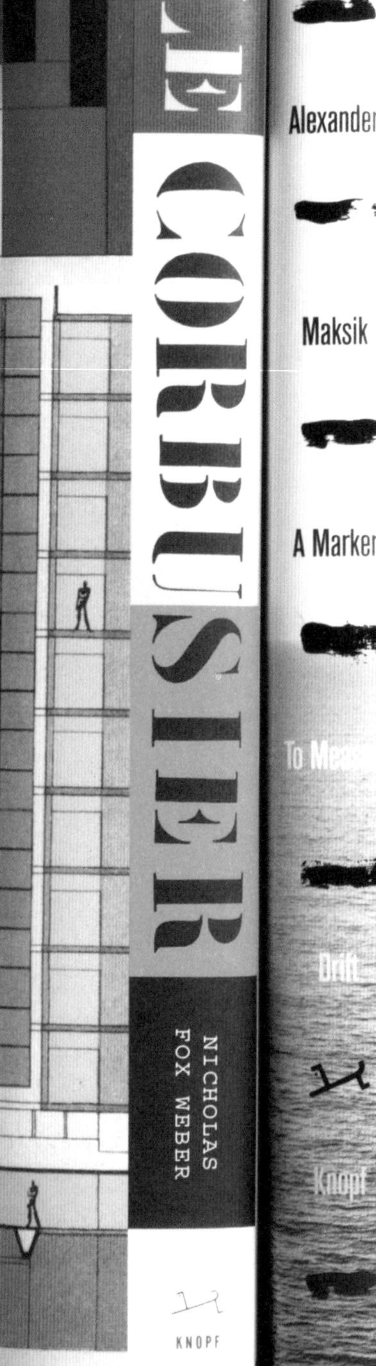
LE CORBUSIER
NICHOLAS
FOX WEBER
KNOPF
Alexander
Maksik
A Marker
Drift
Knopf

非虚构与诗歌

Phone Numbe

ashington, D.C

Epublic 7-357

That Blonde Sharing Nick Ray's Pillow Was MARILYN MONROE!

Get a KICK out of Writing with the new

It could only happen in Hollywood!

Shocking True Story

True Story

HENRY E. SCOTT

FREDERICK'S of HOLLYWOOD

Confide

ELLS THE FACTS AND NAMES THE

Shockin

BY HENRY SCOTT

True Sto

N LANA TURNER SHARED

VER WITH AVA GARDNER

PARLOR, AND BABE TONY

CONFI

A call girl ring in W

标准金砖即真理。

JAMES

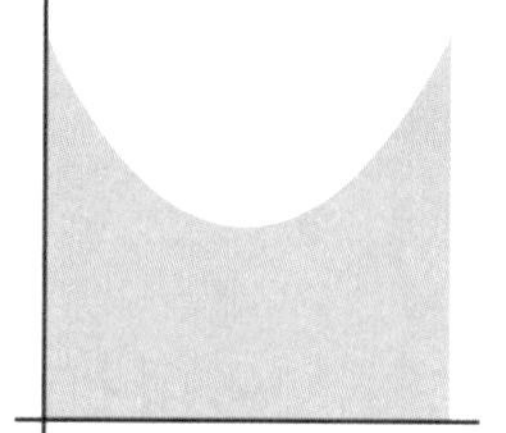
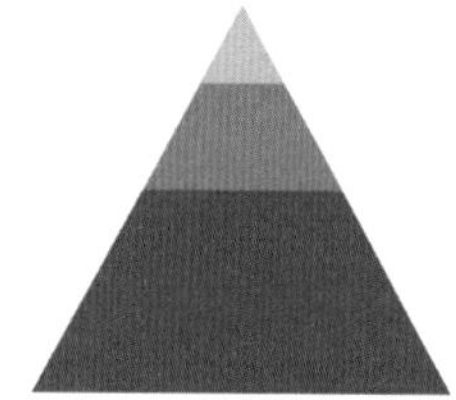
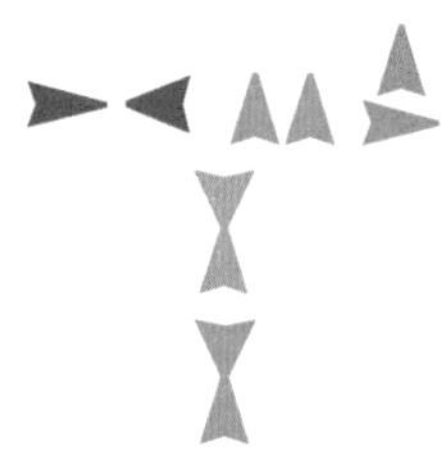

THE INFORMATION

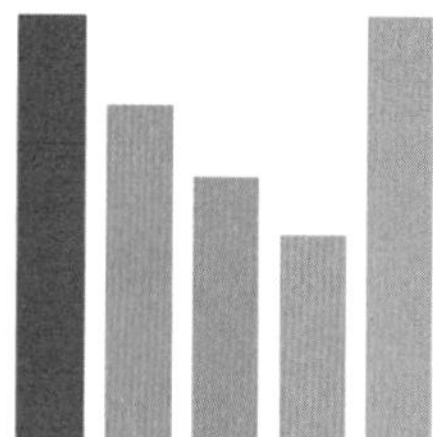

A HISTORY, A THEORY, A FLOOD.

GLEICK

2010年10月，我结识了彼得·门德尔桑德，几天后，我发现我给他带去了无尽灾难。

一次偶然的机会，我看到了他的博客“护封机械师”（Jacket Mechanical）。里面收集了许多经过精挑细选与书有关的艺术，有新的，也有老的，真是我所见过的最棒的收藏。这片博学海洋令人不知所措，涵盖范围极广，既有詹姆斯·乔伊斯（我看懂了），也有哲尔吉·凯派什（György Kepes）（我没看懂）。此外还有一个链接，指向一个名为“……案头”（From the Desk of...）的网站，那里有一张照片，是彼得的办公桌，还有一些旁注。前景上，我可以看到他为我即将出版的新书拟制的几款护封。旁注是：“2. 万神殿书局的那些科普作家最近给我带来了无尽灾难。一次又一次地被拒。这里是我的最新劳动成果。”天啊！怎么会这样！好吧，我的确去过一次万神殿书局的办公室，看到了他为我的书做的“设计稿”（comps，是这样说吗？），当时我表达了自己的一些疑虑——我的本意是柔和的、试探性的。比如，左边是当时拟制的一款护封。现在我闲下来了，不再去考虑任何利害关系，此时再来看这护封，我觉得它相当醒目，而且相当聪明。可在那时，我的第一感觉是，这是一个我不想去面对的难题。于是我感到头疼，也许，我又把这头疼传给了彼得。

我想要什么样的封面？我不确定。我从来都不确定。即使我有任何想法，我也不知道该如何表达。你能用一张图片来概括一本书吗？封面的作用是概括书，还是解释书？要向买家传达书的本质？或者只是给买家一个暗示，告诉他们这本书是引人入胜的还是严肃的？

考虑一下作者的困境。等啊等，我们的作品终于要与世界见面了，这个可怜的、光秃秃的、模棱两可的小家伙。它需要衣服。我们当然会强烈地——急切地——关心它的样貌。大多数人看到的只是护封。它不仅代表着文本，还代表着我们自己。

作为作者，我们地位特殊，懂得这本书的优势所在（不要去想它的缺点）。换句话说，我们掌握了内幕消息。不过，马也有内幕消息，但在普里克内斯（Preakness）锦标赛上你可不会让马来负责配磅。

弗拉基米尔·纳博科夫曾解释自己想要为《洛丽塔》配一个什么样的封面，他还向普特南（Putnam）出版社的设计师们给出了几条指示。这些指示相当著名，也令我敬佩万分：

“我想要纯粹的颜色、消融的云、精确描绘的细节，通往远方的路上，一缕阳光突破云层，反射在雨后的沟壑中、车辙里。不要任何女孩。”

我真想看看那护封。这段指示真是太生动了！（不过，这段话也没帮上什么忙。）

我已经写了六本书，回想一下，只有一次，我想让出版商遵循特定的方向。那是我为艾萨克·牛顿写的传记，而当时我对封面设计构思的全部要求其实可以总结为这几个字：“不要苹果。”有人提出异议，但最后的确没有苹果。

至于《信息简史》（*The Information*），我不知道我那些语无伦次的抱怨是带来了帮助，还是导致了伤害。彼得的下一版设计就是你面前这个。当时我高兴吗？我犹豫不决。我在想，除了最聪明且最执着的读者之外，是否还有人能弄懂这本书的副书名：历史、理论、洪水。我在想，十英尺开外的人是否还能看到点什么。不过，那个时候，我怎么想已经不重要了。我话语的分量急剧下跌，就像黑色星期五那天的证券市场。当时有人告诉我一句话（“桑尼喜欢它。”），话语很轻，含义很重，于是我就明白了。

桑尼说得对不对，你要自己判断。不过，当我把实体书拿到手里的时候，我觉得这设计简直太棒了——既新颖又奇特。它没打算去代表整本书（真的会有哪款封面能做到这一点吗？），但它抓住了书中的一些基本想法，并以一种微妙的、间接的方式表达了出来。我觉得我不应该用词语来分析这一点。最终，“设计观察者”（Design Observer）网站和美国平面设计协会（AIGA）在年度最佳设计名单中列出了该封面。我的几家外国出版商也为他们的版本选择了该封面，不过，他们都做了一些小改动，无一例外地略逊于原作。

现在，彼得开始设计卡夫卡了。他已经完成了乔伊斯。他的设计让我想再次购买那些我已经拥有的书。而且，这几位作者绝对不会出现在他的办公室里，用锐利的目光仔细审视他的设计稿。

就在不久前，我在网上读到一篇采访。在采访中，彼得说：“我注意到，已经离开人世的作者往往能获得最棒的护封。你们自己想想这到底是为什么……”

我想我知道。

格雷克根本没有“给我带来无尽灾难”，和他一起工作很开心。在终稿之前，我还做过两版设计稿，但都不太适合这本书。他要求我继续构思新的设计，现在看来，我要感谢他当时那样做，因为最终的护封（右图）后来一直都是我的最爱之一。

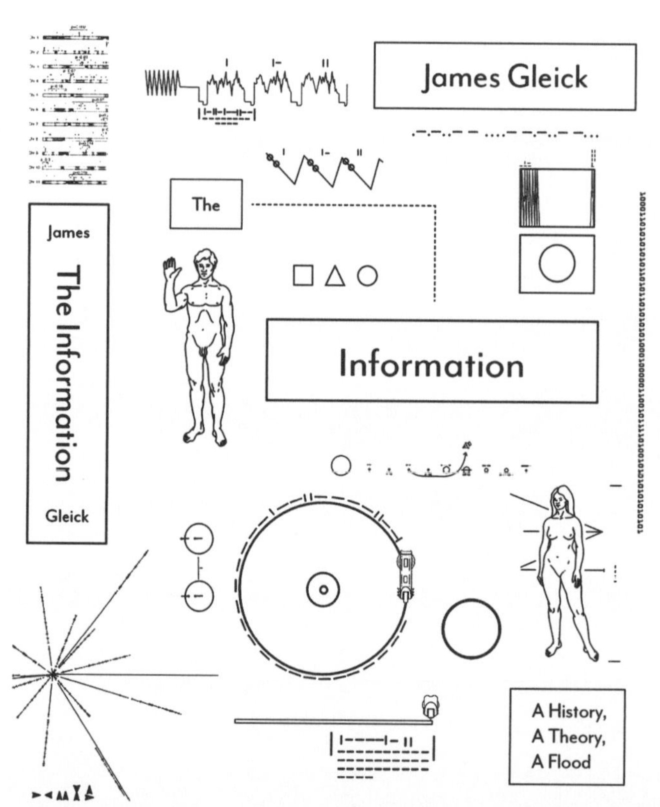

The Information The Information The Information
The Information The Information The Information
The Information The Information The Information
The Information The Information The Information
The Information The Information The Information
The Information The Information By James Gleick
The Information The Information By James Gleick
The Information The Information By James Gleick
The Information The Information By James Gleick
The Information The Information By James Gleick
The Information The Information By James Gleick
The Information The Information By James Gleick
The Information The Information By James Gleick
The Information The Information By James Gleick
The Information The Information By James Gleick
The Information The Information By James Gleick
The Information A Theory, By James Gleick
The Information The Information By James Gleick
The Information The Information By James Gleick
The Information The Information By James Gleick
The Information The Information By James Gleick
The Information The Information Author of *Chaos*
The Information The Information Author of *Chaos*
The Information The Information Author of *Chaos*
A History, The Information Author of *Chaos*
The Information The Information Author of *Chaos*
The Information A Flood Author of *Chaos*
The Information The Information Author of *Chaos*

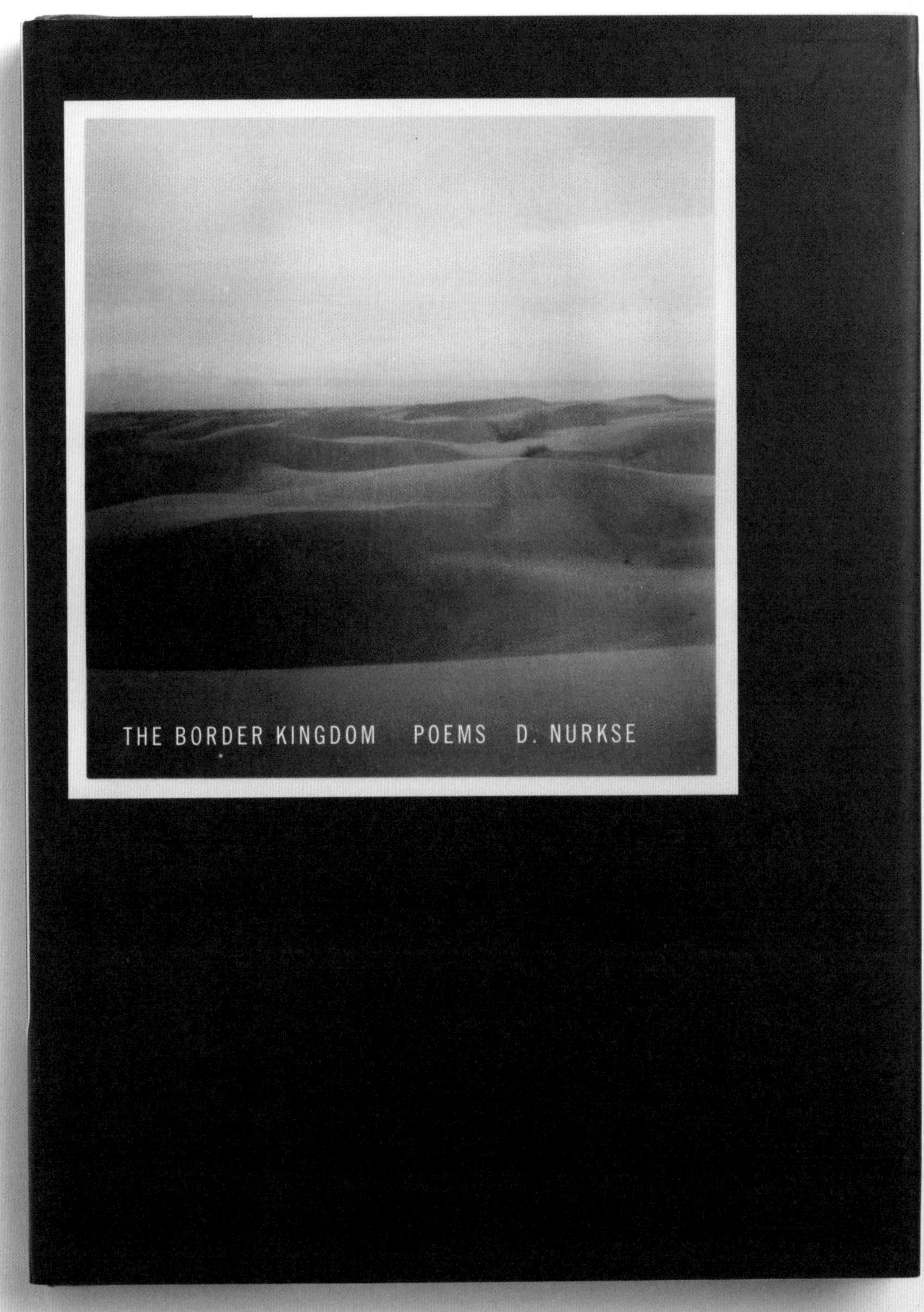

偶然找到的照片。

My
Prizes
An
Accounting
Thomas
Bernhard
Translated
by Carol
Brown Janeway

Subliminal
Leonard Mlodinow

Pantheon

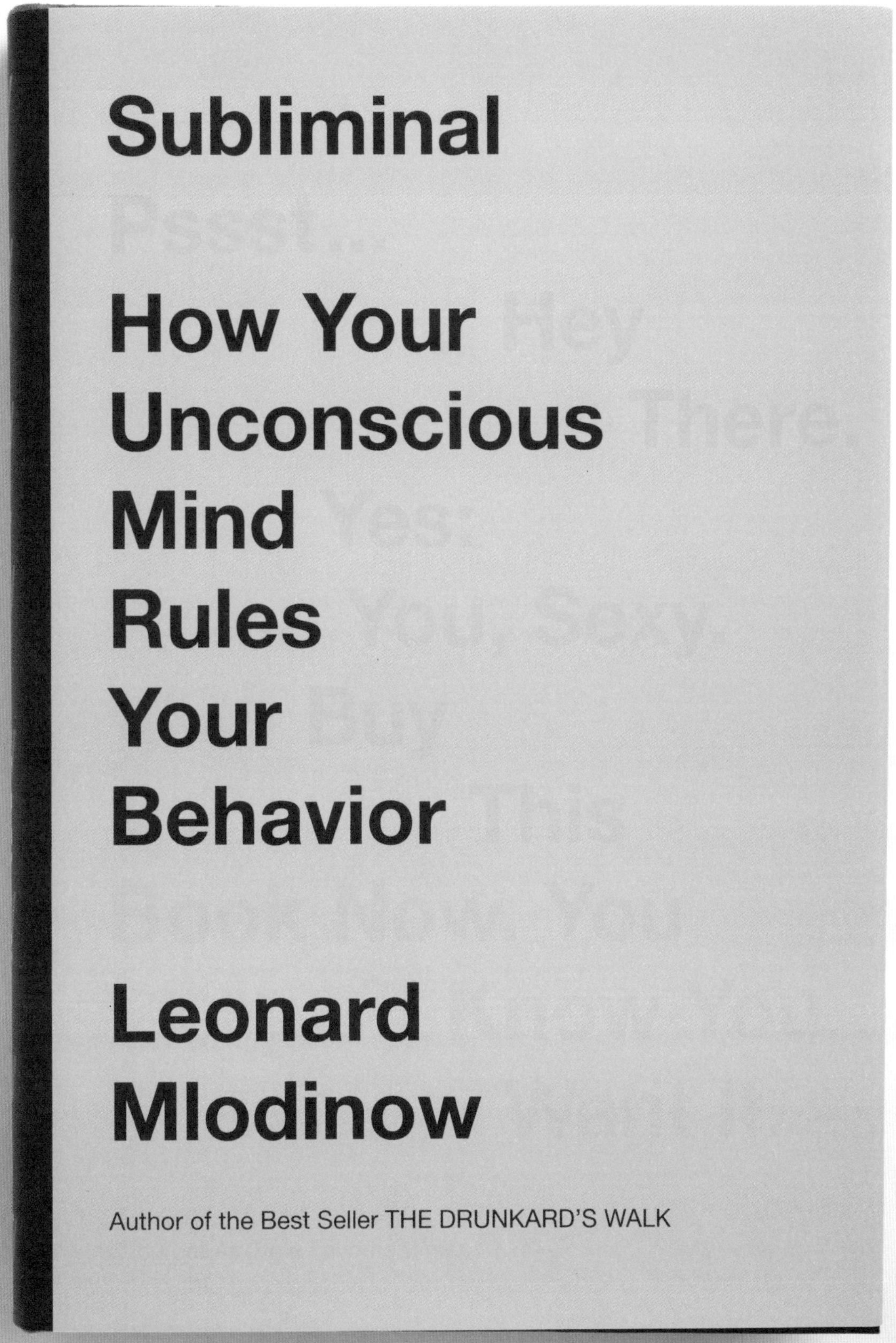

Subliminal

How Your Unconscious Mind Rules Your Behavior

Leonard Mlodinow

Author of the Best Seller THE DRUNKARD'S WALK

护封右半边这些文字采用了隐性局部上光工艺，所以只有在特定角度才能看到。

利用半透明材料本身具有的戏剧性。

STAY,
ILLUSION!
THE HAMLET
DOCTRINE
SIMON CRITCHLEY &
JAMIESON WEBSTER

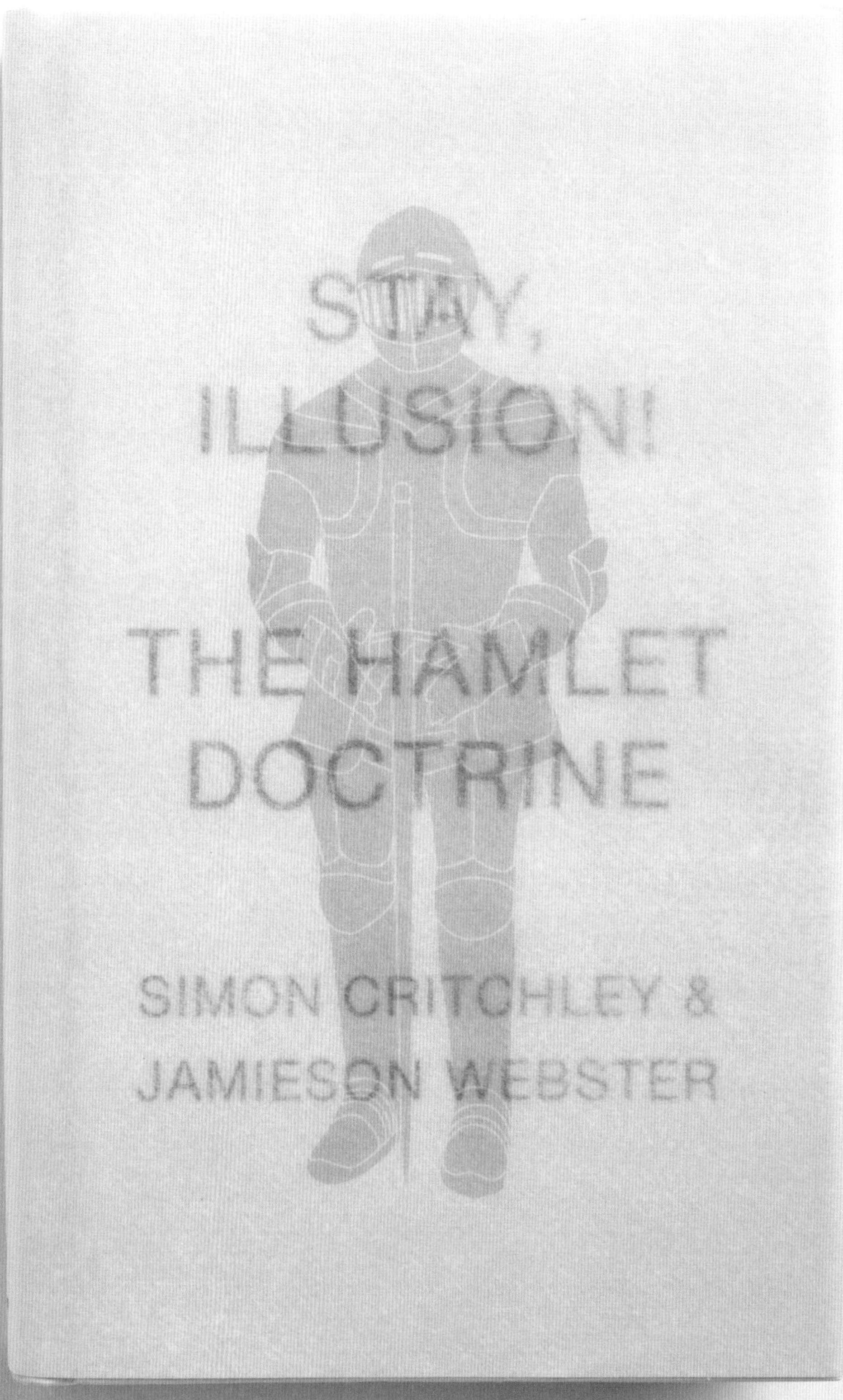
STAY,
ILLUSION!
THE HAMLET
DOCTRINE
SIMON CRITCHLEY &
JAMIESON WEBSTER

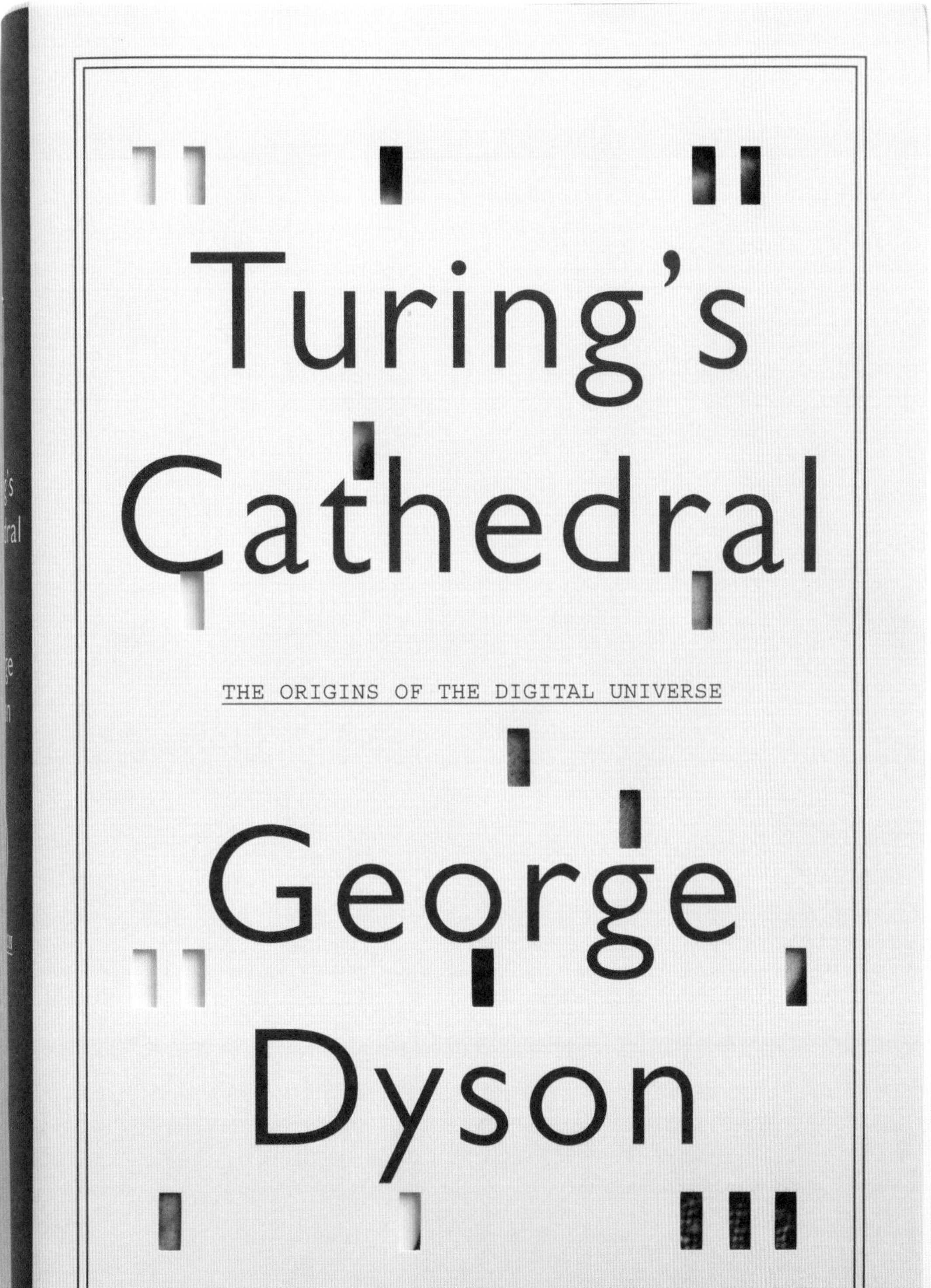

Turing's Cathedral

THE ORIGINS OF THE DIGITAL UNIVERSE

George Dyson

向图灵打孔卡致敬。该护封采用了模切技术。

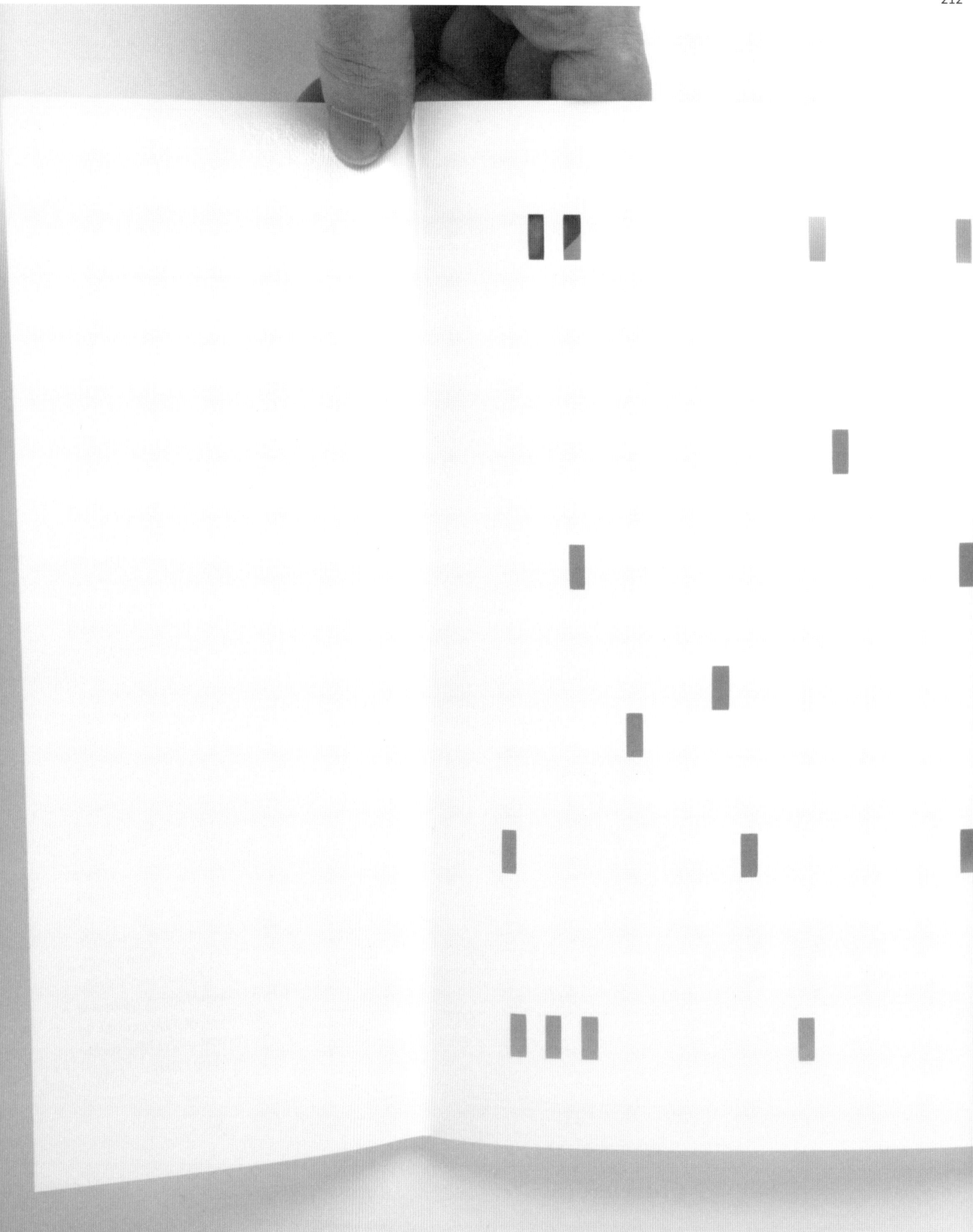

书壳包纸上是阿兰·图灵（Alan Turing）。

Mindwise

How We Understand What Others *Think*, *Believe*, *Feel*, and *Want*

"Insightful and important, *Mindwise* is one of the best books of this or any other decade."
—Daniel Gilbert, best-selling author of *Stumbling on Happiness*

Nicholas Epley

我在万神殿书局担任艺术总监时，经常有人塞给我神经心理类书籍。

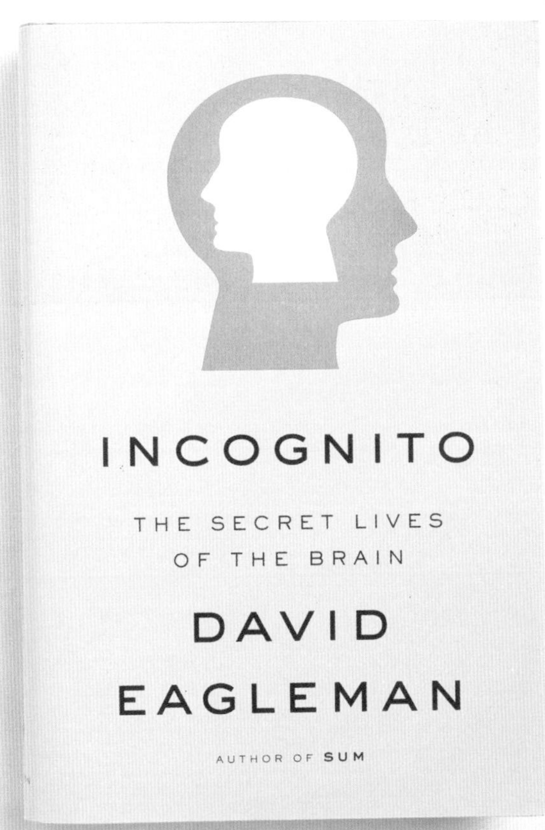
INCOGNITO
THE SECRET LIVES
OF THE BRAIN
DAVID
EAGLEMAN
AUTHOR OF SUM

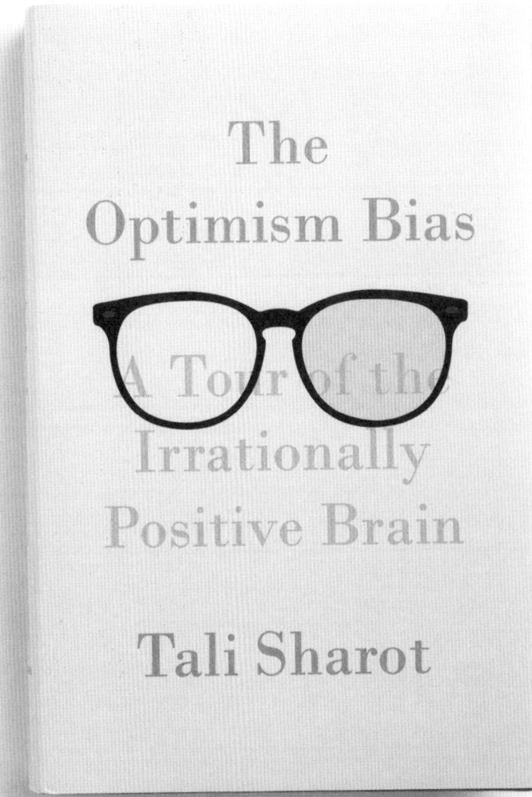
The
Optimism Bias
A Tour of the
Irrationally
Positive Brain
Tali Sharot

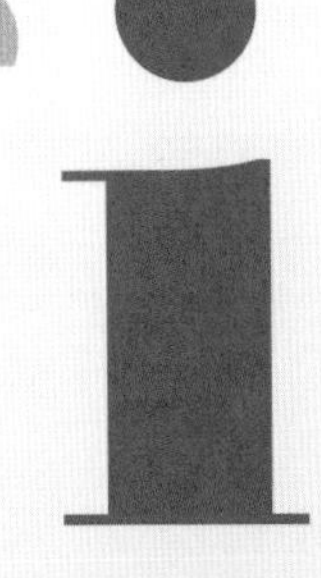
Self Comes to Mind
Constructing the Conscious Brain
Antonio Damasio

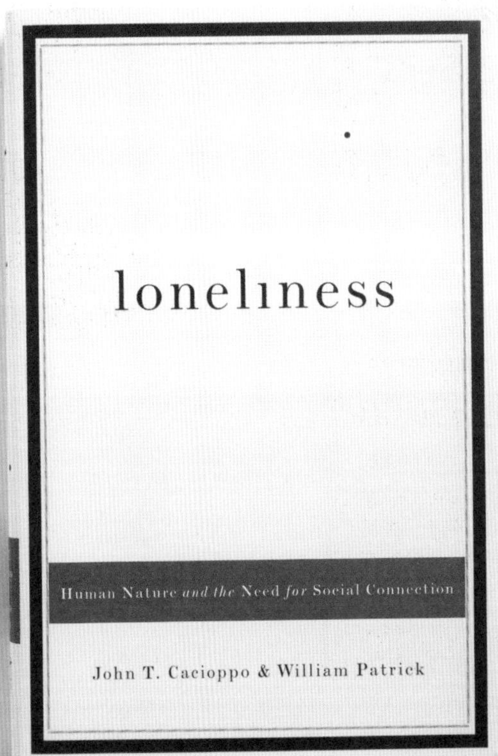
loneliness
Human Nature and the Need for Social Connection
John T. Cacioppo & William Patrick

Why Mahler? How One Man and Ten Symphonies Changed Our World

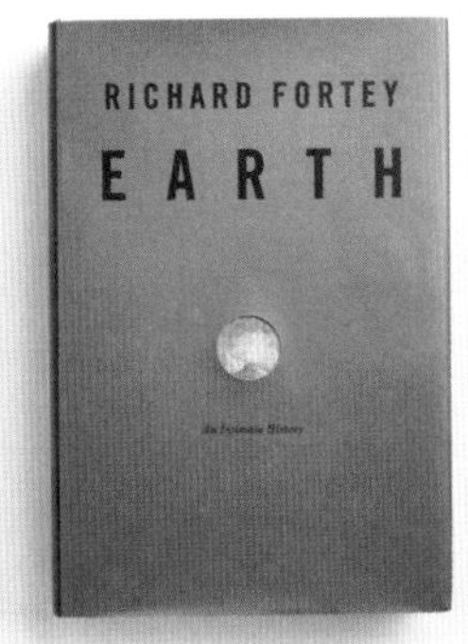
RICHARD FORTEY
EARTH

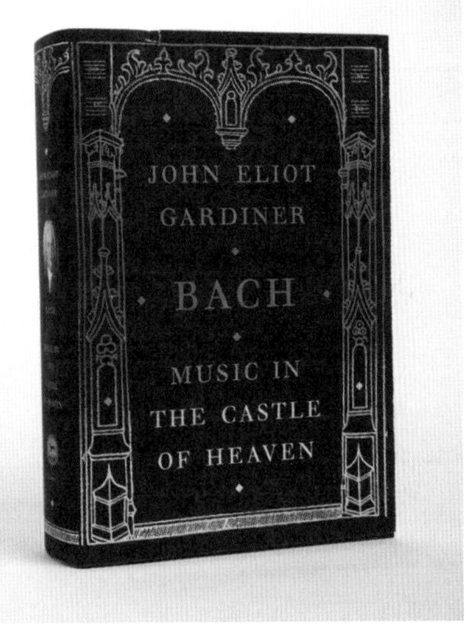
JOHN ELIOT GARDINER
BACH
MUSIC IN THE CASTLE OF HEAVEN

François Bizot
Facing the Torturer

A Biographical Guide to the Great Jazz and Pop Singers
Will Friedwald

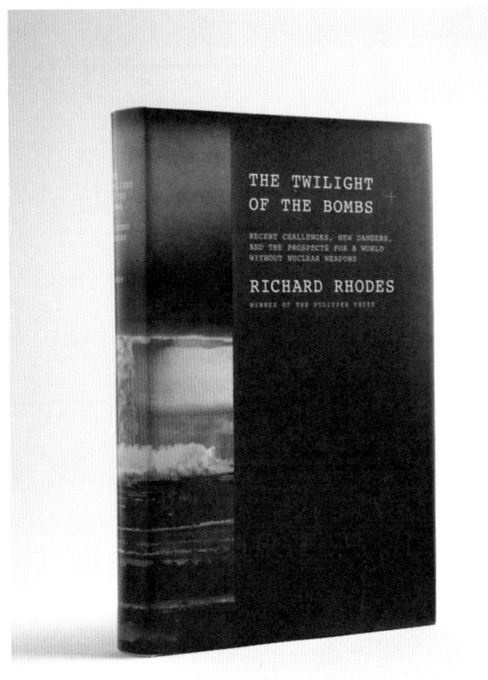
THE TWILIGHT OF THE BOMBS
RECENT CHALLENGES, NEW DANGERS, AND THE PROSPECTS FOR A WORLD WITHOUT NUCLEAR WEAPONS
RICHARD RHODES

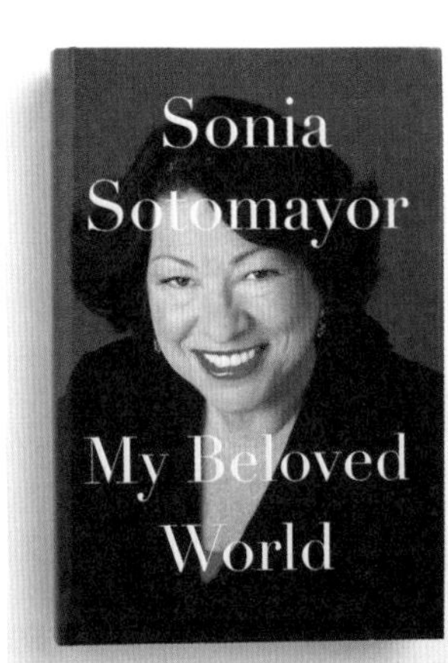
Sonia Sotomayor
My Beloved World

ERIC SCHMIDT
JARED COHEN
THE NEW DIGITAL AGE
RESHAPING THE FUTURE OF PEOPLE, NATIONS AND BUSINESS

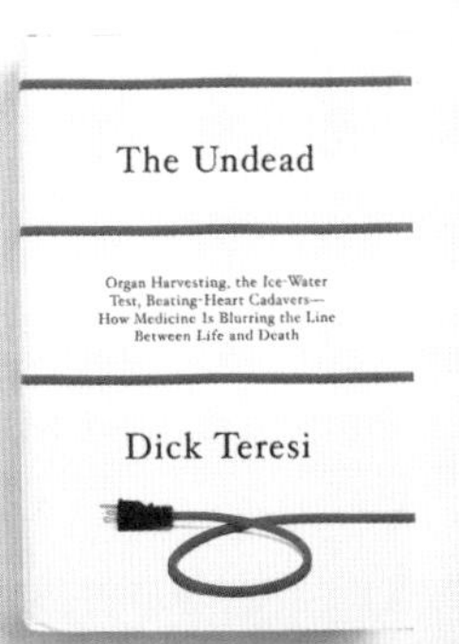
The Undead
Organ Harvesting, the Ice-Water Test, Beating-Heart Cadavers—How Medicine Is Blurring the Line Between Life and Death
Dick Teresi

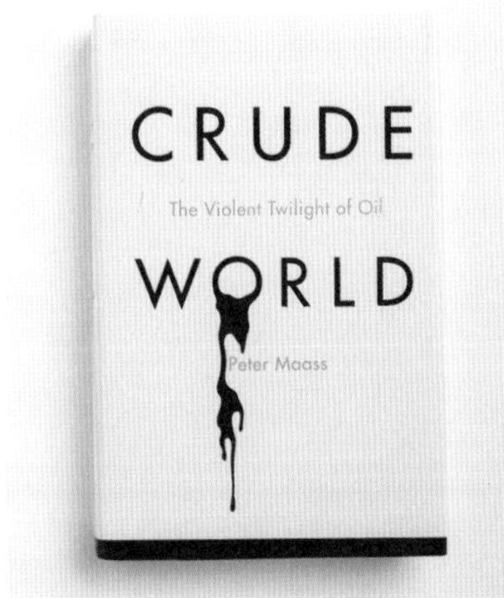
CRUDE
The Violent Twilight of Oil
WORLD
Peter Maass

The Prince of Frogtown
Rick Bragg

CHECKPOINT
NICHOLSON BAKER

Zen and Now
On the Trail of
Robert Pirsig and the Art of
Motorcycle Maintenance
Mark Richardson

罗伯特·波西格（Robert Pirsig）的那辆1964年本田超级鹰CB77。

100 Amazing Facts About The Negro

Henry Louis Gates Jr.

此外还有90种色调，位于书脊和封底……

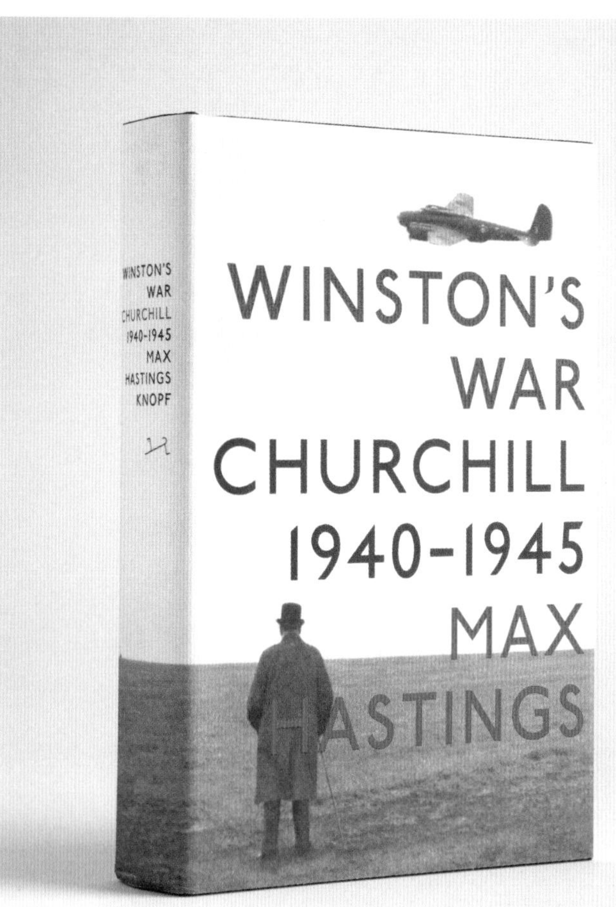
WINSTON'S
WAR
CHURCHILL
1940-1945
MAX
HASTINGS
KNOPF
WINSTON'S
WAR
CHURCHILL
1940-1945
MAX
HASTINGS

DOUBLE VISION
a self-portrait
Walter Abish

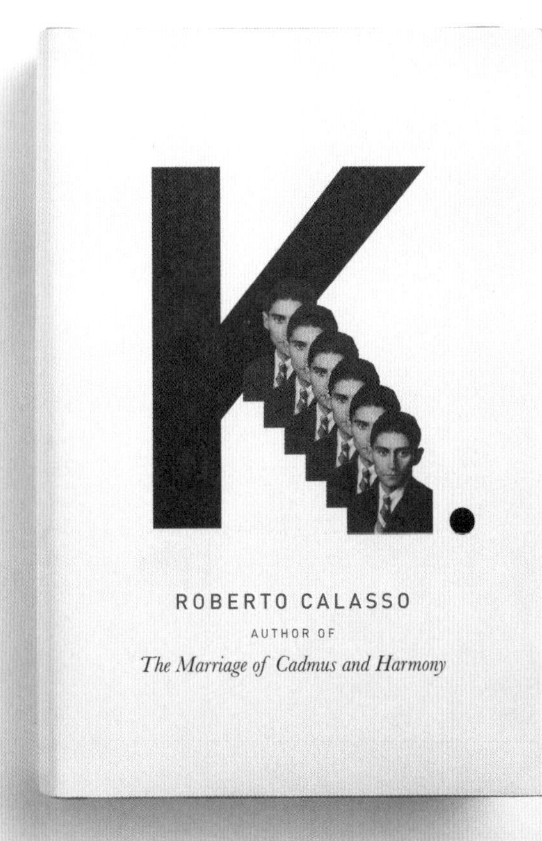
K.
ROBERTO CALASSO
AUTHOR OF
The Marriage of Cadmus and Harmony

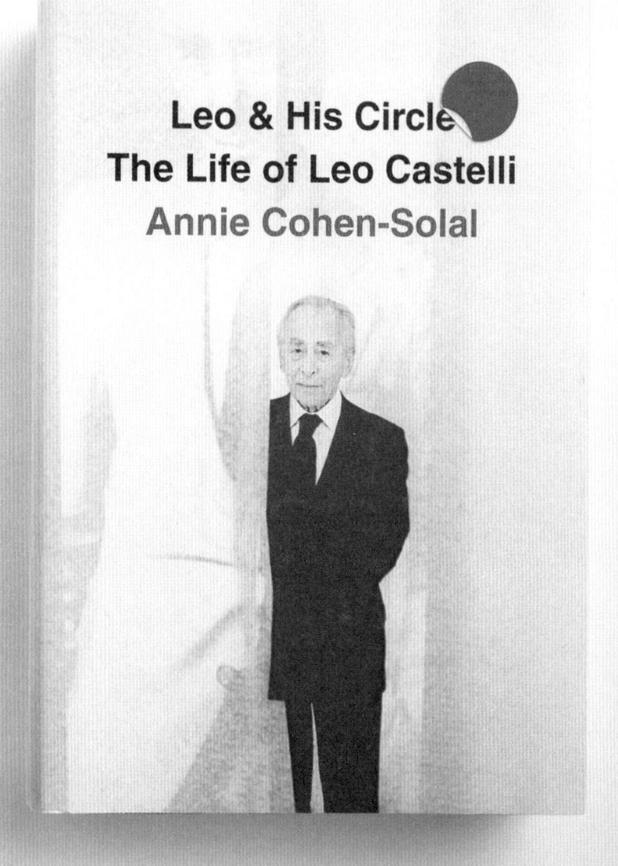
Leo & His Circle
The Life of Leo Castelli
Annie Cohen-Solal

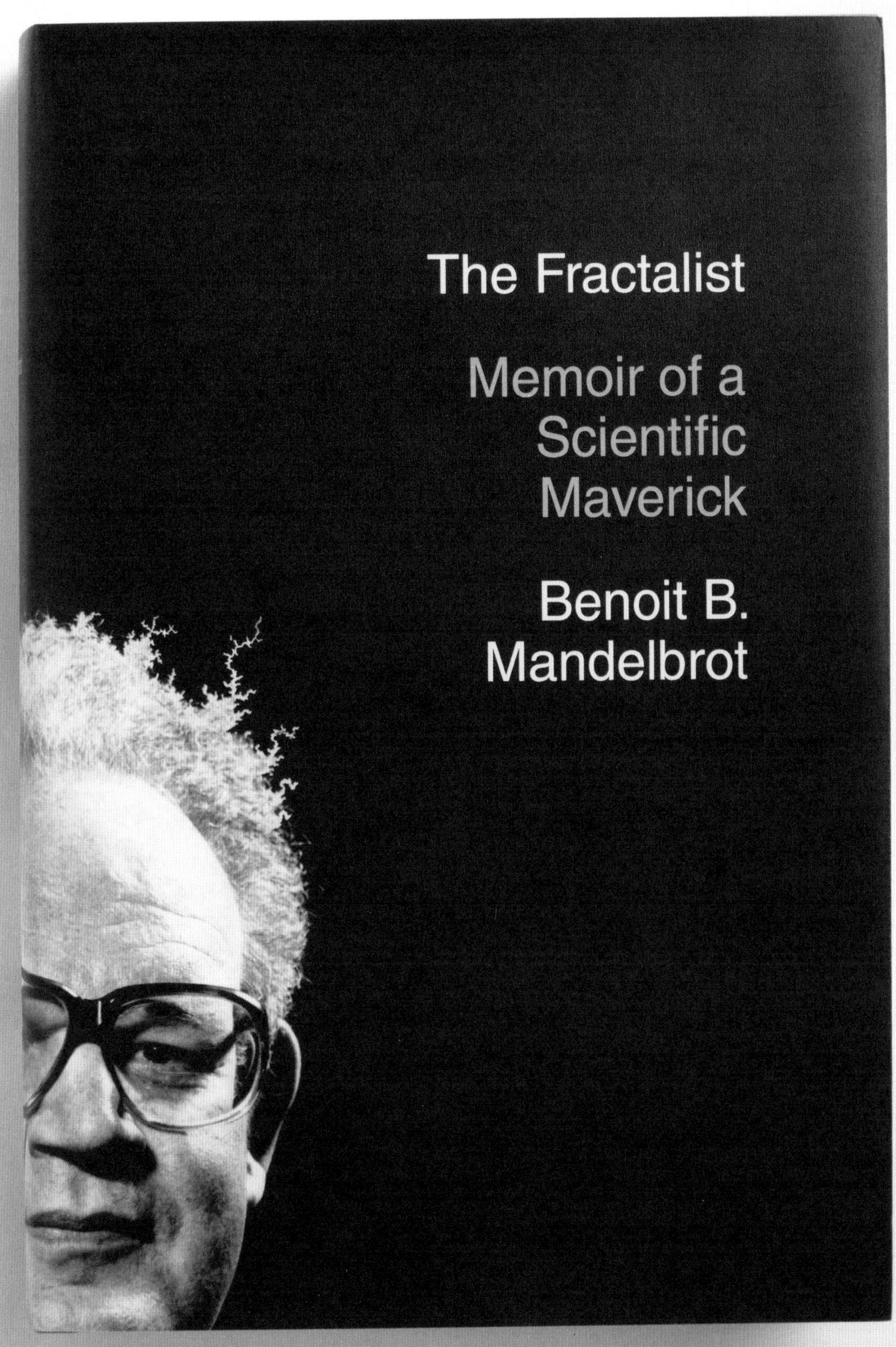

头发分形。在审核过程中，桌子另一边的每个人似乎都觉得这款护封相当无趣。后来我才知道，我追求的效果过于微妙，所以没有人注意到它。当然，从设计者的角度来看，我所追求的正是这种微妙。（读者或买家要想一下才会来一句“原来如此！”）

Bento's Sketchbook

How does the impulse to draw something begin?

John Berger

伯格（Berger）给我提供了一些图稿，翻阅的时候，我没有找到可以用作封面的素材，却爱上了这张手写小便笺：“绘画冲动是如何开始的？”

“用这张。”——詹姆斯·罗森奎斯特（James Rosenquist）

有时，在设计封面的时候，作者本人会给我一些图片。这些图片有时是他们自己制作的。

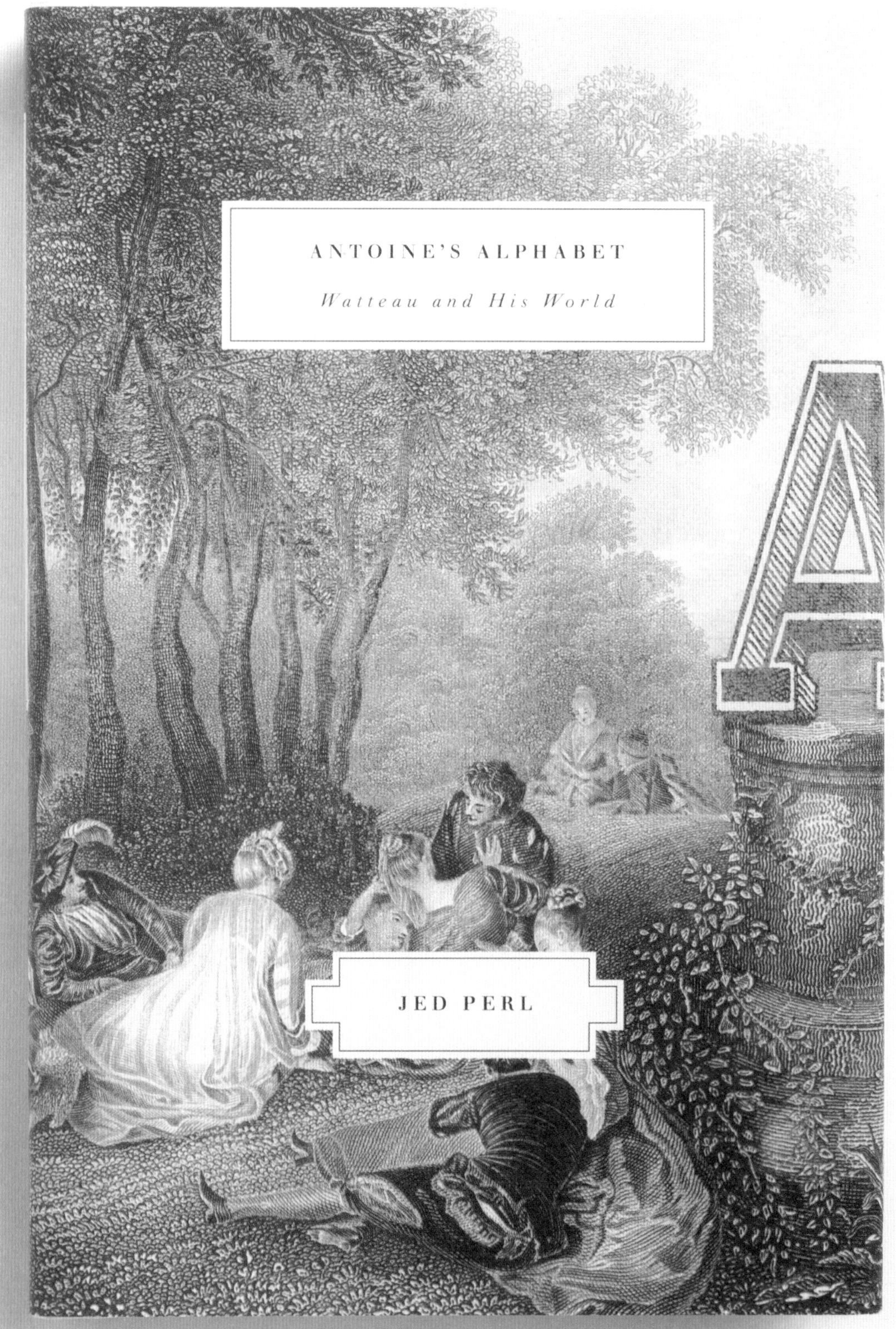
ANTOINE'S ALPHABET
Watteau and His World
JED PERL

彼得·门德尔桑德以前所未有的方式将视觉艺术与语言文字相结合。

一旦我们见过了这样的结合方式，就会觉得一切都是必然。他在当下与永恒之间找到了恰当的平衡。他懂得我们这个繁忙时代的所有陈词滥调与花里胡哨，但又能坚守严格的形式逻辑。在投身平面设计艺术这一职业之前，他曾非常认真地学习钢琴。所以，在他那些令人回味无穷的微妙设计中，也能看到些许来自古典音乐家的精神：遵守纪律与放纵享受之间的无畏结合。我高度赞扬门德尔桑德：我觉得他的艺术是通透老到之人的艺术。当然，他也挺时髦的。这一切浑然天成，难以解释。

封面设计师这份工作涉及标识、符号、迹象。读者在寻找暗示和线索，如果线索变成了兜圈子的谜题，那读者很可能会有挫败感。封面必须揭示书中内容——尽管只是在一定程度上揭示。门德尔桑德明白这一点。他才智超群，知道简化想法并不一定意味着去缩减它。他为新的平装版《启迪》（*Illuminations*，由汉娜·阿伦特编辑的瓦尔特·本雅明的开创性论文集）设计了一个封面：由互相交错重叠的白色线条组成的网络，浮凸在深橙色背景上，就像某个街区甚至某个大都市的地图，象征着本雅明对波德莱尔式闲游者的迷恋，这样的人一边在城市街道上行走，一边去发现柏林、巴黎、莫斯科或马赛的秘密。门德尔桑德设计的多个封面都是我的最爱，请允许我再说一个：他为罗伯托·卡拉索（Roberto Calasso）的《提埃坡罗粉》（*Tiepolo Pink*）设计的封面。提埃坡罗是威尼斯艺术家，他利用错视绘制的穹顶是18世纪艺术的瑰宝之一。在门德尔桑德的设计中，他利用明快的现代感知方式，将俏皮的洛可可色调与令人惊叹的空间凹陷巧妙结合，向纸醉金迷的场景投去棱角分明的致意。

对我而言，阅读由彼得·门德尔桑德担任封面设计的书是一件快乐的事。彼得也曾为我写的两本书设计封面，当时我们两个一起工作，快乐无比。封面设计——我之前应该已经说过了——在很大程度上都是一种合作的艺术。我相当欣赏彼得这个人，其中一部分原因在于，他会带着一个想法出发，为作家的思想寻找具体的图像。我曾研究过18世纪的艺术家安托万·华托（Antoine Watteau），写了《安托万的字母表》（*Antoine's Alphabet*）这本书。在设计封面的时候，我与彼得以及我的编辑卡罗尔·詹韦（Carol Janeway）一起开了个会。我带了一些黑白版画，都是他人根据华托绘画及素描创作的，我把这些画摊在桌子上给彼得看。我们三人谈了一些关于这本书的情况，之后就去忙各自的事了。回想起来，似乎只过了几天，我就接到了卡罗尔的电话。她正在看彼得设计的第一版封面，感觉相当完美。的确如此。直到现在也是如此。它既俏皮又朴素，既有些奢华，又有些收敛。和任何伟大的护封一样，彼得为《安托万的字母表》设计的封面令读者遐想无限，作者只能祈祷自己不会辜负这份期望。

提埃坡罗：著名的穹顶画家……

在神话、童话、民间故事图书系列的封面上使用照片，还有比这更反常的事吗？

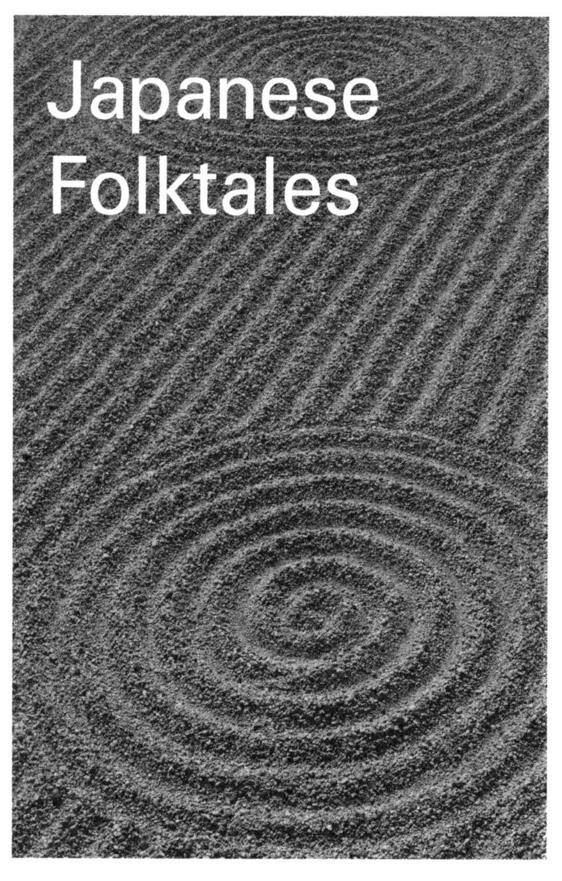

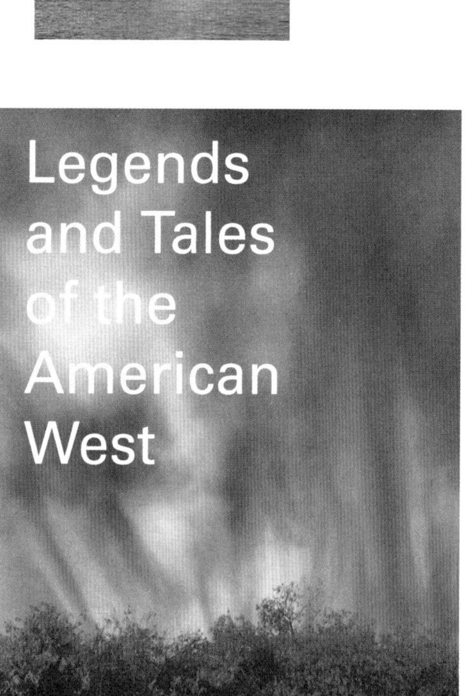

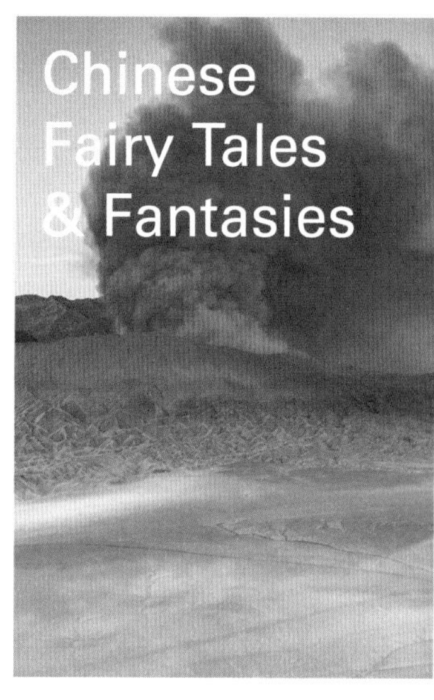

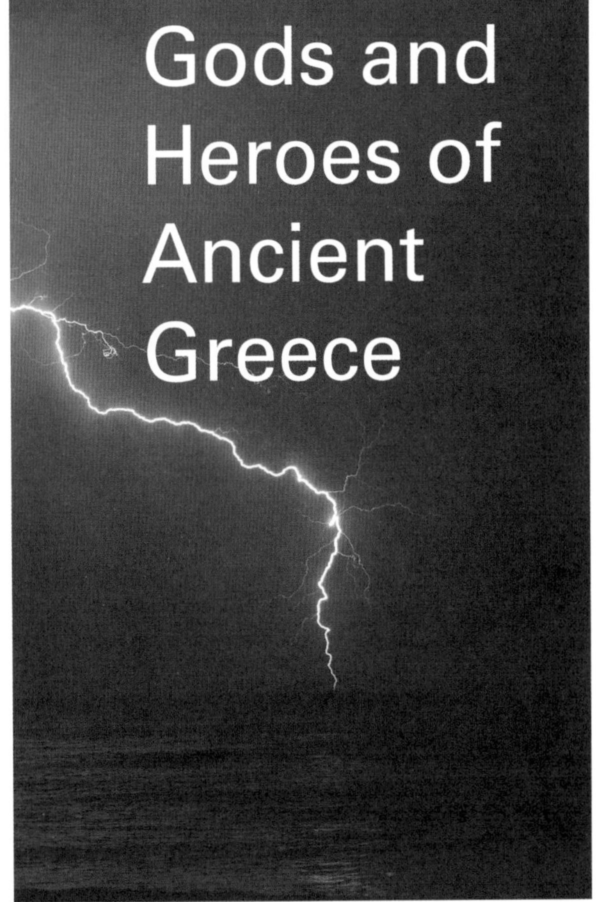

为万神殿书局民间故事与童话图书馆系列新版设计提供的提案。

21世纪，神话是什么？神话在哪里？它们会是从哪里起源的？这些故事与我们现在的世界是否存在某种程度的吻合？

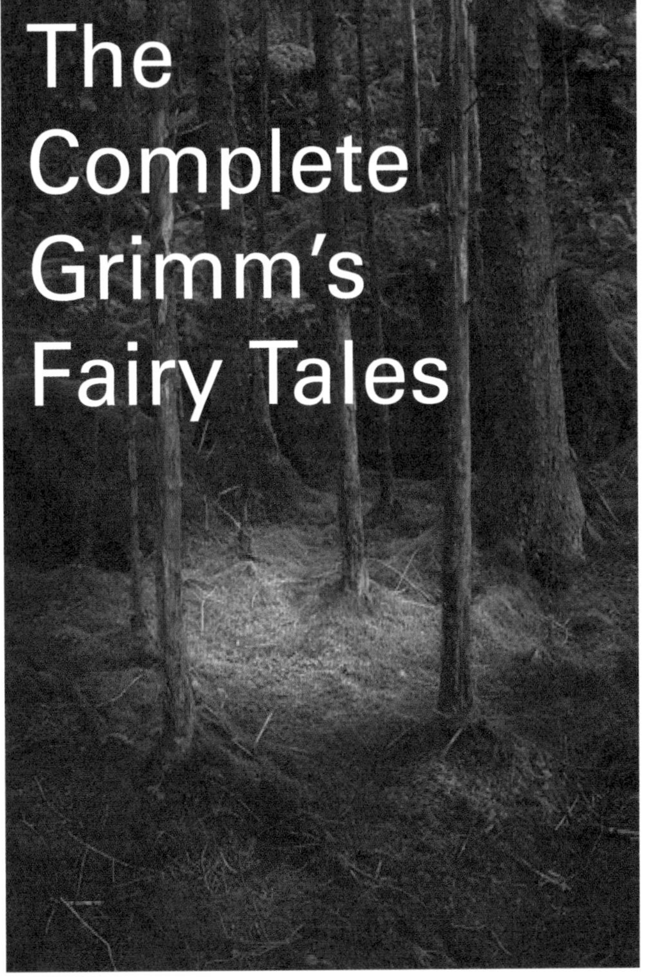

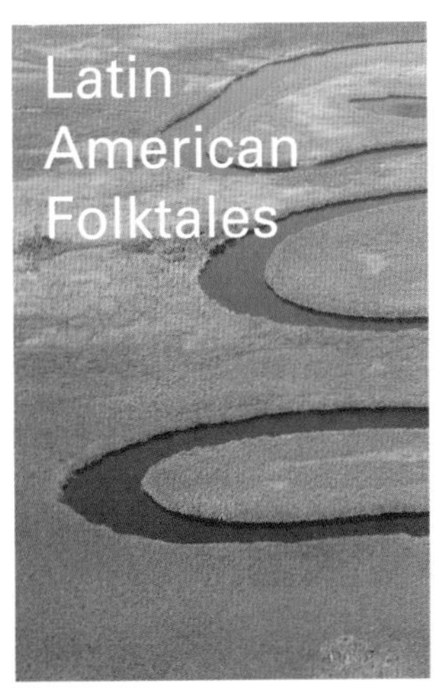

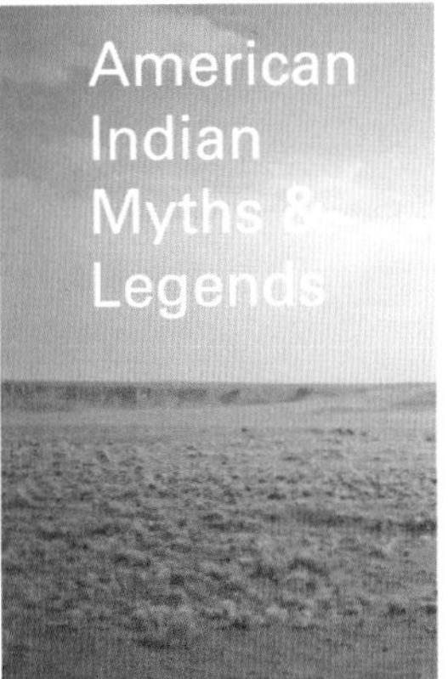

我那架梅森翰姆林（Mason & Hamlin）卧式钢琴的轮廓。

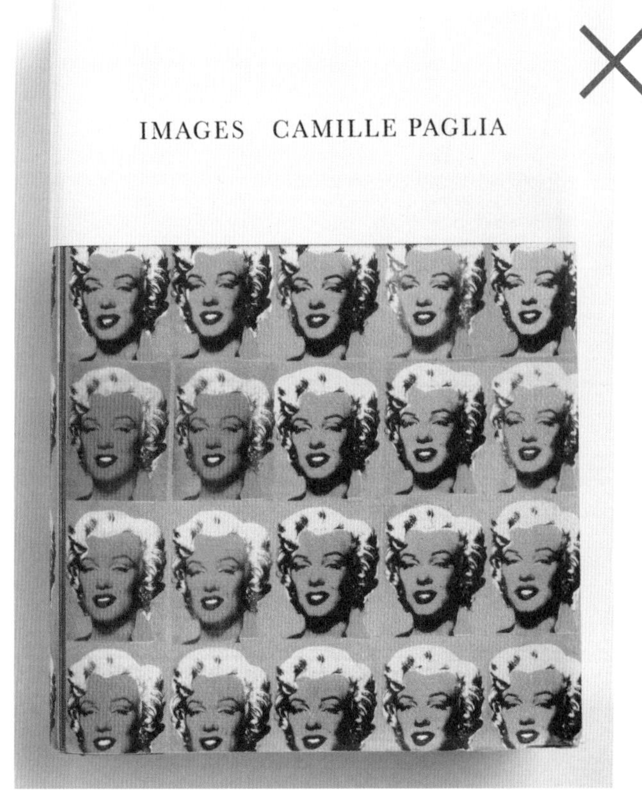

我曾为12张密纹唱片设计过封面，这个数字不算小了，

但我很少有机会设计一本方形的书。

彼得·门德尔桑德这位设计师不同凡响，一方面在于他拥有出色的图像感，对平衡、色彩、节奏有着独到见解，因此身处顶级设计师行列。另一方面在于他是一个读者，一个有着深刻理解力和敏锐智识、通过书籍获取知识的人。彼得有一双善于辨识形式的眼睛，这双眼睛一直伴随着他。同样，他会对每一个新想法、对作家的意图做出回应，这样的特质十分难能可贵。我写了一本关于柯布西耶（Le Corbusier）的书，彼得为它设计封面。简直是天才之作。他对柯布西耶的头部做了几何切分，我们能够看到这位建筑师的一大半面庞，另一半被遮起来了。这样的设计一下就表明了本书的核心，也就是我在书中花了许多篇幅去探讨的那一点：柯布西耶喜欢站在舞台上，喜欢以潇洒出众的面貌示人，他善于利用自己帅气的形象，对外表细节一丝不苟。但是，同样地，他也会把自己的很大一部分藏起来。对我来说，这样的设计也暗示了他性格中的分裂倾向。他既可能是仁慈的、热心的（对他的那些贫苦客户、即将入住他为救世军设计的宿舍的流浪汉、社会上那些被剥夺权利的人），也可能是傲慢的、难以接近的（特别是对那些迟迟不付款的有钱客户，但也对他眼中那些自命不凡的人）。彼得的封面设计有如柯布西耶建筑般潇洒，那些鲜艳的颜色、纹理、材料、闪光正是柯布西耶工作的关键，当然，还有简单和清晰。可以想象，看到这本书的外观与我的意图如此契合时，我有多高兴。

最近，彼得为我的书《包豪斯团队》（*The Bauhaus Group*）设计了两款不同的封面：一款用于精装本，另一款用于平装本。他再次取得了巨大成功。这本书想要告诉人们，许多人认为包豪斯是一个干巴巴的、机器般的设计机构，但这种想法是错误的。事实上，包豪斯是开创精神、高昂情绪、出众才华的培养之所，它的背后是一群热爱人生体验的人。在设计时，彼得使用了充满动感的构图，风格就像康定斯基（Kandinsky）、克莱（Klee）、约瑟夫（Josef）和安妮·阿尔贝斯（Anni Albers）等艺术家在该校创作的绘画和设计的纺织品。他放了一张集体照，照片上，几位包豪斯人开怀大笑、欢欣鼓舞，那笑容几乎与他们的精神一样飞扬。然后，他把学校德绍总部的照片旋转了90度（正是包豪斯艺术家们可能会使用的构图技巧），以幽默且活力十足的方式来表达这个地方发生了多少事。

这些设计令人振奋、惊叹，它们本身就是艺术品，同时概括了作家最真实的目标。我认为这是一种罕见的成就，也是一场全面的胜利。

为什么不在封面上放一整首诗呢?

nicholas
fox
weber

the
bauhaus
group

BAUHAUS

six masters
of modernism

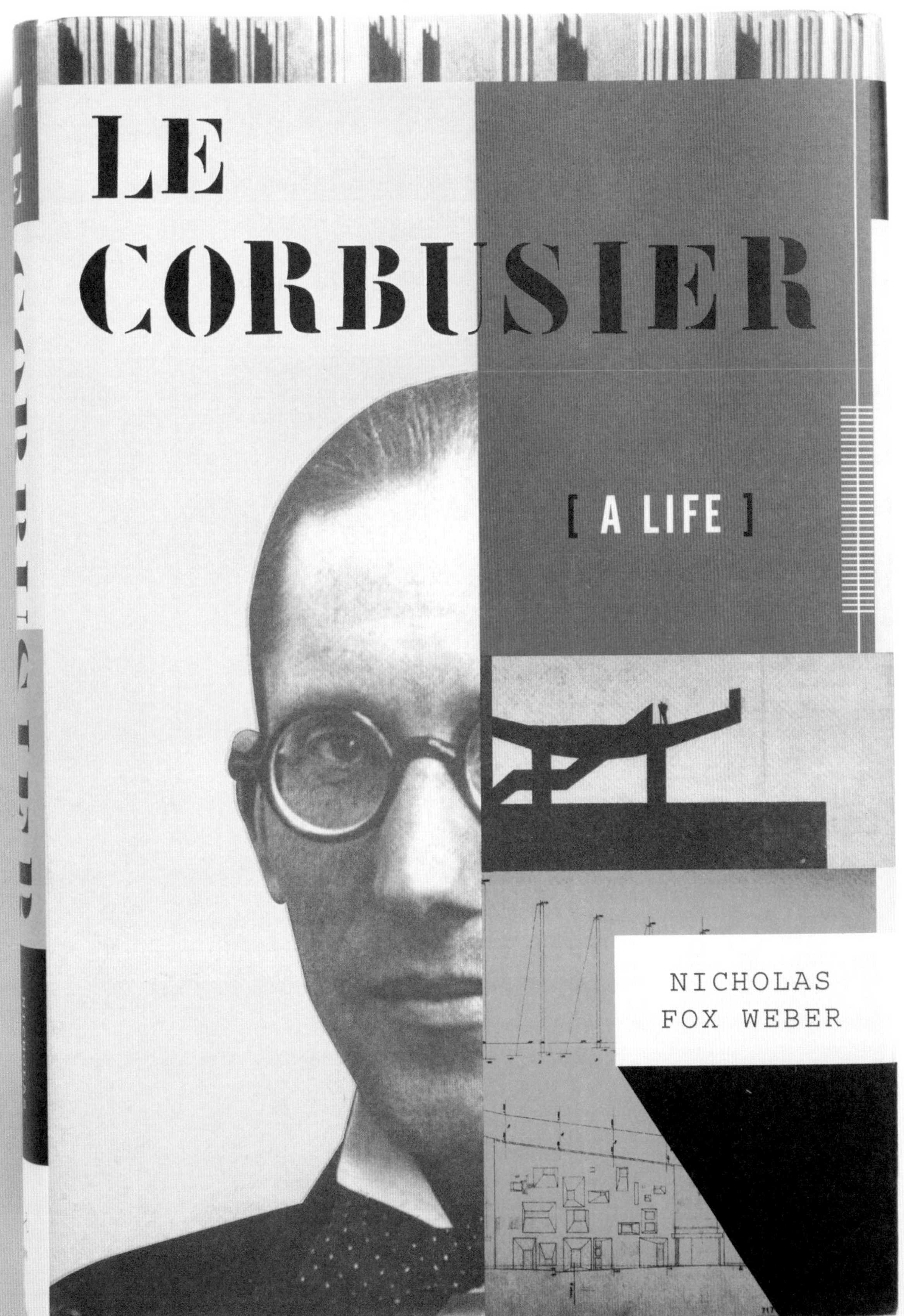
LE
CORBUSIER
[A LIFE]
NICHOLAS
FOX WEBER

IF THERE IS SOMETHING TO DESIRE, / THERE WILL BE SOMETHING TO REGRET. / IF THERE IS SOMETHING TO REGRET, / THERE WILL BE SOMETHING TO RECALL. / IF THERE IS SOMETHING TO RECALL, / THERE WAS NOTHING TO REGRET. / IF THERE WAS NOTHING TO REGRET, / THERE WAS NOTHING TO DESIRE.

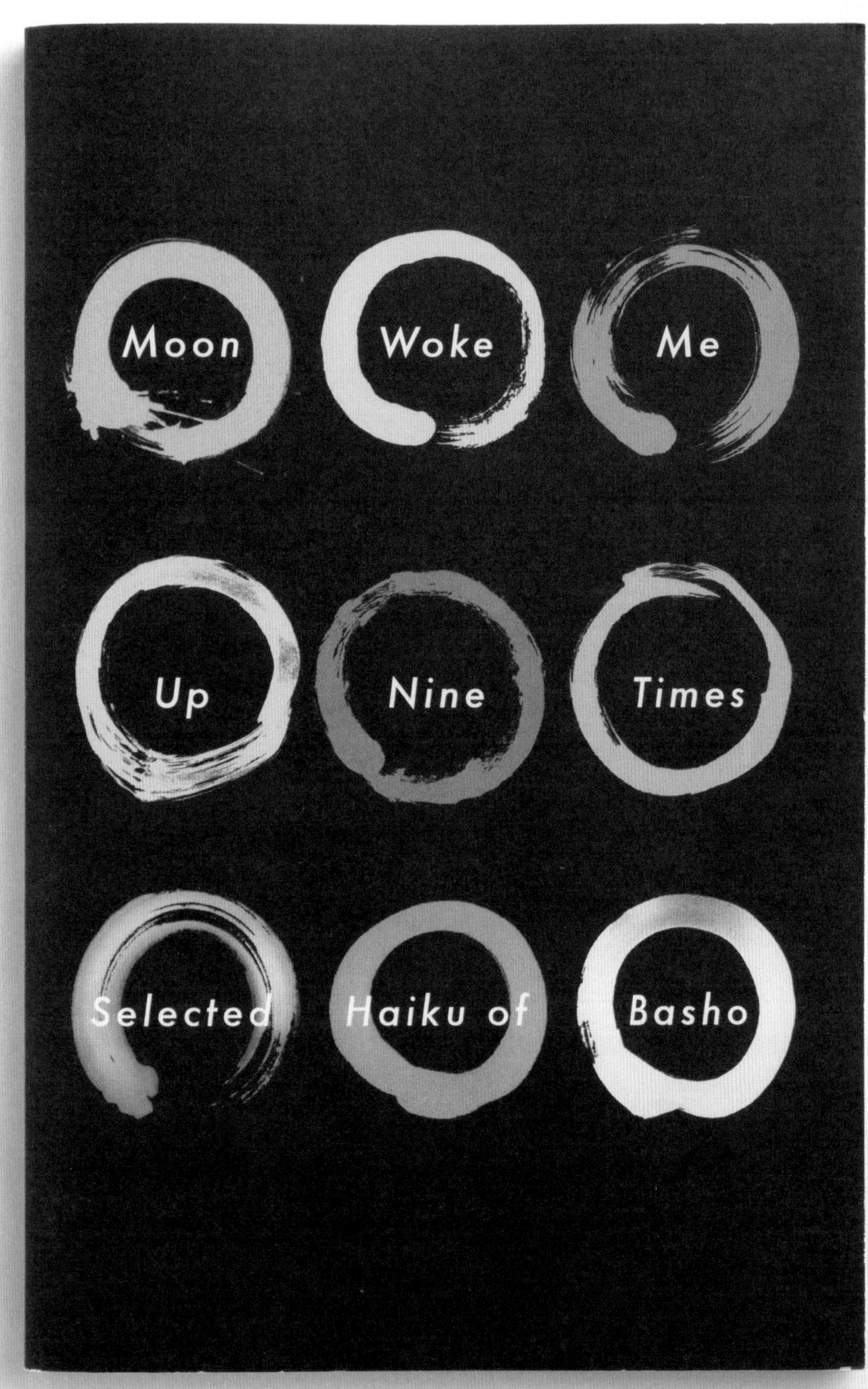

俳句和坐禅在精神层面上的相似性。九个正念的圆，九个月亮。

（有时候，我也找不到好点子……）

Zona.
A book about
a film about
a journey
to a room.
Geoff Dyer

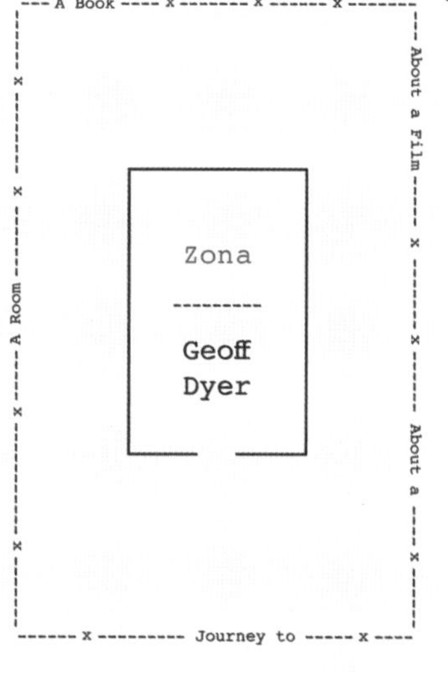

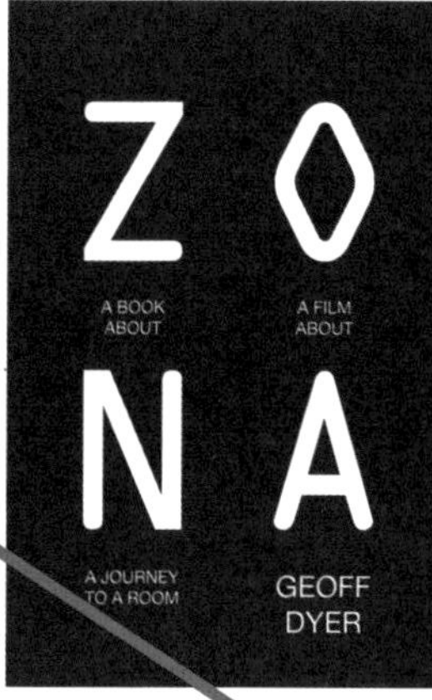

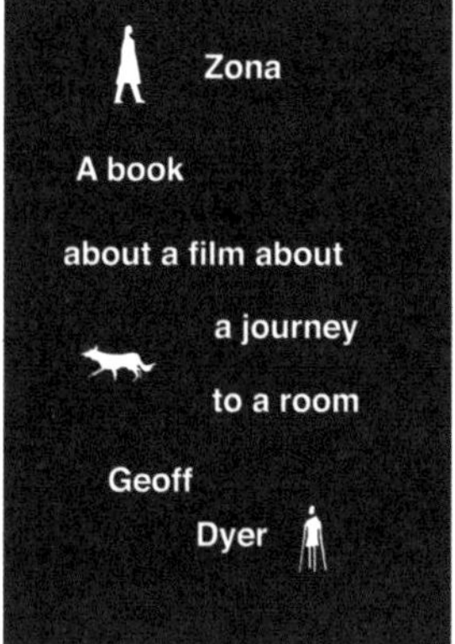

Zona
A Book About
A Film About
A Journey To
A Room
Geoff Dyer

Zona.
A book about
a film about
a journey
to a room.
Geoff Dyer

最后，这本书是由别人来设计的。每当我无法为某个封面找到恰当设计的时候，我总是会有深深受伤的感觉。不过，最好还是记得这一点：你不可能赢得所有封面（甚至连四分之三也做不到）。我希望有一天我能为杰夫·戴尔（Geoff Dyer）成功设计出一个封面。

Zona
Geoff Dyer

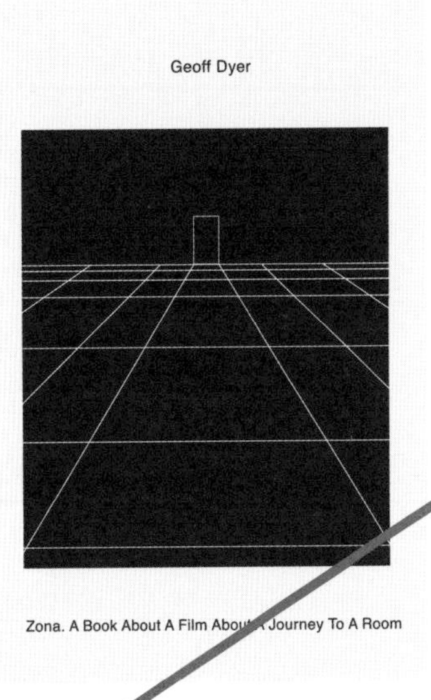

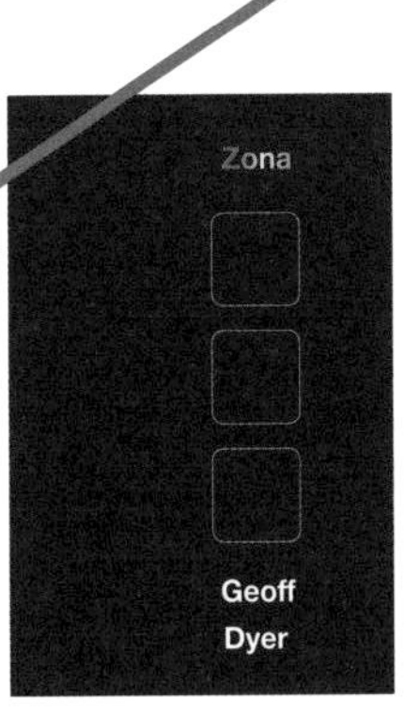

A BOOK ABOUT
FILM ABOUT A JOURNE
TO A ROO
Zona

Geoff Dyer

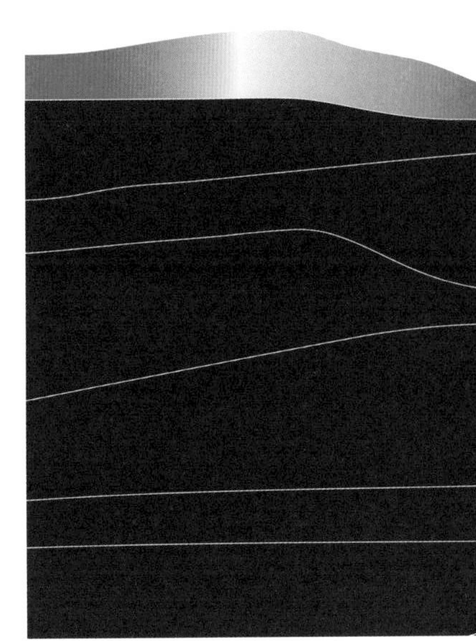

ZONA
A BOOK ABOUT A FILM ABOUT A JOURNEY TO A ROOM
BY GEOFF DYER

about a
film about
a journey
to a room

A book
about a
film about
a journey
to a room

A book
about a
film about

Geoff
Dyer
Zona
Geoff
Dyer
Zona

zona //////
a book about
a film about
a journey to
a room --
geoff dyer

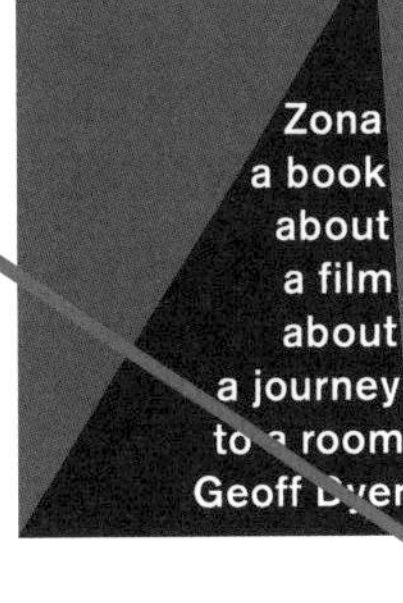

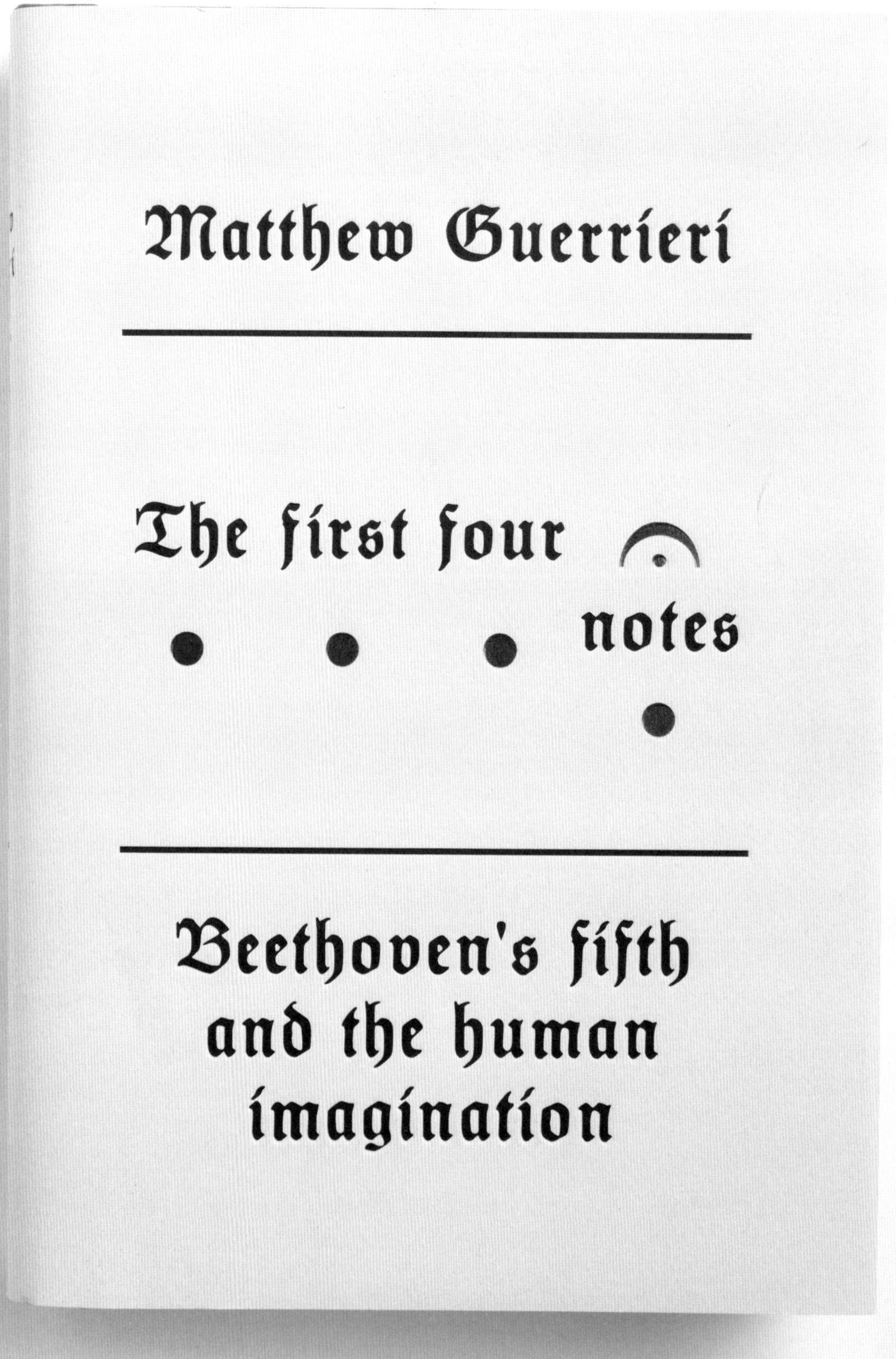

Matthew Guerrieri

The first four notes

Beethoven's fifth and the human imagination

嗒嗒嗒嗒……

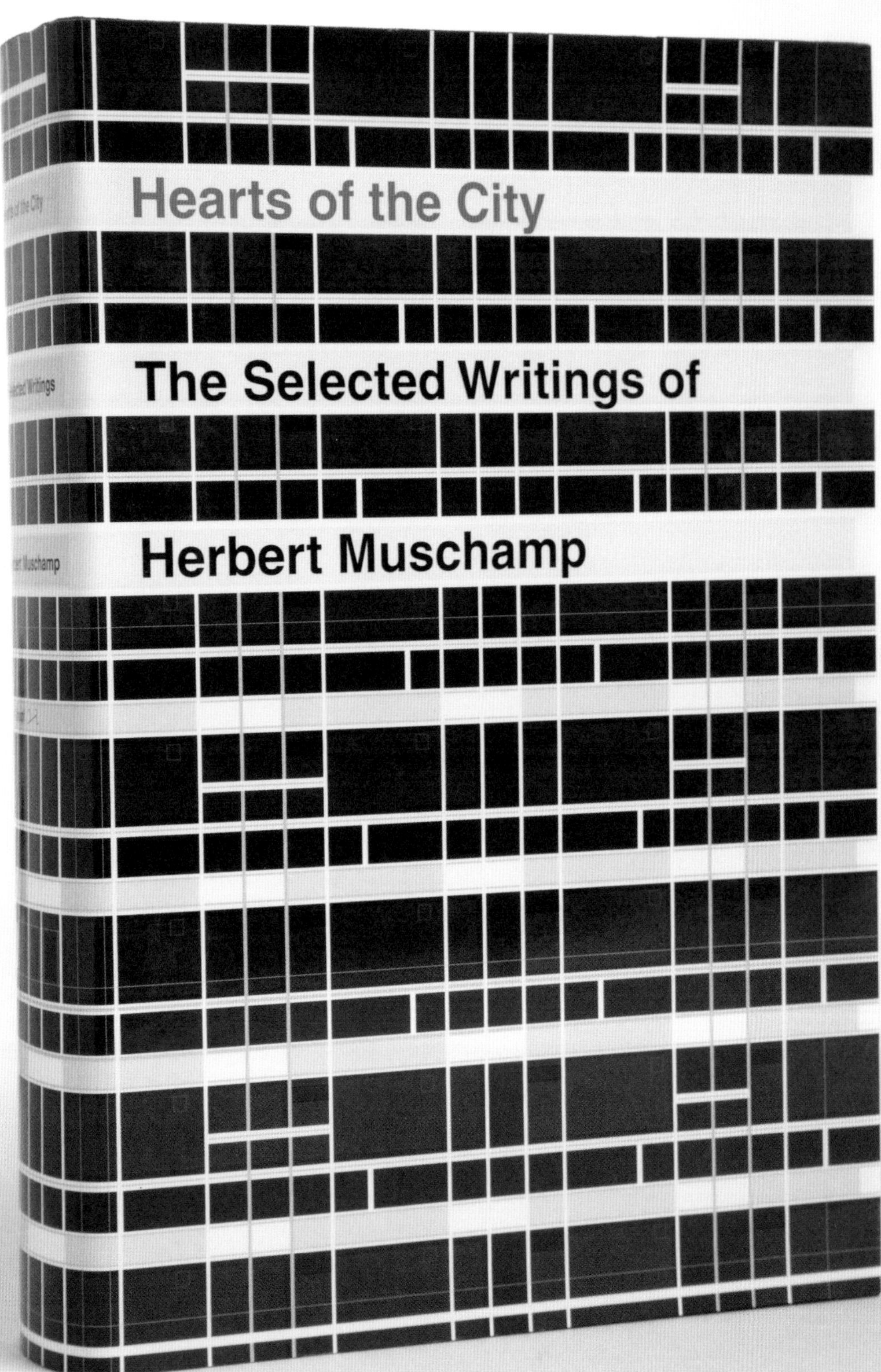
Hearts of the City
The Selected Writings of
Herbert Muschamp

把书当作建筑。

Poems

THE
VILLAGE
UNDER
THE SEA

MARK HADDON

Bestselling Author of

THE CURIOUS INCIDENT
OF THE DOG IN THE NIGHT-TIME

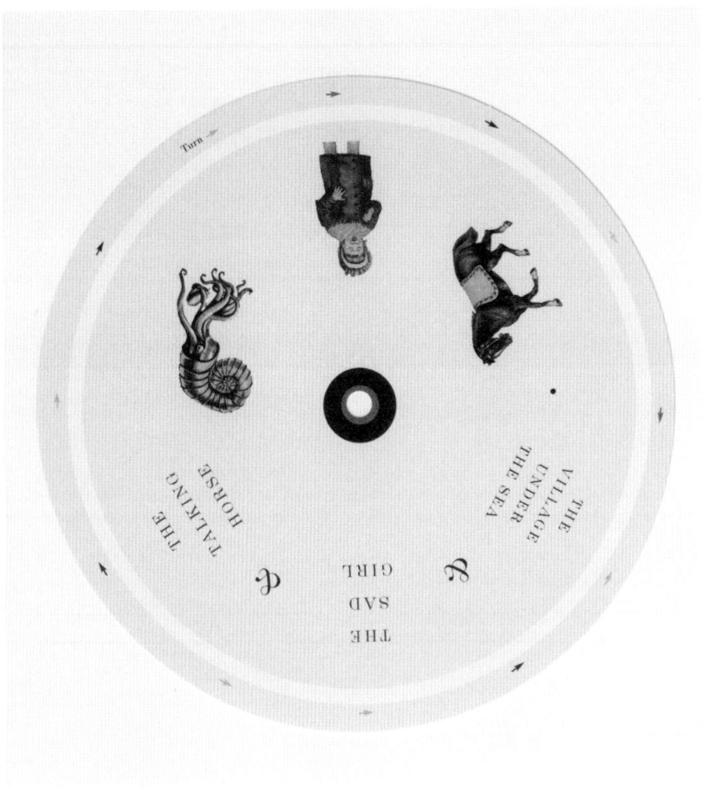

我设计过的护封或封面中，只有它有活动件。

LEO AND HIS CIRCLE • Annie Cohen-Solal
Knopf
VLADIMIR VOINOVICH
MONUMENTAL PROPAGANDA
ALFRED A. KNOPF
DOUBLE VISION
Walter Abish
KNOPF
A Monster's Notes
Knopf
Laurie Sheck
ELEVEN DAYS
Lea Carpenter
ALFRED A. KNOPF
P. D. JAMES
The Murder Room
ALFRED A. KNOPF

过程

1. 阅读

-You're right, that's enough of this, he said to her. Are you hungry?

-Yes.

After a while he said,

-Driver, get off at Ninety-sixth Street, will you? Go over to Second Avenue. We'll go to a place I know, he said to her.

They finally stopped at Elio's. He managed to pay the cab driver, counting the money out twice. Inside there was a crowd. The bartender said hello. The tables in front that were the best were all filled. An editor he knew saw him and wanted to talk. The owner, who he knew very well, told them they would have to wait fifteen or twenty minutes for a table. He said they would eat at the bar. This is Anet Vassilaros, he said.

The bar was equally busy. The bartender—Alberto—he knew him, spread a large white napkin on the bar in front of each of them and put down knives and forks and a folded napkin.

-Something to drink? he asked.

-Anet, do you want anything? No, he decided. I don't think so.

He ordered a glass of red wine, however, and she drank some of it. Conversations were going on all around them. The backs of people. He was nothing like her father, she was thinking, he was in a different world. They sat side by side. People were edging past. The bartender was taking orders for drinks from the waiters, making them, and ringing up checks. He came towards them holding two dishes of food. The owner came while they were eating and apologized for not having been able to seat them.

-No, this was better, Bowman said. Did I introduce you?

-Yes. Anet.

The editor stopped by them on his way out. Bowman didn't bother to introduce him.

-You haven't introduced us, the editor said.

-I thought you knew one another, Bowman said.

all that is

resignation

Completion

fully - full-ness (making due w/ little?)

Everything . whats left?

Romance/Erotism

NY-period mood.

Retrospective - memory

Summing up

Nostalgia -

fading out. curtains drawn

loss

last book?

all - amount little? a lot?

Satter - succession of moods.

cadence.

heightened sense of the commonplace

quotidien.

all type? important book.

Sattie → typographical brand

3. 选择大方向

Ⅰ. 自己制作或委托他人

Ⅱ. 工具

摄影图片
手绘插图
拼贴
铅笔
钢笔
颜料
矢量图
等等

Ⅲ. 版面字体

手写体
有衬线字体
无衬线字体
等等

Ⅳ. 调色

Ⅴ. 类别

抽象
拟态
指称
自成一派
全能型
等等

Ⅵ. 受众

大众市场
商业渠道
等等

Ⅶ. 总体效果

等等

4. 选择主题

着手为一部虚构作品设计护封的时候，设计师总是会从数量有限的几个盒子中挑选主题，甚至自己都没有留意。尽管作为设计师，我们的选择无穷无尽，但是当我们从原虚构作品中向外择选想法的时候，这些选择概括起来其实只有几个类别，想列出这几个类别似乎也不是什么难事（我知道，这种做法似乎有些简缩倾向。不过，积木本来就应该是简缩到极致的。所以，我们有意追求的就是这种概略效果。此外，我还想说，任何设计稿的基本构件都是字体和图像，任何二维静态图像的构成元素简缩到极致也只有形状和色彩）。

无论如何，以下是虚构类护封主题的几大类别。

（1）“人物角色”

把一个人放在封面上。这种设计策略经常能胜出。当然，这件事也不好办——天马行空的畅想能给人带来心满意足的感觉，我们这些设计师可不想夺走读者的想象空间。最好只展示人物的一小部分，而不是事无巨细地展现整体。身体部位：手、脚、头发、耳朵等，这些——本应如此——都比直接呈现整张正脸更加常见。我们的大部分工作都是在隐藏、遮挡、阻拦面孔。

（2）“物品”

在封面上放一件物品——这件物品应当能代表全书，或者对故事发展至关重要（或者，最好两者都能做到）。这件物品一定是引人注目的，有时也能起到确定地点、调性、角色的作用。物品一定极富隐喻潜力。

（3）“事件”

在封面上重塑某一事件，或呈现相关史料。如果我们手头这部虚构作品是历史小说，那可以使用的非虚构参考材料更是数不胜数（如在装饰《战争与和平》封面的时候可以使用描绘拿破仑战争的绘画）。“事件”可以指虚构作品中发生的（或暗示的），尤其能引发共鸣的任何场景（如《太阳照常升起》中的斗牛）。

（4）“地点”

在封面上放置一个地点（某地特有的或能代表该地的某件物品）。在为虚构作品创作护封时，经常会用到这一类别。编辑、出版商、作者经常告诉我：小说护封要有“地点感”。注意，“地点”类别能与“时间”类别融合，或者与“主题”类别融合，当然，所有这些类别都能以千百种方式融合……

（5）“时间”

在封面上给出故事所处的时间段。本类别最常作为第1类别至第4类别的附带效果出现，经常同时属于好几种类别。不过，使用较为抽象的方式时，也能有给定时间（和地点）的效果。例如，想象一下，如果护封上装饰着维也纳工坊的图案，那敏锐的读者看到后立刻就会猜到书里的故事发生在20世纪初的中欧某处。

（6）“一段文本”

在封面上放一张图片，与某行文字尤为契合（这行文字通常是书名）。人们经常能够看到以视觉手段呈现某段文字内容的护封。如果某位设计师要设计的那本书的书名是《飘》，那他很可能会将“风”或“风吹”当作护封设计主题（尽管我们设计师不喜欢在护封上简单模仿或重申书名）。

正如我刚才提到的，书名经常是护封设计师的灵感来源，因为书名本身经常属于上述几种类别。而且，书名就像窗口，从中可以看出作者的主要关注点。也就是说，出版中会用到的这两种工具（书名与封面设计）在代表叙事内容以及图书销售中扮演着类似的角色。

事实证明，小说名称本身也可以根据上述类别来分组：

人物角色：《安娜·卡列尼娜》（*Anna Karenina*）；《项狄传》（*Tristram Shandy*）；《吉尔伽美什》（*Gilgamesh*）；《洛丽塔》（*Lolita*）。

物品：《马耳他之鹰》（*The Maltese*

Falcon);《红字》(*The Scarlet Letter*);《金钵记》(*The Golden Bowl*);《外套》(*The Overcoat*)。

事件:《苏菲的选择》(*Sophie's Choice*);《暴风雨》(*The Tempest*);《拍卖第四十九批》(*The Crying of Lot 49*)。

地点:《月宫》(*Moon Palace*);《霍华德庄园》(*Howards End*);《柏林故事集》(*The Berlin Stories*);《伦敦场地》(*London Fields*)。

时间:《1984》;《队列之末》(*Parade's End*);《八月之光》(*Light in August*);《春之觉醒》(*Spring Awakening*)。

一段文本:《麦田里的守望者》(*The Catcher in the Rye*);《一抔尘土》(*A Handful of Dust*);《蝗灾之日》(*The Day of the Locust*);《可惜她是个娼妓》(*'Tis Pity She's a Whore*);《追忆逝水年华》(*Remembrance of Things Past*)。

(7)"情感或调性"

在封面上放一张能够代表调性或总体情感倾向的图像。有时，书封的作用恰恰在于它所营造的氛围。

(8)"尽显无遗"

在封面上放置明确的剧情元素，越多越好。我意识到，"尽显无遗"并不是一个真正的类别，和其他几个类别不一样——事实上，它是由其他类别构成的，包含的类别越多越好，因此它更像是一种方法(一种极其不明智的方法)。

"尽显无遗"是大多数类型小说(浪漫小说、犯罪小说)封面的设计思路及构图语法。但这种方法也会被用在每天产生的无数文学性虚构作品的护封上。不过，这种装满情节要点的封面，这个被我称为"尽显无遗"的类别，却是久经考验的出版界人士的最爱。他们相信，护封的主要任务是尽可能提供故事线信息，通过人物角色和环境来表明一本书的类型。"尽显无遗"是用故事中的物品(主要叙事中与人物形象、事物相关的内容)设计护封的典范。这里没有诠释，没有等待揭开的面纱。

这种封面只涉及作者作品的一部分——最平凡的那部分，即在给定的故事中"发生了什么"。

也就是说，"尽显无遗"并不仅仅是上述类别的混合体。为虚构作品设计的所有护封几乎都是上述类别的混合体。但是，"尽显无遗"挤掉了所有其他展现形式，留给我们的只有细节。

我讨厌这种护封。

(9)"立场"

在封面上呈现该书的关键主题思想。本类别与上一个类别对立。

阅读时，我会不由自主地、疯狂地寻求意义。因此，我的设计往往带着一点点或正确或错误的阐释。我发现，在设计封面的时候，我几乎无法抑制自己的文本阐释倾向。

也许是被训练成了这样，也许是习惯或本能。

从表面上看，该类别可能不属于"原材料"，而是一种总体思考角度，令其他类别呈现出不同的样貌。当然，也可以利用上述类别来设计一款关注主题的书封。不过……

(10)"平行替代"

……如果设计师想要离开故事细节这一领域，那也可以使用抽象手段、全能解决方案，甚至使用剧情之外的视觉主题(这种情况类似于译者遇到的问题：在翻译某段时，发现目标语言中并没有相似词语，此时必须找到平行替代)。此处的重点在于以某种方式呈现(经过设计师诠释的)作者意图。

你可能已经想到了，此类护封设计起来相当困难。在此类护封中，能指(护封)事实上与所指(叙事)并不相像。它可能会以映射方式呈现叙事，但不会以图像方式再现叙事。如果做得好，那它就是最棒的护封，因为它不会对作者虚构出的那个万花筒般的世界产生任何影响。

我们可以看出，以上列出的所有类别其实可以整齐归为两类：

1. 叙事内容(人物角色、物品、事件、地点、时间、一段文本)

2. 元叙事内容（主题、情感……）

现在我们大概已经得出了合乎逻辑的结论：护封可以利用文字本义，也可以采用隐喻手法；可以涉及叙事，也可以探讨主题。

我们这样划分恐怕是不对的。很明显，这两类会重合，会相互影响——护封意象可能在符号学层面上执行着某种双重任务（事实上，所有意象都“在符号学层面上执行着某种双重任务”，不管是有意的还是无意的）。在我看来，优秀的虚构作品护封在为读者提供信息时，所借助的那些意象大多受到了给定情节细节的限制，但与此同时（希望如此）又能指向某些元叙事内容。换句话说，选择一个与故事线有关的细节，用它去展现“更加宏大的内容”。上述技巧利用了与符号系统有关的一点小知识，即任何能指（符号、词语、图像等）都同时具有两个含义渠道：直接意指（denotation）与含蓄意指（connotation）。这两个渠道分别对应着字面义和比喻义。

该行业的任何一个从业者都会说，护封设计过程绝非科学。没有哪个设计师会想：“今天我要把一件物品放到书的封面上。”相反，我们的选择（应该）与文本阅读融会贯通——文本才是我们所有想法的源泉。

也就是说，我们工作的主要内容是：阅读作品。

正如我之前提到的，人们总希望设计师（如果把我们当作诠释者来对待，而不是当成转述者，甚至更糟糕的是，把我们当成装饰者）同时表达两个层次的符号含义，既要有直接意指，也要有含蓄意指。第一，以视觉方式再现叙事；第二，精心挑选视觉元素，思考它们在含蓄意指层面上能否反映作者的基本意图。第一部分很容易。至于第二部分，设计师有时会把事情搞砸。

护封或封面很可能带有编辑的倾向，有观点立场（以及目标受众）。但它所传递的信息是否有说服力？传达是否清晰？它说了一件事还是多件事？事实上，它是否给出了一个明确的立场？仔细观察就会发现，许多虚构作品的护封在隐喻层面上相当模糊、随性而为——我认为，这就是封面这种媒介的微妙之处：它们经常（只是）看上去含义丰富且明确。这种情形也许源自32000年以来的意象积累；也许是因为那些原本毫无含义的动作与姿态，经过稳定重复和积累之后，便形成了许多修辞范例；也许是因为读者已经熟知多种诠释方法；也许是因为人们还陷在早就过时的误解（文本是全然“开放的”）以及随之而来的错觉（任何事物都可以意指任何事物）里；或者仅仅是因为封面在含蓄意指层面上具有结构开放性（几乎任何图像都能既具有一般含义，又能与手头任何文本相关，还不具备任何具体含义）。大多数护封的贴切感都是意外，而且仔细观察就能发现，这些护封似乎放弃了解析文本的责任：也许是因为设计者的冷漠，或者是因为设计者使用了或模糊、或隐晦、或常见的象征手法，所以这些封面都未能呈现连贯的立场。不过，奇怪的是，如果只是粗看，那它们似乎也能呈现立场。当然，用于呈现以上其他类别（人物角色、地点、物品等）的图像本身也拥有无数模糊含义。所以，人们会以为从这些含义丰富的盒子中做出选择的设计师似乎对主题思想胸有成竹，可实际上，在许多情况下，他们恐怕并没有任何想法。有人会说，如果设计师的工作做得好，那么他所选定的图像一定能突出某个暗示，而这个暗示应该能够代表作者想要传达的整体信息，或者能够与之产生共鸣。但这种情况并没有人们想象的那样常见。在许多情况下，你在封面上看到的一扇窗、一棵树、一绺头发或一只鸟能够意指许多事物，即使那扇窗、那棵树、那绺头发、那只鸟没有任何特别含义。在完全不具备任何能指能力的情况下，护封密码的含义就是购买者、读者、观看者在看到护封之后为其赋予的含义。谢天谢地，他们的确会为护封赋予含义——否则就会有人指出那些想法的模棱两可，那样的话，图书封面设计就会难上加难了。

如果想设计出优秀的护封（为了完成用视觉艺术去描绘文字这项奇怪的工作），那我们必须找到一些方法，让那些难以捉摸的东西变得具体起来。仔细、深入阅读文本之后就能找到线索，知道如何以最温和的方式去实现这个目标。

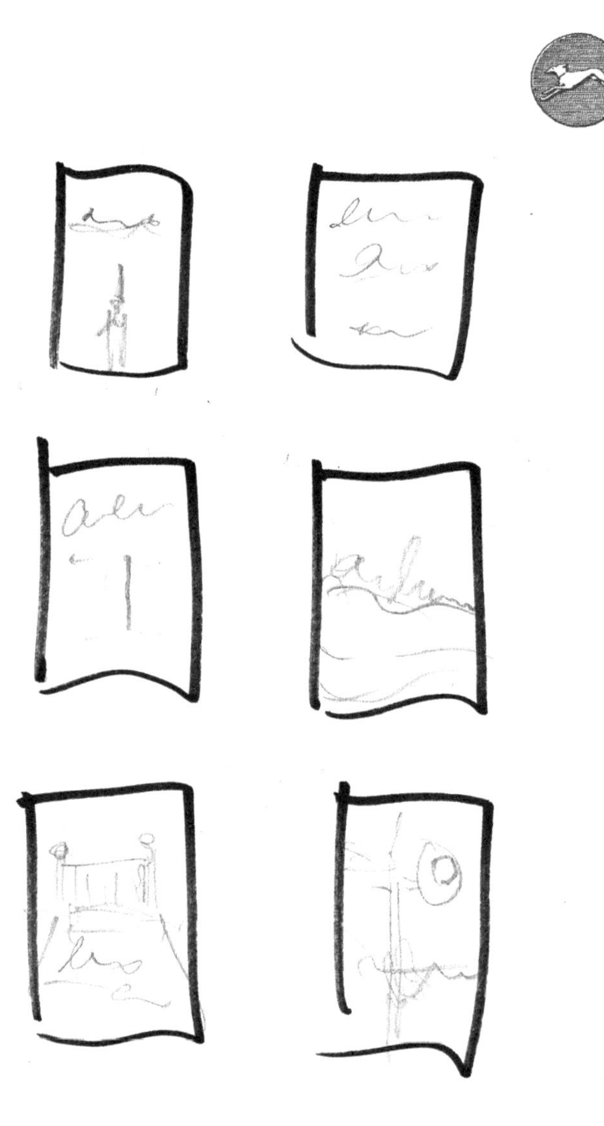

6. 设计

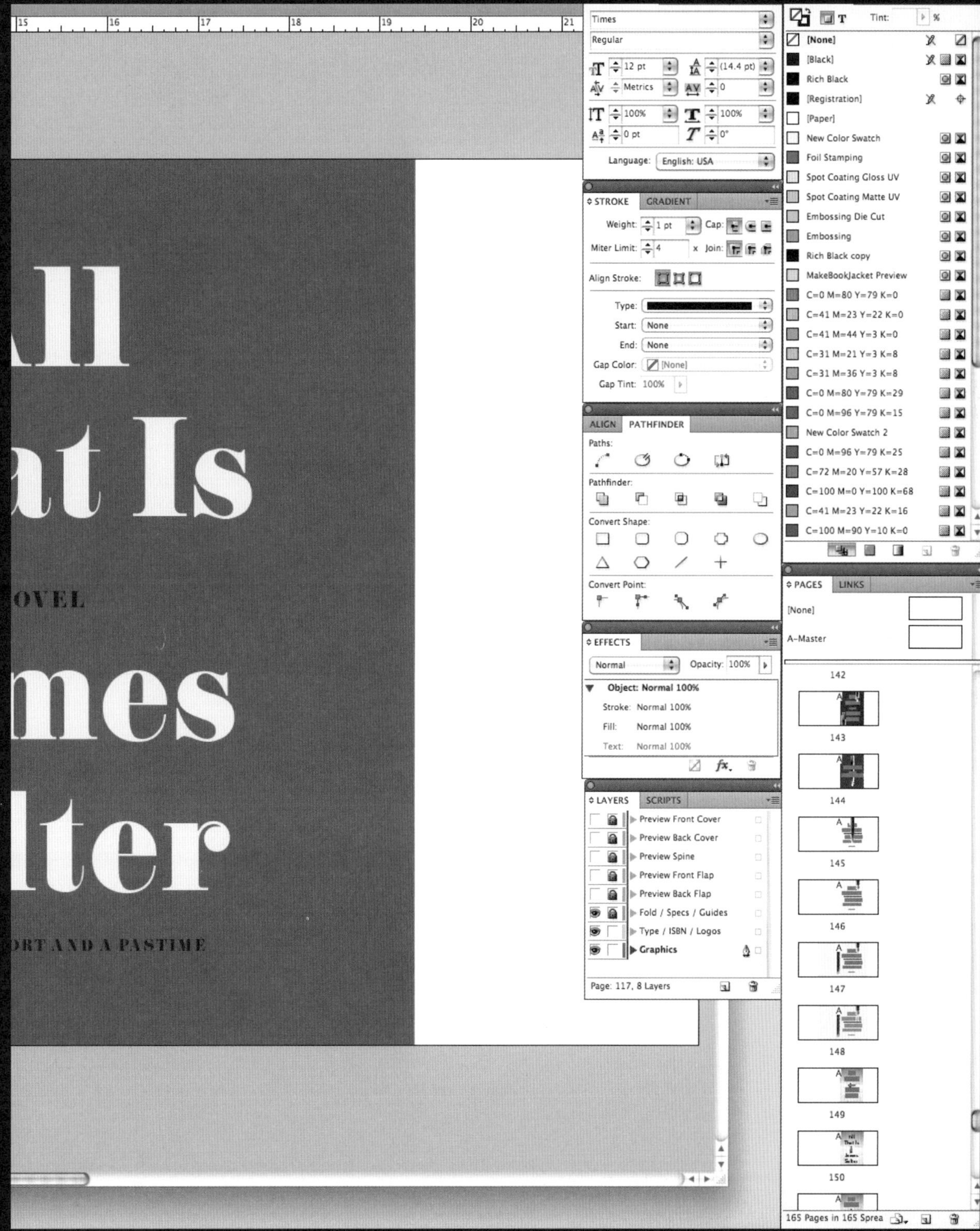

15
16
17
18
19
20
21
All
at Is
OVEL
mes
lter
ORT AND A PASTIME
Times
Regular
12 pt
(14.4 pt)
Metrics
0
100%
100%
0 pt
0°
Language:
English: USA
STROKE
GRADIENT
Weight:
1 pt
Cap:
Miter Limit:
4
x
Join:
Align Stroke:
Type:
Start:
None
End:
None
Gap Color:
[None]
Gap Tint:
100%
ALIGN
PATHFINDER
Paths:
Pathfinder:
Convert Shape:
Convert Point:
EFFECTS
Normal
Opacity:
100%
Object: Normal 100%
Stroke:
Normal 100%
Fill:
Normal 100%
Text:
Normal 100%
LAYERS
SCRIPTS
Preview Front Cover
Preview Back Cover
Preview Spine
Preview Front Flap
Preview Back Flap
Fold / Specs / Guides
Type / ISBN / Logos
Graphics
Page: 117, 8 Layers
Tint:
%
[None]
[Black]
Rich Black
[Registration]
[Paper]
New Color Swatch
Foil Stamping
Spot Coating Gloss UV
Spot Coating Matte UV
Embossing Die Cut
Embossing
Rich Black copy
MakeBookJacket Preview
C=0 M=80 Y=79 K=0
C=41 M=23 Y=22 K=0
C=41 M=44 Y=3 K=0
C=31 M=21 Y=3 K=8
C=31 M=36 Y=3 K=8
C=0 M=80 Y=79 K=29
C=0 M=96 Y=79 K=15
New Color Swatch 2
C=0 M=96 Y=79 K=25
C=72 M=20 Y=57 K=28
C=100 M=0 Y=100 K=68
C=41 M=23 Y=22 K=16
C=100 M=90 Y=10 K=0
PAGES
LINKS
[None]
A-Master
142
143
144
145
146
147
148
149
150
165 Pages in 165 Sprea

7. 迭代

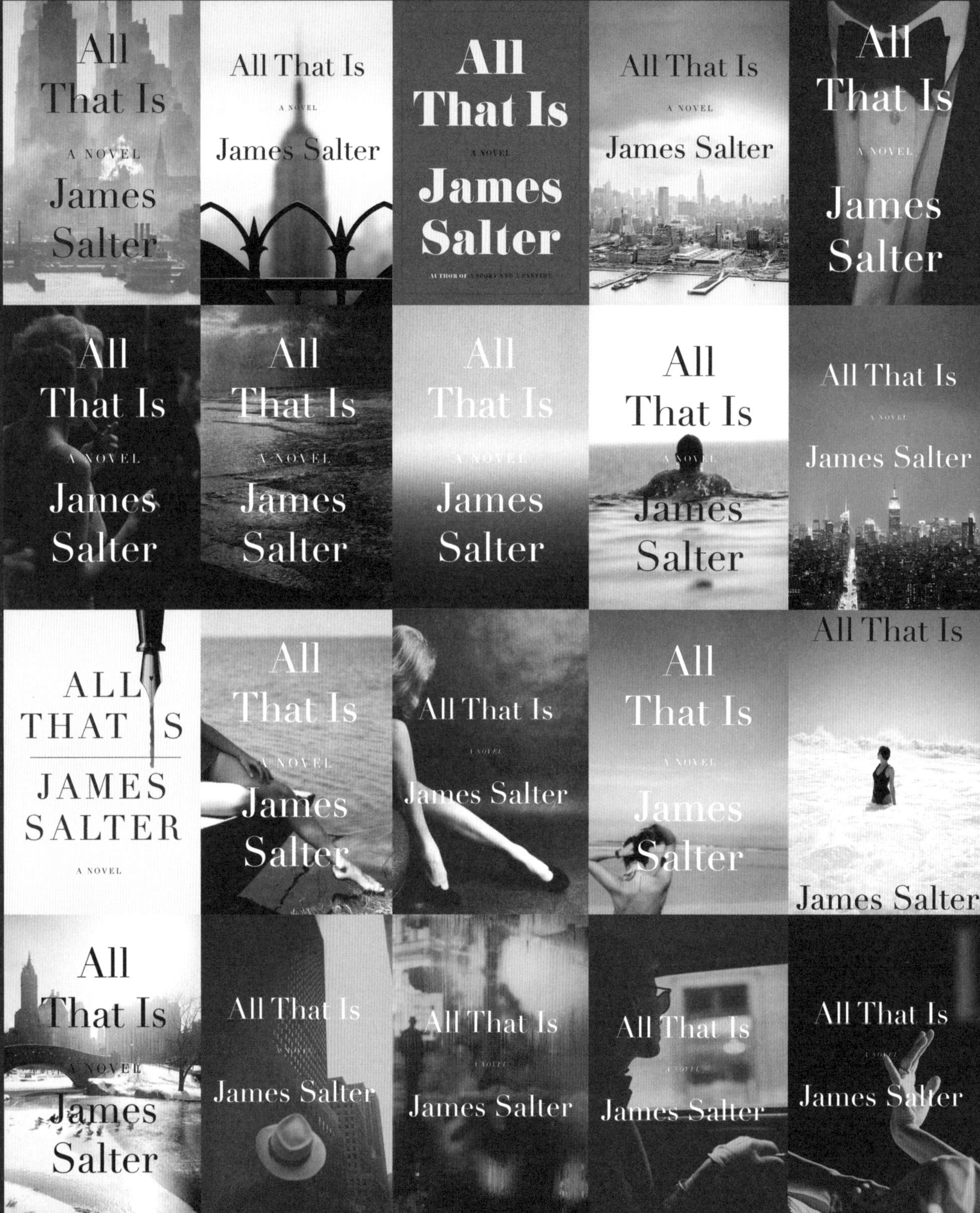
All
That Is
A NOVEL
James
Salter
All That Is
A NOVEL
James Salter
All
That Is
A NOVEL
James
Salter
All That Is
A NOVEL
James Salter
All
That Is
A NOVEL
James
Salter
All
That Is
A NOVEL
James
Salter
All
That Is
A NOVEL
James
Salter
All
That Is
A NOVEL
James
Salter
All
That Is
James
Salter
All That Is
A NOVEL
James Salter
ALL
THAT IS
JAMES
SALTER
A NOVEL
All
That Is
A NOVEL
James
Salter
All That Is
A NOVEL
James Salter
All
That Is
A NOVEL
James
Salter
All That Is
James Salter
All
That Is
A NOVEL
James
Salter
All That Is
A NOVEL
James Salter
All That Is
A NOVEL
James Salter
All That Is
A NOVEL
James Salter
All That Is
A NOVEL
James Salter

All That Is James Salter Knopf

All That Is

A NOVEL

James Salter

AUTHOR OF *A SPORT AND A PASTIME*

9. 修改

×

All That Is James Salter Knopf

All
That Is

A NOVEL

James
Salter

10. 再试一次

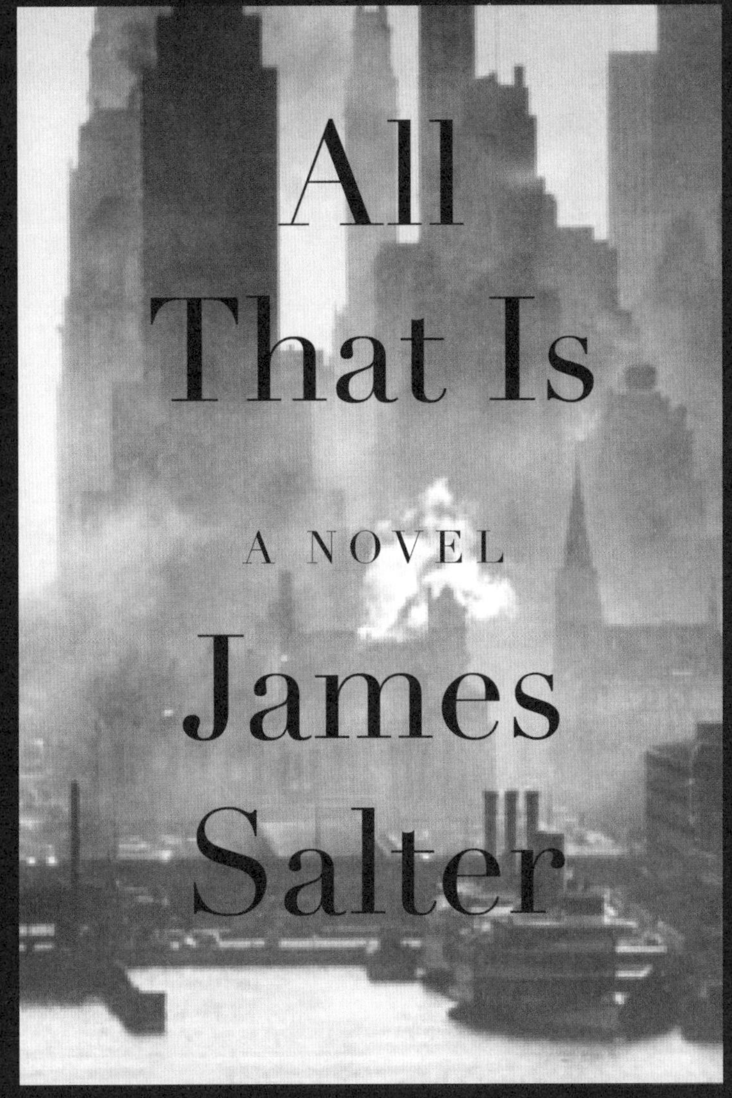
All
That Is
A NOVEL
James
Salter

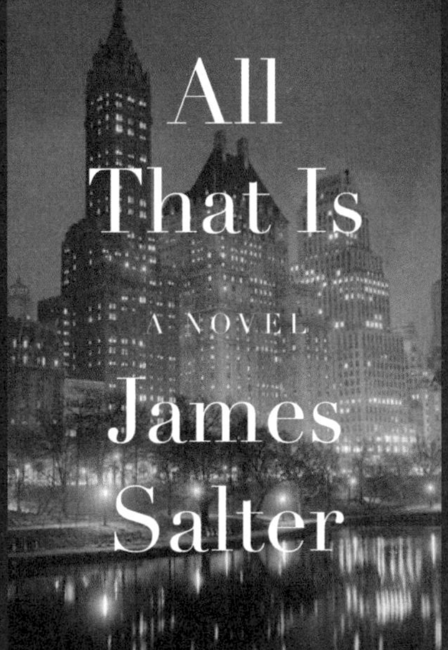
All
That Is
A NOVEL
James
Salter

novel

To Peter
with thanks

ames

James Salter

alter

封面解剖学

当我为一本好书设计封面时，我觉得我所做的每个选择似乎都会削弱或者扭曲这本书……

每一次选择颜色、每一次决定版式字体、每一次划分空间、每一次图片拼接——每一步都会让这本书更加具体，也更加贫瘠。我的工作就是将文本——作者的作品、完美的非实体性——拖入可怕的具体性。从这个角度说，无论我的工作做得有多好——无论封面有多漂亮，我都会觉得少了点什么。

我一直都知道，无论我为胡里奥·科塔萨尔（Julio Cortázar）那本爵士乐般的、忧郁的、超小说的、刚刚满50岁的杰作《跳房子》（*Hopscotch*）设计什么样的封面，我都会不满意——总会觉得这个或那个地方还不够好。最难的事莫过于为你最心仪的文本设计封面——16岁那年，当我第一次读到《跳房子》的时候，就爱上了它。我花了好几周的时间，为《跳房子》设计了许多款封面。我甚至可以再多花几年时间。有时候，我仍然会有一种冲动，想从停顿之处继续，再为《跳房子》设计封面。

有一些书（《跳房子》就是其中之一），从理论上讲，人们可以为它设计一个又一个封面，每一个都是无形的，只要远离印刷机，全都是可爱的抽象之物。这些封面一寸、一寸地逼近文本本身，逼近书的精髓。直到封面变成文本，两者融为一体，你中有我，我中有你，就像一个人在巴黎植物园里盯着美西钝口螈看，盯久了，就会发现自己也长出了灵活的蹼足，住到了玻璃的另一边。

不过，人们的确会发现（在真实世界中），在某一刻，必须停止设想——也就是说，有时必须把东西做出来。至少，在出书日之前，必须做出一个封面。也许不是“那个”封面。但至少是一个封面。

我想，我还会继续为《跳房子》设计封面的。正如科塔萨尔所写：“我意识到，探寻就是我的符号，是那些夜晚出门、没有什么特定想法的人的标志，是指南针破坏者的动机。”《跳房子》这本书的标志恐怕也是“探寻”，而这本书，这部小说，可能就是个封面破坏者（也许我应该在封面上放一个砸烂了的指南针）。不过，请安心接受我已经设计出来的这些封面，至少暂时接受它们。我们这些《跳房子》的爱好者，也许有一天会给马黛茶葫芦掸掸灰，在某个尚未到来的青紫色夜晚，一起谈谈《跳房子》的封面本来可能会是什么样子的，以后《跳房子》的某一款封面可能会是什么样子的。我们会塑造一个这样的世界，到处都是转瞬即逝的封面，“到处都是美妙的机会，一片有弹性的天空。一个突然会消失，或者固定不动，或者改变形状的太阳”。或者，我们可以拿出所有封面，所有可能的封面，把它们铺在人行道上，然后丢一颗石子，在无穷无尽的封面之间，看石子会落在哪里。

之后就是一连串的想法——终版封面，然后是《跳房子》和《放大》（*Blow Up*）的多张设计稿——石子没有落在这些想法上。

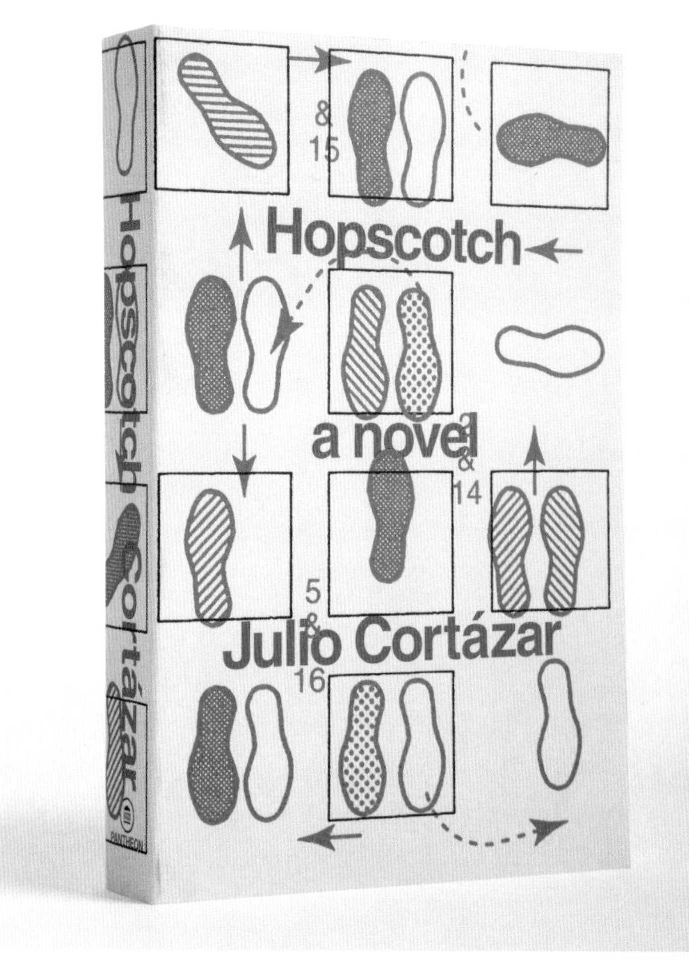

万神殿书局版本的《跳房了》最终面世时的样子。它呈现的是探戈舞步，叠加在“跳房子”（rayuela）的格子上。在封面上使用跳房子这个游戏作为视觉引导总会给人恰当（且最明显）的感觉（《跳房子》这本小说也可以像其他书那样读：从头读到尾。或者可以根据作者给出的一系列说明，“跳房子”似的在各章节之间跳来跳去）。

该封面混合了现有材料，就像科塔萨尔小说中贝尔特·特雷帕（Berthe Trépat）的“德利布－圣桑综合”（Delibes-Saint-Saens Synthesis）。撕碎部分来自乔治·萨尔特（George Salter）设计的美国第一版封面。

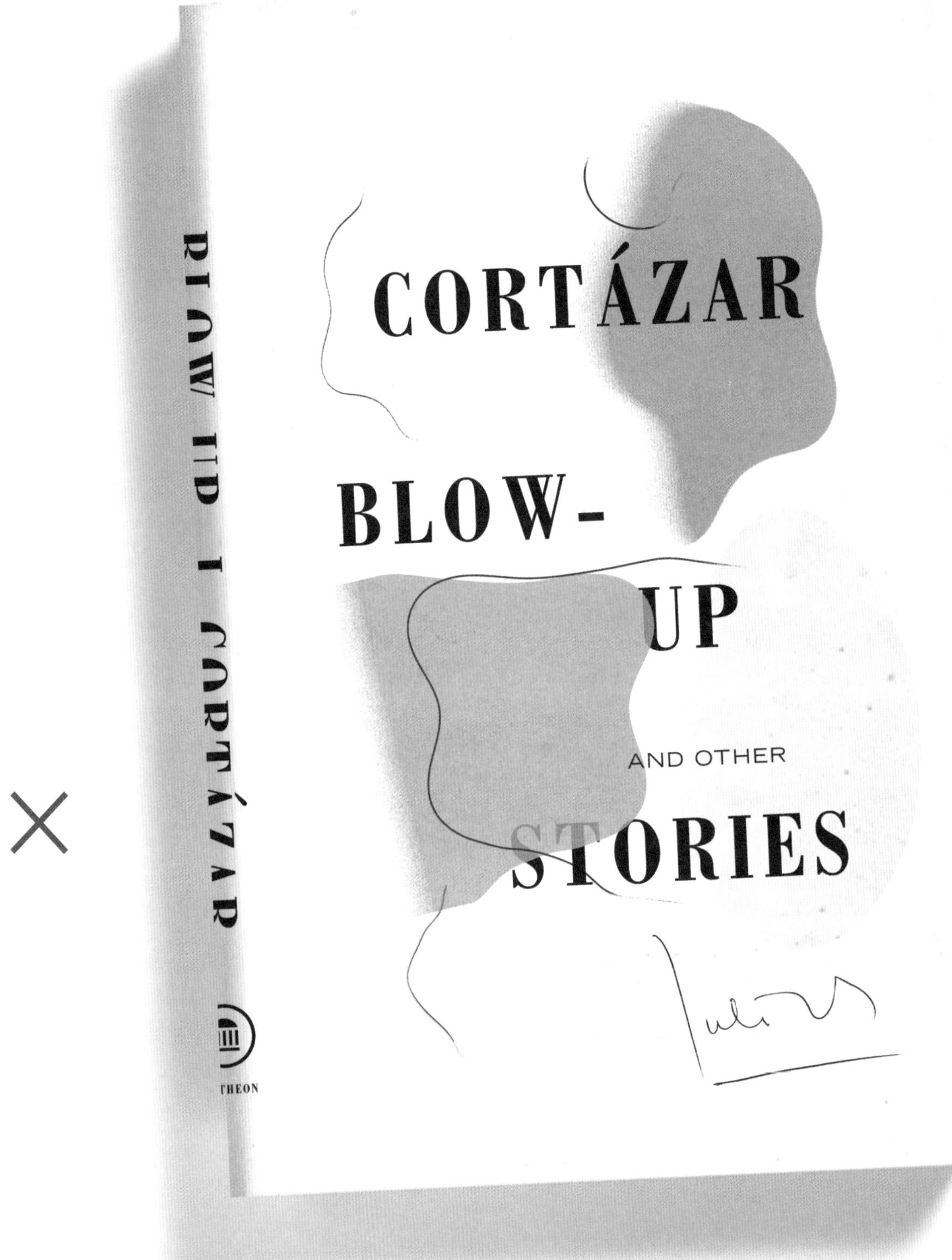

如果某位艺术家的风格与我手中的故事相呼应，那么，在处理封面的时候，我偶尔会从这位艺术家那里寻找灵感。

在本例中，借用米罗（Miró）的那种爵士感很合适。

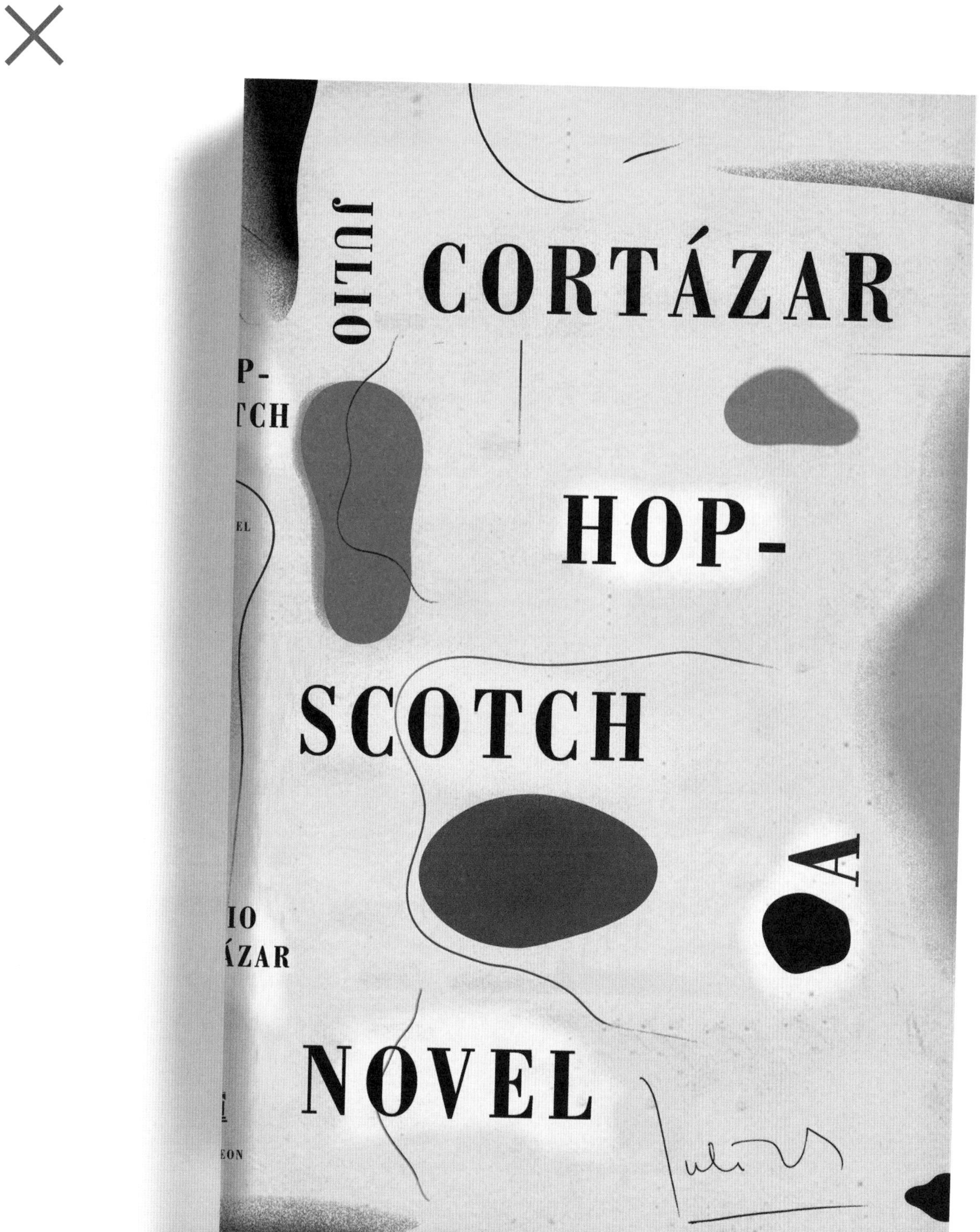

从许多角度来说，该封面的视觉处理比之前那一款更加冒险。它也是我的最爱。不过，最终我认为负责此类事务的委员会（编辑/销售/营销）不会认同这幅设计稿。他们会抱怨："书名太难辨认了。"（我会默默反驳："这本书也不容易读。这是它的主要优点之一。"）

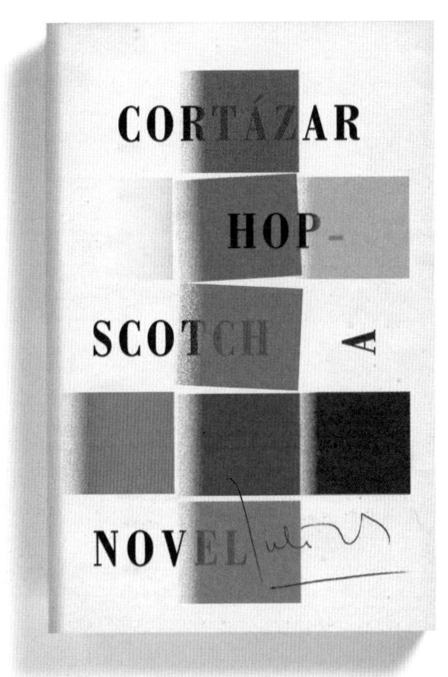

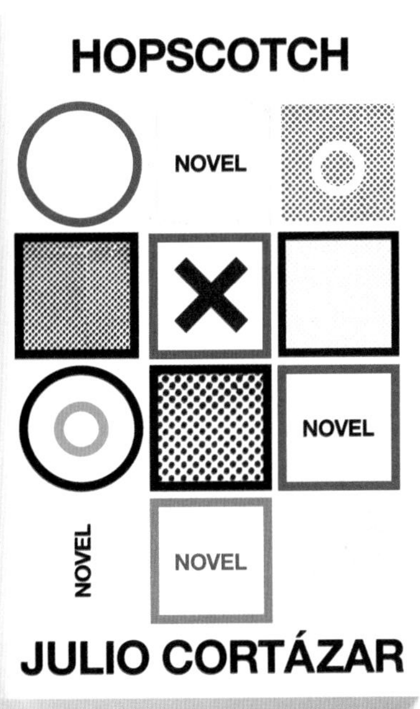

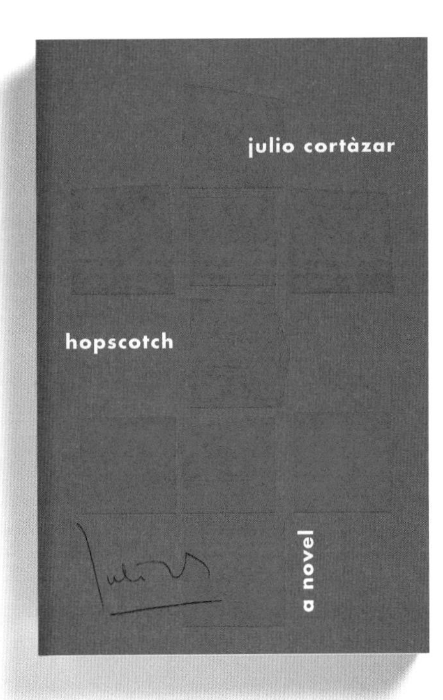

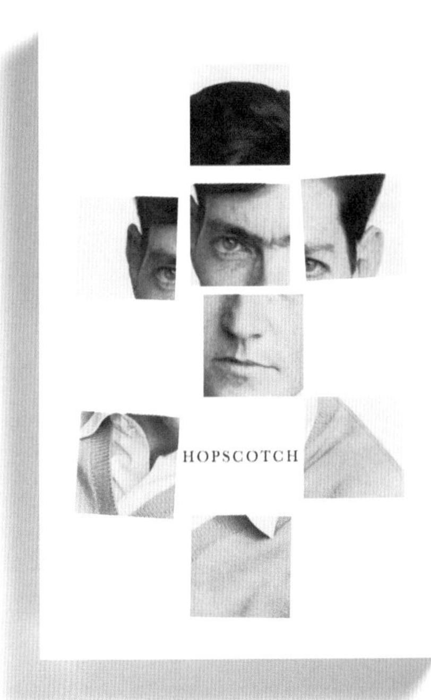

关于封面的每一个笼统想法都会衍生出一系列变体。对于每一个笼统想法，我总是会使用不同工具（拼贴、手绘插图、摄影）并尝试多种版式字体。所有细节都使护封带给人的震撼更加强烈。

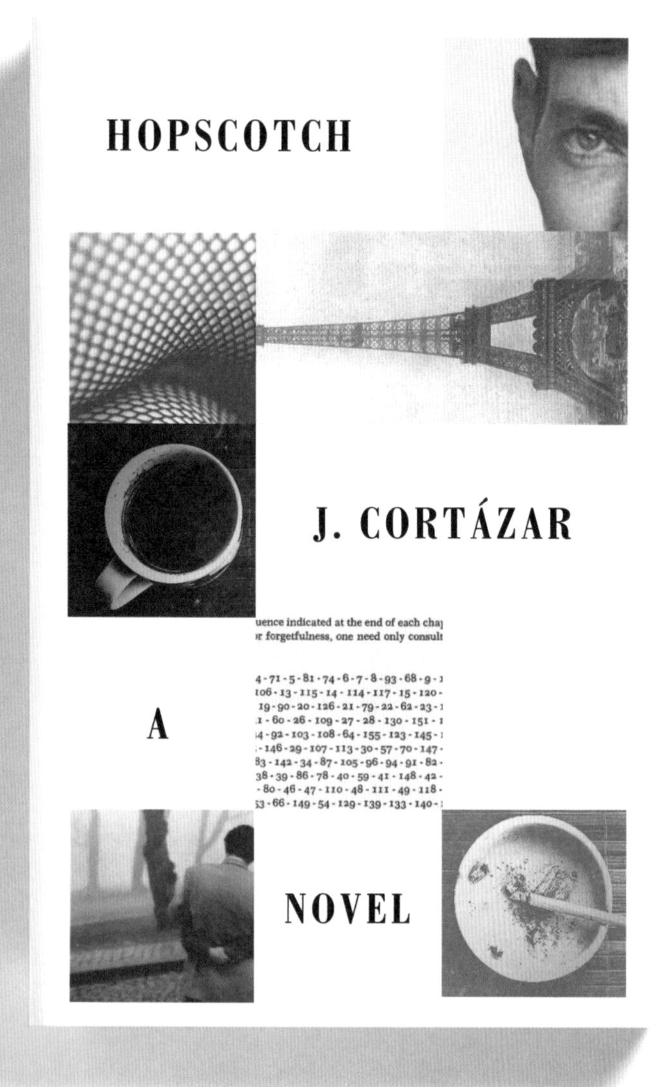

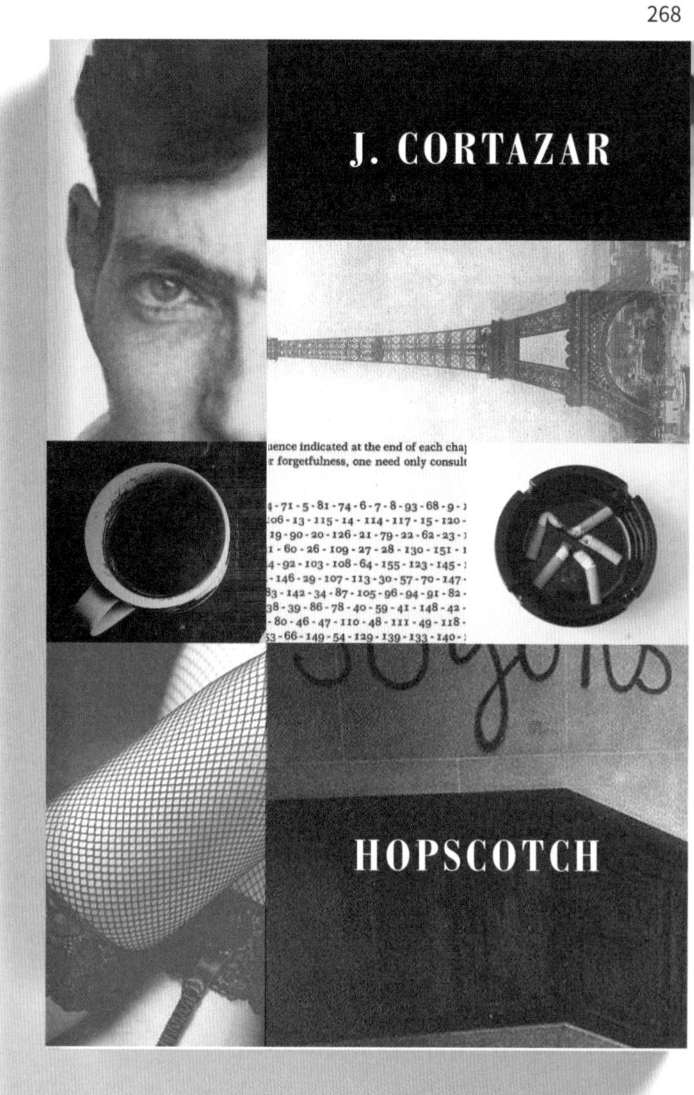

每本小说都是经过加密的创作者肖像吗?

HOPSCOTCH

HOPSCOTCH

HOPSCOTCH

HOPSCOTCH

~~Hopsol~~

A NOVEL

CORTÁZAR

有一段时间，我曾想过用布拉塞（Brassaï）拍摄的一张巴黎涂鸦照片。然后，我在家中书架上看到，口袋书系列（Le Livre de Poche）出版的雅克·普雷维尔（Jacques Prévert）的四本书都在封面上使用了这些照片，而且效果更好。总会有人抢先一步……

右：《跳房子》是一次出色的叙事实验，不过说到底，它也是一个爱情故事。所以，在这里，我尝试了我能想到的最老套的东西：心和箭。然后，我开始破坏这种陈词滥调，与作者的颠覆性叙事风格形成呼应（本例从20世纪60年代的拉美书籍封面的风格中汲取灵感，相当合适）。

HOPSCOTCH
A NOVEL
JULIO
CORTÁZAR

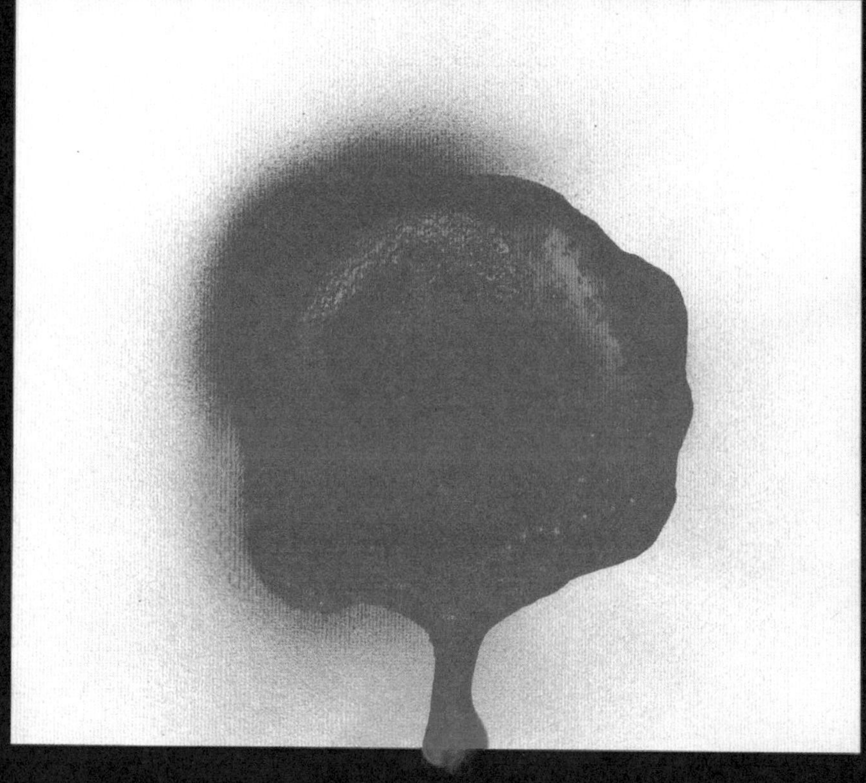
HOPSCOTCH
(A NOVEL)
J. CORTÀZAR

有一段时间，我曾想在小说封面上放一个白框，为了鼓励读者制作他自己的、独一无二的《跳房子》封面。画一幅画、签名、喷绘（就像我在此处做的）、留白……

后来我意识到我是拿工资的，我的工作内容就是制作封面。这像是不必要的让位。

不过，这一张还是很漂亮的。

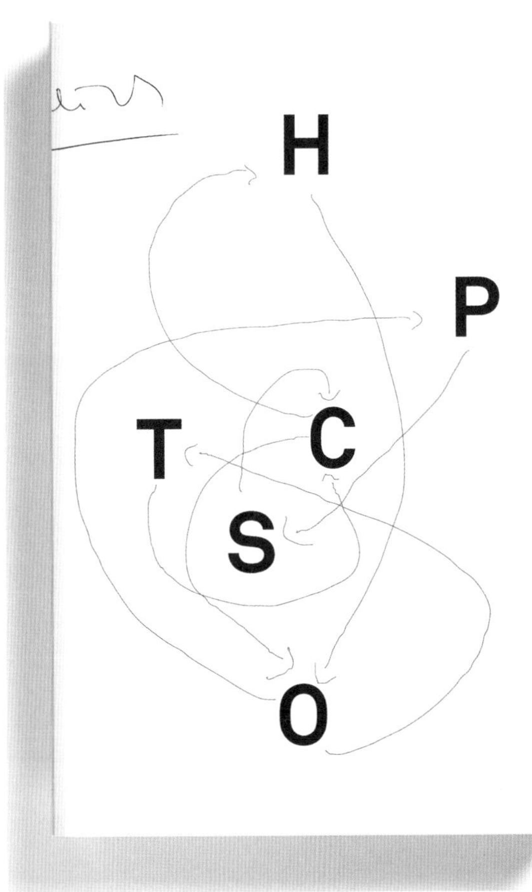

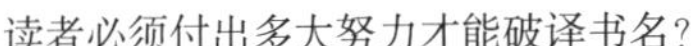
读者必须付出多大努力才能破译书名？

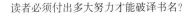

HOPSCOTCH

& NOIRES

A NOVEL

CORTÀZAR

我总在寻找我能找到的最不流行的字体。这个就恰到好处。

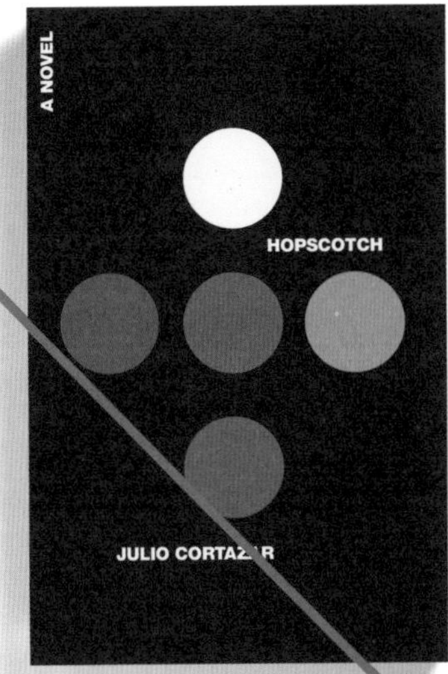

A Novel
A Novel
Hopscotch
A Novel
A Novel
Julio
Cortazar
A Novel
A Novel
Hopscotch

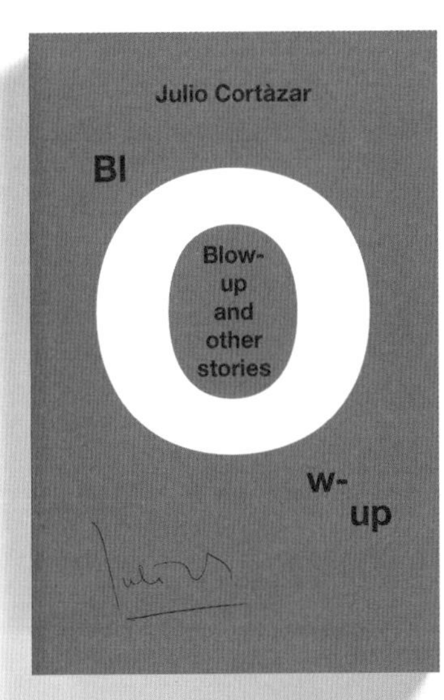

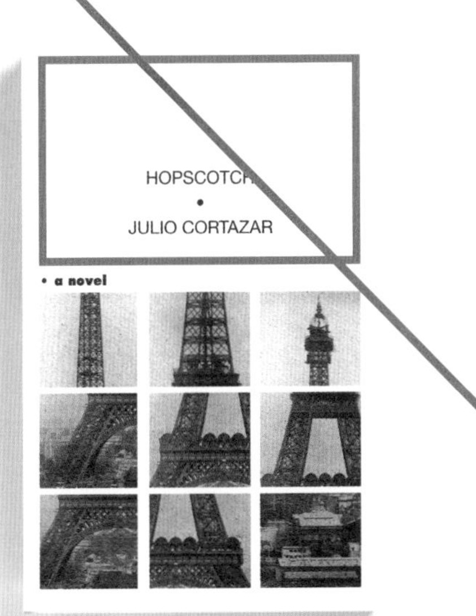

（那时我还没有提交任何设计稿。）

Julio Cortàzar Blow-up & Other Stories

这两件设计其实也是可以的。如果它们果真成了终版封面，我是不会后悔的。不过，我还有时间去把玩和思考。所以我还在努力。

SCOTCHHOP
COTSHOPHC
HOPSCOTCH
POHSCTOHC
SCOHOPTCH
PSOHTOCHC
THOSHPCCO
J.CORTÁZAR
OOPSTHHCC

在设计完这两个封面之后，我又做了近50个封面。正如之前所说，制作过程的终点总是任意选定的。

Stumbling on HAPPINESS
DANIEL GILBERT
KNOPF
Life Delüxe
Lapidus
Pantheon
KNOPF
RESTITUTION
LEE VANCE
Knopf
PICTURES AT AN EXHIBITION
SARA HOUGHTELING

提问与回答

你会如何描述封面设计师这份工作？

有人付钱来让我读好书，然后再去诠释这些书。我拥有全世界最棒的工作。

面对书籍、作者和/或出版商时，你是否觉得自己承担着某种特别的责任？

我是图书设计师兼艺术总监，这份工作的要求是提升图书销量。从某种程度上来说，我的确做到了这一点：我为书籍设计合适的护封，成功实现市场定位，履行了我对出版商的责任。

至于我对作者和书籍承担的责任……别人给我发工资，不是（至少不是明显目的）为了让我以图像方式去再现文本内容。不过，我认为这是一种道德义务。从视觉艺术角度上抓取文本特征、解读并诠释文本是我工作中最有趣、最有成就感的部分。如果我没能表达出一本书的内涵（或者如果有人以某种方式催促我或引导我，让我背叛了自己眼中某本书的精髓），那我会明显感到失去了点什么，还会觉得内疚。对我来说，一本书的封面不应该与文本内容相抵触，也不应该无视文本。封面应该是一本书的真实面目，也就是说，在理想状态下，护封或封面就像用视觉艺术手段来转写这本书。包括——如果我的确成功描述或概括了这本书——它的情节、它的主题、它的情感影响力……我在履行自己对这本书和作者的责任。

什么样的封面设计是成功的？

好的封面应该有助于书籍销售，同时能够很好地代表这本书。它应该努力吸引浏览的人，还应该成为一个令人久久难以忘怀的标志，代表那段阅读体验。至于如何实现这一目标，没有任何公式可循。也就是说，优秀封面就像它所包裹的文字，它们都是独一无二的。不过有这样几条经验法则，能够指明大方向，我觉得设计师们还是可以遵循一下的：优秀封面应该漂亮，或者能以其他方式在视觉上令人精神为之一振，还应该与周围其他封面不一样。我认为在封面设计领域，原创性是最重要的。

什么样的封面设计是失败的？

我不能接受某个封面去模仿其他封面，或者一味去模仿所属类型“理应有的”封面的样子。我真的不喜欢任何陈词滥调，或者由陈词滥调组成的封面。无论哪一种类型的书籍，都有自己那几款老旧封面——犯罪小说、小妞文学、恐怖小说、历史小说，甚至（或者说，甚至尤其是）文学性虚构作品。

对新书来说，第一件要事是吸引顾客的眼球。为此，封面必须能以某种方式脱颖而出（从本质上说，事物之所以能脱颖而出，是因为它拥有与众不同的外观，与它周围那一大堆事物不一样）。我一再强调这一点。每年出版那么多书，其中有那么多封面看上去似乎没什么区别，不是吗？

当然，这种情形是出版业某种狭隘思想的产物。出版业存在信息茧房问题。不过，它也是营销文化的产物。任何一个行业都有这种问题，除了模仿之外再也想不出更好的办法。在护封这个问题上，决策的背后潜藏着一种根本性的恐惧。在市场上，出版商希望封面是安全的，也就是说，与过去的成功案例类似。不幸的是，出版商要求设计师制作的都是与作品类别相符、毫无新意、盲目模仿的封面，但这样做是缘木求鱼，完全无法促进销售：书陷入克隆丛中，看不见了。

相对于克隆封面，我更喜欢丑封面。至少丑封面也能让一部分人注意到它。

你的设计过程是怎样的？

我从编辑或作者那里得到手稿——然后读一遍（有时是两遍）。

这是我工作量最大的部分。在阅读过程中，我会突然产生一些灵感——一些视觉化的想法，一些能概括整个文本的图像……

……然后我会把这个想法快速画到纸上……

……之后就进入实施想法的阶段了。当我在办公室的时候，我会摆弄版式、颜色和形状，也许还会用照片做实验，或者画点什么，或者拼贴……有时全都是用电脑制作的，有时则用纸张……在这个构建阶段，没有什么确定的步骤。我只是不停地做东西，直到之前的想法已被发挥到极致。

除了其他书的封面，还有什么会影响你的设计？

任何东西都是封面创意的潜在催化剂，灵感可能来自任何地方，必须时刻保持关注。我不觉得灵感是被动接收来的。我总在寻找——无论何时何地。此外，我总是希望能偶遇某些与视觉艺术有关的行为。不同寻常的混搭、令人惊讶的色彩组合、新颖的视觉表达模式……有时候我会遇到一些似乎有错，但又很有意思的平面设计（有点难以用词语表达），这是我最感兴趣的。某些图像相当棒，它会给人带来略微的不适感……这样的图像效果会让我想：“那些没有想象力的人看到它一定会很不舒服吧。”每当我看到这样的东西，每当某件艺术品或某份平面设计能给人带来这种特殊的差错感的时候，我都会想：“我自己也要做些这样的东西。”然后，我又会觉得：“在未来，这种方式将会时常出现。”也就是说，今天的丑陋就是明天的美丽。我为西蒙娜·德·波伏瓦的《独白》制作的封面便源于这样的冲动。它是丑陋的，但我希望它是有趣的，而且是引人注目的。但愿如此！

你是否会从艺术、广告、流行文化中提取元素？在制作封面时，你是否会有意屏蔽某些元素？

我的确努力关注艺术界，不过，我没有太多时间去看展览。流行文化融入方面，我本来也可以做得更好些（不过这样就有个好处：谁都不会说我的设计太赶时髦了）。至于我故意屏蔽的东西，那就是在我眼里陈旧或普通的那些想法或图像吧。

为一本新书设计封面和为经典作品重新设计封面有什么区别——比如你为卡夫卡、乔伊斯和福柯设计的封面？

在我近期做的项目中，这几个绝对是最有成就感的。两种项目都是发自内心的，不管你信不信，都没有受到编辑或营销方面的任何干扰！

两者最明显的区别在于，在第一种情况中，为新书设计封面时，作者还活着，会影响我的思考。有时候这种影响是直接的，有时候是间接的，可能改善我的工作，也可能妨碍我的工作。

（顺便说一句，我注意到，死去的作者往往能获得最棒的护封。你们自己想想这到底是为什么……）

为新书设计封面也有好处：读新作品时，心里就像白板，没有先入为主，也没有偏见——不需要与过往的批评文章相对抗。如果是经典作品，就必须学会与所有那些文化、批评、文学包袱去相处。我已经开始准备玛格丽特·杜拉斯（Marguerite Duras）的《情人》（*The Lover*）再版。如果不去参考批评界的现有思想，那就很难去设计封面，坦率地说，我无法确定那些思想是否与我的任务有关——葛兰西（Gramsci）、斯皮瓦克（Spivak）、赛义德（Said）和底层人、女权主义理论、后殖民理论……真累人。单单是阅读并呈现这个故事，同时不要被所有这些阐释压垮……就已经很不容易了。不过，在某些情况下，这个过程也相当值得。每次做再版书的时候，我都会重读大量内容（尤其是乔伊斯那个项目），既包括初始文本，也包括衍生文本、传记。我会拜访珍稀书籍收藏馆和图书馆，去看一看第一版和其他现存版本……我的系列封面就来自这种沉浸式体验。

你的设计中，我最喜欢的是《被诱惑的流浪汉》（*The Enchanted Wanderer*）和《火焰字母表》。请问可以描述一下你是如何创作的吗？或者，谈谈设计背后的想法？

这事挺逗的。在我最近设计的护封中，这两件是最纯粹的装饰作品，它们几乎没有描绘书中的任何细节（情节、人物等），但我想说的是，它们都在尝试传达与行文方式、语言本身有关的一些东西，在传达阅读这些（独特）作家时的感受。列斯科夫的行文风格非常奇怪，经常离题万里，打乱节奏，句子层面上很奇怪，甚至连单词层面上也是如此。他的故事里会有这种疯狂且模棱两可的词，几乎像是乔伊斯或刘易斯·卡罗尔（Lewis Carroll）的自造词。坦白说，我不知道佩维尔（Pevear）和沃洛克洪斯基（Volokhonsky）是如何翻译其中一些故事的。人们会说，列斯科夫的故事看起来现代感很强，而且它们在许多方面也的确非常现代。不过，故事里也有一种引人入胜的原始性——他似乎是在模仿俄罗斯民间使用的俗字，效果却非常、非常新颖。

另外，列斯科夫会毫无顾忌地引入人物，然后忘记他们。他也会创造一条叙事线，然后放弃，一点都不客气……任何经典叙事规则都不适用。他的故事与长毛狗式故事[1]构造相仿——我觉得这就是护封设计的起点。这件护封，护封上的箭头，就呈现了这些故事奇怪、蜿蜒的形式。本的作品同样拥有反传统的叙述方式，给人带来新颖、错愕的感觉。设计《火焰字母表》时，书中的一个独特隐喻（鸟）打动了我，所以我产生了用羽毛装饰这本书的想法。我制作了一大堆羽毛，但感觉不好。所以我把护封倒了过来……出现了火焰！在为本的新故事集《离开海洋》设计护封时，也发生了类似的事。我本来想做鱼鳞，结果却做出了一片海洋。无论再怎么计划，就是会有突如其来的意外收获。

很多时候，个人出版的书或者设计经费不足的出版商经常会在封面上受到限制。您对个人出版的作者、小型出版社或任何其他需要制作图书封面的业余爱好者有何建议？是否存在一些无论资源多寡都能使用的原则？或者，的确应当将封面留给专业人士来设计吗？

应当牢记的最佳原则是：保持简单。大多数个人出版物的封面都失败了，因为他们太努力了。即使是专业设计人员也会落入“试图将太多设计塞进同一幅构图”这一陷阱。我经常告诉学生：“你的问题不是想法不好，而是让五个想法在同一页上竞争。”简化。如有疑问，先从版面文字开始。确保文字清晰可读。如果你书法好，那就手写；如果不够好，就选择一种字体。任何久经考验的标准字体都可以（Bodoni、Baskerville、Garamond、Helvetica、Trade Gothic 等）。为背景挑选一个漂亮的颜色。然后就可以了。加插图、照片等元素的时候，业余性就会开始显现。但完全可以不用这些元素。许多最佳封面都简单到不能再简单。

很明显，任何人都能做出像样的封面——其中需要的各项技能都易于掌握。所有棘手部分都与品味和阅读能力有关。不过这些部分可能就有些难学了。

1　译者注：一长串情节叙述，令读者对结局构建出某种预期，但最终发现故事结局与期待完全不符。

MARK Z. DANIELEWSKI
THE FIFTY YEAR SWORD
SIGNED, DELUXE EDITION
ON STIEG LARSSON
KNOPF
Plato
The Complete & Unabridged Jowett Translation
The Republic
Vintage
A Biographical Guide to the Great Jazz and Pop Singers
Will Friedwald
PANTHEON
VERA PAVLOVA
IF THERE IS SOMETHING TO DESIRE
100 POEMS
KNOPF
Franz KAFKA
THE ZÜRAU APHORISMS
SCHOCKEN
DESOLATION
A NOVEL
YASMINA REZA
VINTAGE
IN RUINS
A Journey Through History, Art, and Literature
CHRISTOPHER WOODWARD
VINTAGE
PAINTING BELOW ZERO
JAMES ROSENQUIST
KNOPF
Martin Amis
Knopf

未来

晚期风格

设计中是否有“晚期风格”这种事？晚期风格（正如你想的那样）指的是艺术家在其生命或职业生涯末期的创作风格。

对艺术家来说，晚期风格几乎是老年时期的症状。“晚期风格”与艺术家的死亡意识同时出现，即使他不认为死亡就在眼前，但至少也意识到了死亡的不可避免。死亡的如影随形（此外技法上已经炉火纯青）导致了晚期风格。晚期风格的例子有莎士比亚的《冬天的故事》（*The Winter's Tale*）或《暴风雨》、托尔斯泰的《哈吉穆拉特》（*Hadji Murad*）、马蒂斯（Matisse）的剪纸、亨利·詹姆斯（Henry James）的《鸽翼》（*The Wings of the Dove*）、维特根斯坦（Wittgenstein）的《哲学研究》（*Philosophical Investigations*）、贝多芬的第132号作品……

（晚年的贝多芬，也就是晚期弦乐四重奏时的贝多芬——对阿多尔诺、赛义德等人来说——正是“晚期风格”的典范。）

通常情况下，人们认为晚期风格不仅描述了艺术家的暮年作品，还描述了其最佳作品。

因此，晚期风格总是一种回溯性的定义。

但它不一定是漫长职业生涯的结果：

例如，海顿（Haydn）的创作期很长，但他并没有真正发展出一种晚期风格。济慈在25岁时离开人世，离世6年前开始了晚期风格。在诗歌中，他达到了自己在生活中从未达到的境界——“满是迷雾和甜蜜果实的季节”。

晚期风格是由一对亲密伙伴组成的，它们怪里怪气，又针锋相对：

智慧和反叛；怀旧渴求与哲学疏离；存在主义的清醒与宗教层面上的审判；坚持己见、来之不易的不妥协与跌至谷底的灵活……

晚期风格通常意味着从既定形式的束缚中解放出来。

理论上，无论使用哪一种艺术创作手段，都可能出现晚期风格。

平面设计领域的晚期风格在哪里？我们会去思考并赞美哪些设计师的晚期风格？

有许多广为人知的老设计师。许多经验丰富的设计师也会获得关注。但是，随着年龄的增长，设计师们往往会晋升为业内主管，而不是设计大师，就像球手会变成教练或比赛播报员。（当然，对运动员来说，身体方面的限制意味着他们的职业生涯终将结束。那么，设计师为什么很早就会走向管理领域？是因为用眼过度？）经常还能见到另一种说法，即年长设计师负责发表演说、授课和写书，年轻设计师则负责创造突破性作品。我们有“新秀”奖，而在另一端也有终身成就奖。也有一些老一辈业内主管仍然活跃在设计领域——对他们来说，最高褒奖就是“设计思路层面上仍有经久不衰的新鲜感”。在我看来，这种赞美说明设计领域重视活力与新奇，而不是浑厚与庄重。

在谈论前辈（也是比我更棒的设计师）、导师、我眼中的设计英雄时，我总是会说：“她的设计似乎出自20岁的年轻人。”在我眼里，这属于高度评价，它也的确是。（我怕年轻设计师不知道，所以要特别指出这一点：随着时间的推移，保持新鲜、与时俱进的视角是非常非常困难的。很少有人能完成这样的壮举。品味既不是天生的，也不是永久的，相反，品味需要训练和维护。）

我注意到，如果某个设计师在晚年时依然坚持创作，那我们有时会去赞美这件事本身，但对他作品的性质和品质却很少给予关注。有人会赞美作品，把它当作这位设计师一生工作的最终陈述。我发现，在这种时候，人们倾向于把这些作品归入“美术”范畴，而不是归入“伟大设计”范畴。这是因为，这位设计师除了设计之外也会从事一些“严肃”创作，如绘画或拼贴画。你是否注意过这一点？

换句话说，难道“设计”这种艺术创作手段不够强大、不足以支撑晚期风格？

最近有一篇文章，是关于某位设计界前辈的。我注意到，作者对这位设计师的作品避而不谈，主要去谈他的写作、他的哲学、他与客户之间不断发展变化的关系。这篇文章拥有晚期风格颂歌的所有特征，但它没有从平面设计角度去描述最有意思，也最基础的那部分：设计作品。如果换成一篇讲述莫奈晚年的文章，其中却没有深入介绍他的《睡莲》，你能想象吗？下面这句话引自这篇文章：“面对一件设计作品时，观众会有三种反应：好，不好，以及‘哇’。‘哇’才是我们的目标。”如果面对一件设计作品时只可能出现这三种反应，那么，不存在晚期风格也就不是什么奇怪的事了吧？

除了“哇”之外，晚期风格还可能引发这样的反应：“呃……”“不是吧？”或“哎呀”。

甚至可能是“搞什么呢……？！”。

如果说设计本身是以年轻为基础的（当然，绝大多数商品都卖给了年轻人——至少大众媒体这么说，如果可信的话），那晚期风格就是不可行的。

如果设计不是以年轻为基础的，那它也许会要求契合时代。

熟悉时代精神是设计中不可或缺的要素。

相反，否定时代精神是晚期风格不可或缺的一部分。

出版社里很少见到年长的在职设计师，这件事本身就是设计与魔鬼交易的必然结果？因为它依赖市场，依赖时尚变迁？

作为设计师，如果他做得好，那他很可能会晋升为艺术总监或创意总监（有时甚至做得不好的人也会）——这两份工作对设计能力的要求较低。我自己就是这些艺术总监中的一员（当然，我还是尽可能把时间用在设计上），所以，我以经验告诉你，身为艺术总监，就必须彻底依靠其他人的手，这种情况会对自己的品味和技能造成极为严重的伤害。

由此看来，出版社内部设计部门普遍缺乏年长设计师这一现象可以归咎于职位的向上流动：仍在创作的年长设计师越少，能够被人注意到、受人赞扬的晚期风格也越少。

不过我相信其中还有别的原因。

我担心设计是为年轻人准备的。

一位著名的成熟设计师，随着年龄的增长，对版面文字变得越来越不敏感。谁又能责备他呢？在职业生涯中，他可能已经准备过成千上万字的文本了。他现在的重点是“大概念”，而不是那些微不足道的琐事（说到不敏感，对工作中的那些琐碎细节，贝多芬是出了名地暴躁。当然，他是个天才，单这一点就能掩盖他的古怪性格和低级趣味。贝多芬的天才是由他那痉挛般的丑构成的：晚期风格）。不过，在设计领域不能如此无视细节。对设计而言，版面文字、细节，这些就是设计本身。例如，如果没有漂亮的字体，就会得到一份丑陋的、无效的设计。

当然，与丑陋但新颖相比，更糟糕的是曲奇饼干模子压出来般的克隆感。“样板文件”也是衰老的迹象。

（我们是否会离开设计？）

我老了会怎样？我已不再青春年少——我开始这项疯狂工作的时候就已经不年轻了。如今我已经45岁了。

我已“人生旅途过半”。（但丁是否有过晚期风格？在《神曲》中，代表但丁的那个人已经人生过半，得到了比自己更年长、更智慧的维吉尔的指导。在平面设计领域，我们是不是更应该让贝雅特丽齐来做向导？这样就能提醒我们，让我们这些日渐衰老、不再关心流行趋势的设计师知道当下发生了什么。贝雅特丽齐一定知道那些炫酷的孩子们都在做些什么。）

随着年龄的增长，作为设计师，我会变成什么样？

我不知道——也许正是因为不知道，所以才特别想解开这个谜团：

所有成熟设计将会通往何方？

在马修·阿诺德（Matthew Arnold）看来，变老意味着：

“失去外形的光辉、眼睛的闪烁。”

我不禁会想，如果我们把这个句子中的外形（form）和眼睛（eye）换成设计界的常见用语——形式（form）与视角（eye），那我的职业生涯可能即将步入可悲的老态。

到那个时候，我会回到音乐界吗？或者，正如我在本书前言中提到的，我会再次转行，去踏足完全不相干的第三个领域？也许这本书以及之后可能出现的其他书就属于那第三个领域？也许我会找到一条路，继续做设计师——谁知道呢？可是，如果我想继续做设计师，就需要找到一种晚期风格。

Cover

本页及左页：我的前两本书。

BLACK JACK [TEZUKA]
VOL.15
VERTICAL
BLACK JACK [TEZUKA]
VOL.14
VERTICAL
BLACK JACK [TEZUKA]
VOL.13
VERTICAL
DANTE
THE DIVINE COMEDY
INFERNO PURGATORIO PARADISO
THE BACKLIST
Death and the Flower
Six Stories by Koji Suzuki
Vertical Books
Silence Once Begun
Jesse Ball
Pantheon
e. e. cummings
susan cheever
pantheon

“Lolita, Light of my life, fire of my loins…”

感谢你们：

卡罗尔 · 卡森和桑尼 · 梅塔：我的一切，都得益于你们两个人。

巴勃罗 · 德尔坎（Pablo Delcan）、乔治 · 拜尔四世（George Baier IV）：感谢你们的设计工作和照片，感谢你们的热情，感谢你们的勤奋。是你们促成了这本书（真的是这样）。

我的编辑韦斯 · 德尔 · 瓦尔（Wes Del Val）：是你为这本书出谋划策，以精力和智慧指导整个过程。

威尔 · 勒克曼（Will Luckman）和动力出版社团队。

兰迪 · 里德（Randy Reed）：你是制作天才。

最后，感谢我的父亲，本，他是视觉艺术家，很久以前就去世了，那时我还是钢琴师，从来没有想过我身体里也有些视觉艺术天赋。我总想知道他对这一切会有什么看法（希望他能微笑）。

ver